知略の本質

戦史に学ぶ逆転と勝利

野中郁次郎
Ikujiro Nonaka
戸部良一
Ryoichi Tobe
河野仁
Hitoshi Kawano
麻田雅文
Masafumi Asada

日本経済新聞出版社

知略の本質　目次

装幀　新井大輔

序章

四度目の挑戦

戦略とは何か。

古来、多くの指導者や軍人、実務家や学者が戦略の本質を解明しようと取り組んできた。だが、実はいまだに、研究者の間でも、軍人を含む実務家の間でも、戦略とは何であるかについての合意された定義はない。

戦略（英語では strategy）の語源に関しては、ギリシャ語やラテン語の用例から多くのことが明らかにされている。戦略の定義についても、クラウゼヴィッツ、ジョミニ、リデルハート、ボーフルら、様々な人々によって様々な試みがなされてきた。しかし、少なくとも戦略理論家の間で大半が納得する定義は、まだつくられていないといってよい。

戦略について合意された明確な定義がないことは前述したとおりだが、しかし、だからといって歴史上、戦略という現象がなかったわけではない。人間が集まって社会をつくって以来、あるいは国家をつくって以来、戦略は絶え間なく実践されてきた。有史以来、優れた戦略家もたくさん登場してきた。むろん現在でも、戦略は多くの人によって重要視され、実践されている。国家・社会が、あるいは何らかの目的を持って組織された人間集団が、存続し繁栄するためには、戦略なるものが必要不可欠だからである。

戦略はもともと軍事の分野で実践されてきたものであった。だが今日、戦略は——少なくとも戦略という用語は——様々な分野で様々な意味を込めて用いられている。特に企業経営を含む組織運営の分野では、戦略ないし戦略論がかなり長い間、脚光を浴び続けている。そのほかにもスポーツやゲームの分野で、戦略は熱く語られている。

刊行された書物で、テレビ・新聞・雑誌などのマスメディアで、さらにはインターネット空間で、戦略をめぐる議論が展開されている。そして、そうした分野や空間で語られる戦略は、どうしたら相手に勝てるのか、競争で生き残れるのか、利益を上げられるのか、といった問題に収斂していく。そこでの戦略論は、勝つための、生き残るための、利益を上げるための、分析的な戦略策定に帰着する。

しかし、そのような分析的な戦略策定は、戦略に関する本質的な洞察を欠いているのではないだろうか。ある特定の状況や彼我の力関係を分析することから導き出された戦略は、ある特定の情況のもとではうまく機能し、成功するかもしれないが、情況や文脈が変われば、成功を収めるとは限らない。失敗するかもしれない。それは、戦略の本質を十分に洞察していないからである。

戦略の本質を洞察し理解するためには、それがもともと軍事の分野で実践されてきたことに立ち戻る必要がある。そして、その本質を十分に洞察・理解すれば、戦略の本来の実践分野である軍事や安全保障でも、組織運営や企業経営でも、スポーツやゲームでも、戦略を賢く実践することができるようになるだろう。

本書はこのような問題意識から出発している。

本書で、われわれは、事例として四つの国の戦いを取り上げる。第二次世界大戦におけるソ連の対独戦（モスクワ攻防戦とスターリングラードの戦い　麻田雅文執筆）、同じくイギリスの対独戦（バトル・オブ・ブリテンと大西洋の戦い　戸部良一執筆）、北ベトナムの第一次インドシナ戦争およびベトナム戦争（野中郁次郎執筆）、アメリカのイラク戦争および対反乱（COIN）作戦（河野仁執筆）である。取り上げるのは四カ国だが、それぞれが戦った二つの戦争ないし戦いを扱っている。

こうした事例を選択するにあたって、われわれはできるだけ現代に近い事例を取り上げた。現代にとってのインプリケーションを明確に示そうとしたからである。古い事例を扱っても戦略の本質は変わらないはずだが、軍事技術・軍事組織・政治体制などの諸条件が大きく異なるため、現代との関連性が希薄に見えてしまう。それが、第二次世界大戦とそれ以降の現代的事例を取り上げた主要な理由である。

また、戦略の存在や役割を明確に描写するため、逆転をなし遂げた事例を選んだ。独ソ戦、英独戦、第一次インドシナ戦争（インドシナ独立戦争）、ベトナム戦争は、どれも当初は劣勢だった側が逆転に成功を収めた事例である。最後のアメリカのケースは、逆転できなかった事例、あるいはまだ逆転をなし遂げていないケースと見られよう。いずれにしても、逆転という現象のなかにこそ、戦略の役割が最も鮮明に表れるとわれわれは考えている。アメリカのケースでは、なぜ逆転できないのか、ということに戦略の本質が関わってくるだろう。

なお、取り上げたのはほとんどが陸戦主体の戦争ないし戦いだが、イギリスの場合は空戦と海戦を事例としている。いうまでもないが、戦略の本質は陸戦だけに見られるわけではない。空戦と海戦は、陸戦に比べて科学技術の占める比重が大きいが、そこでも戦略の本質は、陸戦と同じように、あるいは陸戦以上に、明確に示されるだろう。

本書は、ソ連、イギリス、アメリカという「大国」だけでなく、北ベトナムという「小国」の戦いも考察の対象とした。独ソ戦、英独戦という通常の総力戦だけでなく、北ベトナムの「民族解放戦争」やアメリカの「対反乱作戦」も取り上げた。それは、異なる性質の戦争を比較考察し、戦争の性質が異なっても、そこには共通する戦略の本質が見られることを示すためである。

実は、日本のケースも取り上げたかったが、第二次世界大戦における日本の戦いに、逆転はなかった。逆転できなかったケースならば、本書の執筆者（野中、戸部）が『失敗の本質――日本軍の組織論的研究』（ダイヤモンド社、中公文庫）ですでに扱っている。

ところで、『失敗の本質』の最も主要なメッセージは、「過去の成功体験への過剰適応」ということであった。これを本書の問題意識に引き寄せて読み替えれば、日本陸海軍は戦略の本質を洞察せず、日露戦争で成功した戦い方（前述の表現を用いれば、ある特定の情況や文脈で成功を収めた特定の具体的な戦略）に固執したために、大東亜戦争という異なる状況では失敗してしまった、ということになろう。

大東亜戦争で日本軍は逆転をなしえなかった。逆転できなかったのは、それを可能にする戦略がなかったからである。では、逆転を可能にする戦略とは、いかなるものなのか。こうした問題意識から生まれたのが『戦略の本質――戦史に学ぶ逆転のリーダーシップ』（日本経済新聞出版社、日経ビジネス人文庫）である。そこでは、毛沢東の反「包囲討伐」戦、バトル・オブ・ブリテン、スターリングラードの戦い、朝鮮戦争、第四次中東戦争、ベトナム戦争という六つのケースを取り上げた。

そのうえで、戦略の本質に関わる次のような一〇の命題を提示した。①戦略は「弁証法」である。②戦略は真の「目的の明確化」である。③戦略は時間・空間・パワーの「場」の創造である。④戦略は「人」である。⑤戦略は「信頼」である。⑥戦略は「言葉《レトリック》」である。⑦戦略は「本質洞察」である。⑧戦略は「社会的に」創造される。⑨戦略は「義《ジャスティス》」である。⑩戦略は「賢慮」である。

この命題の多くは、戦略を実践する人間、とりわけ指導者の資質・能力・価値観に関わっている。ここから、われわれは次のステップとして、国家指導者のリーダーシップを対象とする研究へと進んだ。この共同研究は、『国家経営の本質――大転換期の知略とリーダーシップ』(日本経済新聞出版社)に結実した。そこでは、一九八〇年代の転換期に登場した各国のリーダー(国家経営者)を通時的かつ共時的に比較考察し、彼らが優れた戦略を実践できた資質・能力として、「理想主義的プラグマティズム」と「歴史的構想力」を指摘した。

本書は、戦略の本質を探究するわれわれの四度目の試みである。一度目は、日本軍の失敗から、戦略不在の原因と結果を論じた。二度目は、戦いの逆転現象から、戦略の本質を導き出そうとした。そこで気づかされたのは、戦略を実践する人間の資質・能力がいかに重要な部分を占めるか、ということであった。したがって三度目は、戦略を実践する国家経営者に焦点を定め、彼らの優れた資質・能力の核心がどのようなところにあるのかを考察した。

四度目の試みとしての本書は、あらためて本来の戦略の実践分野である軍事に立ち戻り、もう一度、新たな視点から、戦略の本質の洞察をめざす。前著『戦略の本質』が刊行されてから、戦略論の分野ではいくつかの注目すべき研究成果が発表されてきた。たとえば、コリン・グレイやローレンス・フリードマンの著作がそうである。本書では、そうした最新の研究成果を参照し、取り込みながら、あくまで組織論に軸足を置いて、彼らの戦略論とは違った視点からの考察と議論を提示する。

たとえば、軍事戦略をめぐっては従来、攻撃と防御、機動戦と消耗戦、直接アプローチと間接アプローチといったような二項対立的なとらえ方があるが、われわれは、そうしたとらえ方よりも「二項動態」的なとらえ方こそ、戦略の本質を洞察していると理解している。戦略現象を「二項動態」的に把握したうえで、情況と文脈の変化に応じて具体的な戦略を実践していくことが重要なのである。そのような戦略を、本書では「知略（Wise Strategy）」と呼ぶ。終章では、「知略」を実践するための必須の要件が提示されるだろう。

このような本書の目的のために、『戦略の本質』でも取り上げたバトル・オブ・ブリテンに関する記述は一部、修正を施した。また、スターリングラードの戦いは全面的に書き換えた。執筆陣も、野中と戸部は『失敗の本質』以来変わらないが、今度はロシア史専門の麻田と、軍事社会学専門の河野が加わった。この二人が加わったことによって、新鮮な視点と専門的な知見とが加味されている。

日本では、戦略論の流行（あるいは分析的戦略論の横行）にもかかわらず、国家次元での戦略不在が嘆かれて久しい。興味深いことに、戦略不在は指導者不在と並行して嘆かれているようである。本書がそうした現状に一石を投じ、戦略の本質を洞察できる新世代の指導者の登場を促すことができれば、執筆者としてこれ以上の喜びはない。

▼参考文献

石津朋之『大戦略の哲人たち』日本経済新聞出版社、二〇一三年
クラウゼヴィッツ（篠田英雄訳）『戦争論（上中下）』岩波文庫、一九六八年
コリン・グレイ（奥山真司訳）『現代の戦略』中央公論新社、二〇一五年
コリン・グレイ（奥山真司訳）『戦略の未来』勁草書房、二〇一八年
ジョミニ（佐藤徳太郎訳）『戦争概論』中公文庫、二〇〇一年
リデル・ハート（森沢亀鶴訳）『戦略論（上下）』原書房、一九七一年
ローレンス・フリードマン（貫井佳子訳）『戦略の世界史――戦争・政治・ビジネス（上下）』日本経済新聞出版社、二〇一八年

第1章
独ソ戦——勝利を呼び込んだ戦略と戦術の進化

夏至《げし》の夜が明けた、一九四一年六月二二日、日曜日。モスクワ時間の午前三時一五分に、アドルフ・ヒトラーの命を受けたドイツ軍（正式名称は国防軍）が「バルバロッサ作戦」を発動する。

フランス皇帝ナポレオン・ボナパルトが自ら軍を率い、ニェーマン川を渡り、ロシア帝国へ攻め込んだのは一八一二年六月であった。ロシアでは、フランスとの戦いは「祖国戦争」と呼ばれる。そこで、ソ連の独裁者ヨシフ・スターリンは、ドイツとの戦いを「大祖国戦争」と名づけて、愛国心を鼓舞した。

奇襲を受けたソ連軍は後退を続けたが、一九四一年一二月に、かろうじて首都モスクワの防衛に成功する。大戦勃発以来、ドイツ軍が陸上で初めて被った敗北であり、その「無敵神話」は崩壊した。ただ、この会戦後も、ドイツ軍の主力は健在だった。それゆえ、勝利がどちらに転がるかは不透明なままだった。

一九四二年、ドイツ軍の主力は、今度はカフカース（コーカサス）地方の石油を求めて、南に転じる。スターリンはまたも不意打ちをくらい、ソ連は再び危機に陥る。そうしたなかで分水嶺となったのが、スターリングラード（現ヴォルゴグラード）の戦いだ。スターリンの名前を冠したこの都市をめぐり、二〇世紀でも指折りの激戦が展開される。このモスクワとスターリングラードの戦いがナチス崩壊の導火線となり、のちのヨーロッパ、そして世界の運命を決したといっても過言ではない。

日本では、今も昔も、独ソ戦はあたかもドイツが自滅したかのように描かれることが多い。

一方、ソ連の後継国ロシアでは、愛国主義のもと、ナチスとの戦いを美化し、醜態は隠蔽《いんぺい》する傾向が強い。しかし、どちらの見方に立っても、この戦争でなぜソ連が勝利したのかは十分に説明できない。本章では近年の研究成果を取り入れ、ソ連側の大逆転の勝因を探る。

Ⅰ　モスクワ攻防戦――補給が分けた勝敗

1　独ソ戦始まる

ソ連軍の復活

ナポレオン軍も六〇万を超えたが、ドイツ軍は桁違いの三六〇万人を数えた。戦車は三六四八輌、航空機はおよそ二五〇〇機が参加する。なお兵士のうち六〇万人はフィンランド、ハンガリー、ルーマニア、スロヴァキア、イタリアの軍で構成される多国籍軍だ。とはいえ、それら同盟国の軍隊は、ドイツ軍と比較すれば士気も装備も見劣りした。

対するソ連軍（正式名称は赤軍）の総数は、一九三九年一月には約一九四万人だったが、兵役義務年齢を二一歳から一九歳に引き下げたことで、四一年六月には五七一万人に倍増していた。戦備も充実し、戦車二万三三〇〇輌、航空機二万四〇〇〇機をそろえた。

ソ連では、新しい兵器の開発も進められていた。スペイン内戦でドイツの戦車に敗れたことで、戦車にはとくに力が入れられた。その成果が、新型戦車T-34だ。この戦車は攻撃力、防御力、スピードでドイツ軍の主力だった戦車を上回る。一九四〇年に、この試作機を視察して満足したスターリンは、大量生産を指示した。他にも、トラックにロケット・ランチャーを搭載した、「カチューシャ」の開発も進められていた。

指揮官たちの世代交代も進んでいた。ソ連では一九三七年から翌年にかけてスターリンの赤軍大粛清が猛威をふるい、優秀な将校たちの多くが、命を奪われるか、投獄された。これでソ連軍の戦力が落ちたのは間違いない。ドイツ側も、大粛清でソ連軍が弱体化したと信じていた。

しかし、大粛清は軍内の新陳代謝をもたらした面もある。ロシア革命後の内戦期に活躍し、出世してきた上層部が抜けたことで、次の世代が台頭した。ノモンハンの戦役を勝利に導いたゲオルギー・ジューコフや、大粛清後の軍再建を担ったボリス・シャポシニコフらである。ちなみに、ソ連では独ソ戦の終わる一九四五年五月に三九七〇人の将軍がいたが、四六歳以下がおよそ半数を占めていた。

また一九三九年から翌年にかけての、ノモンハンや、フィンランドとの冬戦争の結果に不満なスターリンは、新世代が推進する軍の機械化、すなわち戦車を中心とする部隊編成を承認する。こうした新生ソ連軍の実態を把握していなかったために、ドイツ軍は蔑視していた敵にたびたび驚かされることになる。

勝敗を分けたのは戦略

しかし、緒戦においてソ連軍は破滅の淵に追いやられる。その原因は、両軍の軍備の差ではなく、戦略である。

進撃するドイツ軍は、三方面に分かれた。

北方軍集団が、ソ連第二の都市レニングラード（現サンクトペテルブルク）と、その外港にある海軍基地クロンシュタットを占領し、ソ連海軍の息の根を止める。

中央軍集団は、ミンスクを経てスモレンスク周辺までを確保する。そのうえで、北方軍集団を支援する。

南方軍集団は、ウクライナの中心都市、キエフの占領を命じられた。

いずれにせよ、最初の目標はソ連軍の主力の撃滅だ。フランツ・ハルダー陸軍参謀総長らは、モスクワ占領をその次の目標に据えた。モスクワがソ連の政治的、経済的な中心であり、鉄道輸送の中心地であるという理由だ。

しかし、ヒトラーが方針を変えさせる。一九四一年三月一七日の軍指導者との会合で、「モスクワはどうでもよい」と断言し、主要目標はレニングラードとバルト海の確保であると主張した。ヒトラーは、ロシア革命が勃発したソ連の「聖地」、レニングラードの破壊に固執して

地図1-1　東部戦線1941年6月22日から1941年12月5日まで

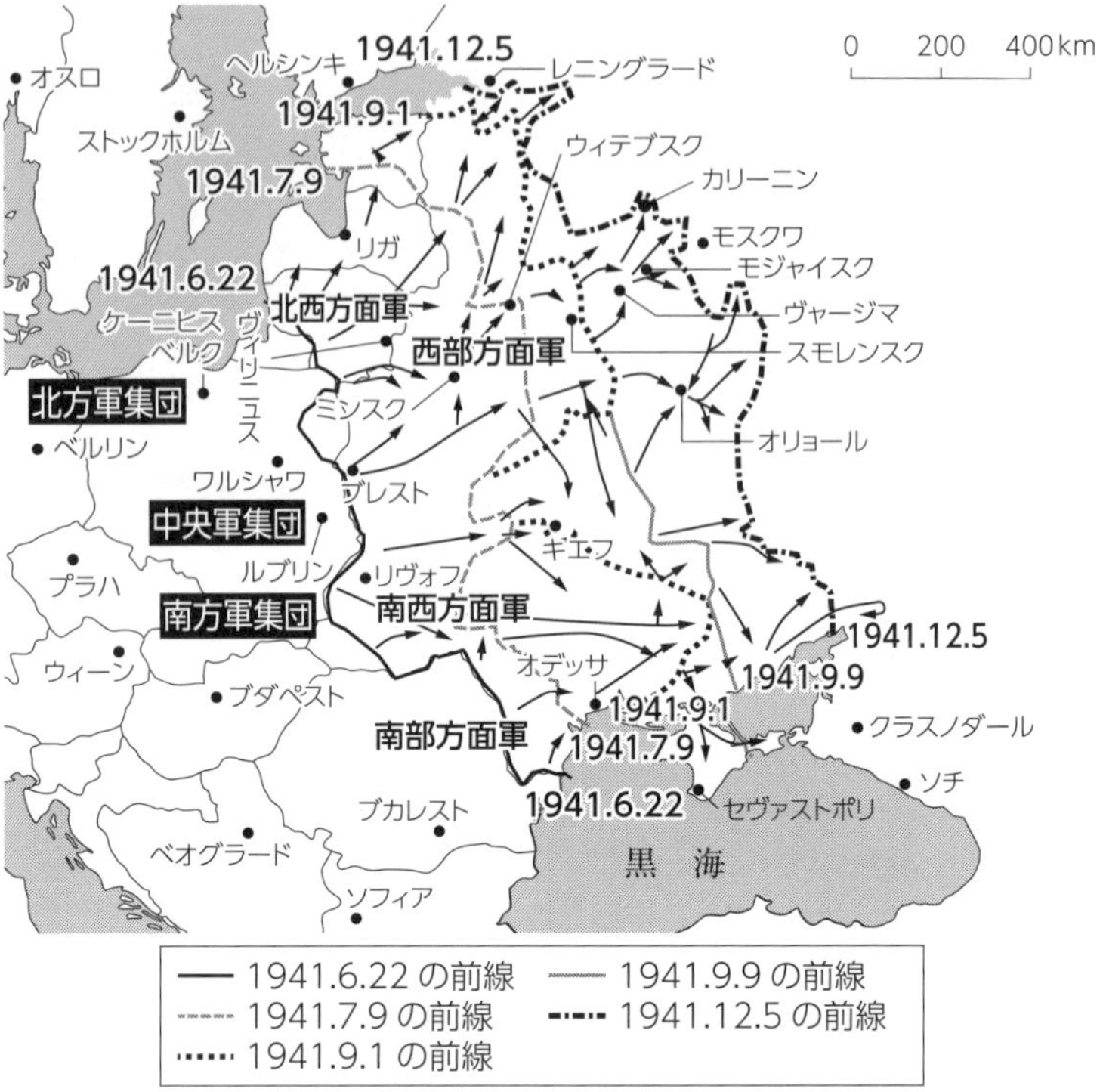

いた。

ただ、この方針転換は図に当たった。ドイツが攻めてきた場合、その主力はソ連北部に向かうと、ソ連軍は一九三八年に想定していた。あわせて、ドイツ軍は穀物と資源確保のためソ連南西部のウクライナをねらうとも見ていた。最終的には、明確さを求めるスターリンの要求により、一九四一年三月、南西部に主力を結集させることになり、戦車を主体とする装甲師団をウクライナに集中させた。ところが、ドイツ軍はその裏をかくように、モスクワとレニングラード方面に主力を割く。

おまけに、ソ連軍の情報部門も大きな判断ミスを犯した。フィリップ・ゴリコフ参謀次長兼情報局長は、ドイツ軍はソ連へ侵攻しても、約半分の兵力をイギリス戦に割かざるを得ないと考えたが、ドイツ軍は総力をあげて侵攻してきた。これにスターリンの油断が加わる。

あわてふためくクレムリン

ドイツ軍のソ連侵攻計画は、スパイや、ドイツ軍の内通者を含む、あらゆる方面からスターリンに警告されていた。しかしスターリンは、ドイツはイギリスを屈服させてからでなければソ連へ侵攻しないと、希望的観測を抱いていたという。ドイツはイギリスと、ヨーロッパにおける資本主義国家の覇権争いに決着をつけてから、共産主義国家であるソ連に攻めかかってくる、と信じていたからだ。資本主義国家の共倒れを期待する、共産主義者のスターリンらしい考えだ。

ただ軍部の強い要望もあって、スターリンは五月からドイツとの国境沿いに部隊を集結させた。結果からいうと、この部隊は緒戦でドイツ軍の格好の餌食となる。また国境沿いへの兵力集中は、ソ連は先に攻撃を仕掛けてくるつもりだったのだから、その機先を制した独ソ戦は予防戦争だった、というナチスのプロパガンダに利用された。

六月二二日午前四時に、国防人民委員代理兼参謀総長のジューコフ上級大将から電話でドイツ軍の攻撃を知らされると、スターリンは絶句した。そして彼は次のように語ったと、ジューコフは証言している。

「これはドイツ軍による挑発だ。さらなる攻撃を招かぬよう、発砲するな」(Khlevniuk, *Stalin*)

それから三〇分後にクレムリンで始まった会議で、まだ半信半疑のスターリンは、ドイツ大使館と連絡をとるよう命じた。午前五時半に、ヴェチェスラフ・モロトフ外務人民委員がドイツ大使をクレムリンに呼びつけて、開戦に間違いがないとようやく確認した。

晩年にモロトフは、こうしたジューコフの主張を否定した。しかし、クレムリンでのスターリンの会見者名簿では、午前五時四五分にモロトフやジューコフが集められたのが確認できることから、ジューコフの主張がより信頼できる。

ソ連の大敗

午前七時一五分に、ソ連軍指導部はようやく反撃を命じた。だが、ドイツ東部への爆撃を命じるなど、クレムリンの現実離れをさらけ出した。

ソ連国民にドイツ軍襲来を告げる、開戦当日の昼のラジオ放送には、スターリンではなくモロトフが立った。スターリン自身がようやくラジオで国民に語りかけたのは、開戦から二週間あまり後の七月三日だ。

この間のスターリンの様子は、証言者によって様々だ。精力的に働いていた、逆に意気消沈していたと記す者もいる。その食い違いは、証言者の「語り手の事情」と、ソ連におけるスターリン評価の移り変わりが関係している。

スターリンの会見者名簿からは、開戦以来、彼が政府や軍の要人たちと頻繁に会議を重ねていたことが分かる。しかし、六月二九日と翌日には出勤していない。

スターリンが姿を消す前日の六月二八日に、ベラルーシのミンスクが陥落した。ミンスクはモスクワからおよそ七〇〇キロにあり、西部特別軍管区の司令部が置かれていたが、開戦から三日目には、すでに包囲されていた。これがスターリンの心を挫いたと見られる。

ミンスク陥落を受けて、スターリンは戦況報告を受けに、国防人民委員部へ出向く。異例の「行幸」だ。しかし、電話線は切断され、無線機も十分に行き渡っていなかったために、現地の戦況は軍中央にも不明だった。スターリンは軍人たちに当たり散らす。

スターリンの「失踪」

この後、スターリンはモスクワ郊外の別荘に引きこもった。会議を開くため、六月三〇日に側近たちが別荘に出向くと、そこには別人のような独裁者がいた。「何をしに来た」と尋ねるスターリンは、「身構えている様子だった。[……]スターリンは、われわれが彼を逮捕しに来たと決めつけていた」と、アナスタス・ミコヤンは回想している。大粛清で側近も血祭りにあげたスターリンは、同じ運命をたどると覚悟したのだろう。

しかし、側近たちはスターリンを励まし、彼は六月三〇日に国家防衛委員会議長に就任する。戦時体制への転換が推し進められ、ロシア東部への工場の疎開、軍需物資の増産、鉄道運営の立て直しと前線への補給が急がれた。六月二九日には、モスクワ軍管区軍事評議会にラヴレンチー・ベリヤ内務人民委員が加えられ、首都防衛の一翼を担う。

七月一九日に、スターリンは国防人民委員も兼任する。八月八日には最高総司令官に就任した。これは軍政(予算配分や人事)でも統帥(作戦指導)でもトップに立ったことを意味する。スターリンは五月六日に、政府を代表する首相にもなっていたから、党と政府に加え、軍でも独裁者となった。

しかし、こうした権限の集中は、軍の自律性を奪う。極端にいうと、その後のソ連軍は、スターリンの決裁がないと師団一つ動かせなくなる。スターリンが残した一〇月五日のメモは、各連隊をどこに増援するかまで事細かに指示している。

電撃戦の弱点

その頃、ドイツ軍の快進撃を支えていたのは、時代を先取りする戦術である。

石油の乏しいドイツ軍に、時間は味方しない。ドイツは石油資源のほとんどを、海外からの輸入に頼っていた。

短期決戦をめざすドイツ軍が採用したのが、電撃戦だ。まず空からの奇襲で、敵の飛行場や指揮官のいる場所をたたく。次に、空爆や砲撃、空挺部隊の掩護を受けながら、戦車を中心とする部隊（装甲部隊や機甲部隊という）が前線に突破口を開く。装甲部隊が後方深くに突入し、広大な包囲網を形成する間、歩兵はその開口部から敵の側面や背後に回り込んで、敵を包囲殲滅《せんめつ》する。この戦術で、ドイツ軍はポーランドやフランスで連勝を収めてきた。いずれも国境を破ってから、二週間あまりで敵の主力を壊滅させている。

ドイツ軍の成功の要因は、第一次世界大戦では脇役だった戦車を、陸戦の主力に据えた先見性にあった。航空機と戦車、そしてオートバイやトラックに乗る歩兵が連動した電撃戦は、ロシアでも開戦時には威力を発揮する。

その電撃戦を、スターリンはどう評価していたのか。一九四一年七月三一日の、ハリー・ホプキンス米大統領特使との会談で、スターリンは次のように語った。

ドイツ軍は七〇個の装甲師団を有し、各地で展開している。もはや歩兵師団といえども、多数の機械化部隊を持っていなければならない。ただドイツ軍の弱点は、補給地から前線まで、四〇〇キロ近く遠ざかっていることだ。これは装甲師団が先へ先へと行くからだ。補給地と前線の間を防衛するのは至難である。スターリンは、装甲部隊と兵站《へいたん》こそ、この戦争の鍵を握ると分析した。

そして、今年は「戦略的忍耐」を強いられ、翌年に反撃する長期戦の見通しを述べる。

ドイツ軍は開戦時に一七五個師団だったが、今では二三二個師団に増えている。ソ連軍は開戦時に一八〇個師団で、三五〇個師団まで増やすには、来年春まで時間がかかる。冬の間の戦場は、モスクワ、キエフ、レニングラードの戦線で、現在の地点から一〇〇キロも離れていない場所になるだろう。ドイツ軍が疲れ、攻勢に耐えられなくなったときが、ソ連軍には最も有利な時の一つだ、と。

だがスターリンの予想よりも、さらに押し込まれた場所でソ連は戦うことになる。この会談から四ヵ月あまり、ソ連軍は反撃の機会をつかめなかったからだ。

圧勝の陰で

開戦当初に制空権を失ったことで、ソ連側が守勢に立つ流れは決定づけられた。爆撃機がソ連の飛行場を襲い、ソ連側の飛行機は、初日だけで、一二〇〇機が飛び立つこともなく破壊される。スターリンもホプキンスにドイツ空軍の強力さを語り、ユンカース88という爆撃機にはソ連のどの航空機もかなわないと、称賛すらしている。

ロシア側の史料によれば、ドイツ軍と対峙したソ連の三つの軍団のうち、中央部に位置して、最も被害の大きかった西部方面軍は、開戦から一八日間で、兵士四一万七七九〇人、戦車を四七九九輌、航空機を一七七七機も失い、六〇〇キロあまり後退した。

ドイツ軍は、緒戦の圧勝に気を緩めた。ハルダー参謀総長は七月三日の日記に記す。「開戦後二週間にして、対ソ戦には勝利したと見ても、過大評価にはあたるまい」。しかしハルダーは、この日の日記に、輸送を担う鉄道の不足で進撃の速度が落ちている、とも記している。この点は、ドイツ軍のアキレス腱となる。

もっとも、この時点では作戦は順調だ。七月一六日には、ハインツ・グデーリアン上級大将の指揮する第二装甲集団の先遣隊が、作戦目標であるドニエプル河に達した。八月五日には、中央軍集団もスモレンスクを占領し、八月二一日には、北方軍集団もレニングラードまで二〇キロに迫った。「バルバロッサ作戦」の第一段階は、目標を達成しつつあった。

だが目標達成が間近になると、ヒトラーには新たな悩みが生じる。七月二八日には、次のように副官に打ち明けた。

「夜も眠れない。この胸の内で、政治と世界観を重視する心と、経済を重視する心の二つがせめぎ合っている。政治的なことを言えば、レニングラードとモスクワという、二つの大きな腫瘍《しゅよう》を除去しなければならない。［中略］経済を重視すれば目標はまったく違ってくる。確かにモスクワは工業の一大中心地だが、それよりも、石油や穀物など、生存圏の確保に必要なものがすべて手に入る南方地域のほうが重要だ」（エンゲル『第三帝国の中枢にて』）

ヒトラーは、開戦前の一九四一年二月、フェドーア・ボック元帥へ語っている。ウクライナを占領し、モスクワとレニングラードを陥落させても、平和はこない。そのときはシベリアのエカテリンブルクまで進撃する、と。そうした長期戦に備え、資源を求めて南下するのは、ヒトラーには合理的な選択である。しかし、軍部が望むのは短期決戦だった。

ウクライナを優先

モスクワ進撃を唱えるヴァルター・ブラウヒッチュ陸軍総司令官とハルダー参謀総長は、ヒトラーを翻意させようとした。しかしヒトラーは、八月二一日にウクライナ攻略を命じる。

キエフ攻略を命じられた、第二装甲集団を率いるグデーリアンは、ヒトラーへモスクワへの進撃を直談判する。しかし、ウクライナの資源と食糧が戦争継続の鍵を握る、と言うヒトラーを翻意させることはできなかった。ヒトラーは言う。「私の将軍諸君は、戦争経済というものをまったくご存知ない」(グデーリアン『電撃戦』)

しぶしぶ南下したグデーリアンの第二装甲集団は、北上する第一装甲集団と合流した。これにより、不完全ながらもキエフ包囲網は閉じられた。九月一九日にはキエフ市内にドイツ軍が進軍し、周辺での掃討戦も九月末までに終わる。ソ連側の統計によると、キエフで包囲された南西方面軍は、戦死するか捕虜に取られて、六一万六三〇四人が「行方不明」となり、壊滅した。

キエフ占領が、ドイツ軍をモスクワから遠ざけたことは疑いない。ただジューコフは、ドイツ軍がキエフを攻略しなかったならば、モスクワへ襲いかかるドイツ軍の側面をソ連軍が南から攻撃しただろうと回想し、ドイツ軍の戦略を過ちとは見ていない。

この間にソ連は、重要な産業施設をモスクワの東へ疎開させる。スターリンは七月四日に疎開の計画策定を命じ、七月一六日に疎開委員会が創設された。指定された企業の労働者の疎開も進められ、モスクワでは、子どもを持つ女性労働者は、疎開企業に勤めているかどうかに関係なく、八月二〇日に疎開を命じられた。八月から九月にかけてのソ連軍の反攻はことごとく失敗に終わったが、時間を稼ぐのに貢献した。

2 目標はモスクワ

「台風作戦」

ウクライナの占領が見えてくると、ヒトラーは、それまでとは打って変わって、モスクワ攻略を急ぎ始める。九月六日のヒトラーの指示で、ドイツ軍はキエフ攻略を待たずに、再びモスクワを目標に据えた。この作戦は、のちに「台風作戦《タイフーン》」と名づけられた。迅速にモスクワを壊滅させる、という決意の表れだろう。だがその戦法は、相も変わらず電撃戦だった。

結局、キエフを優先したことと、装甲部隊を再編したことで、準備は一ヵ月を要した。ようやく一〇月二日に、ヒトラーは「最後の大決戦」として、モスクワ攻撃を命じた。主力となる中央軍集団は、一九二万の兵力と戦車一二一七輌を擁した。また上空から支援する第二航空艦隊は五五〇機である。

対してソ連側は西部、ブリャンスク、予備の三方面軍を合わせて兵力一二五万人、戦車九九〇輛、航空機六七七機だった。数的優位はドイツにあった。さらに、スターリンは九月二六日には第五四軍をレニングラードに派遣し、モスクワとの連絡を確保しようとしたように、少ない兵力を分散させていた。そこにドイツ軍の大攻勢が始まり、またも不意を突かれた。

ドイツ軍の快進撃

作戦当初、ヒトラーは自信に満ちていた。一〇月三日、現在のポーランドに置かれた総統司令部からベルリンへ一時帰還したヒトラーは、ロシアは「二度と立ち上がれない」とラジオの前の国民に大見得を切った。

ヒトラーの楽観を証明するように、ドイツ軍は連勝を重ねる。九月三〇日に南から進撃した第二装甲集団は、ソ連第一三軍の戦線を突破した。第二装甲集団を率いるのは、その速攻ぶりから「韋駄天《いだてん》ハインツ」の異名をとるグデーリアンである。一〇月三日には、モスクワから三五〇キロ南西に位置するオリョールを占領した。

一〇月二日からのスモレンスク州ヴャージマ近郊の戦いでは、ソ連軍はまたも包囲殲滅され、ドイツ軍の発表では、捕虜は六六万三〇〇〇人に達した。ドイツ軍は、「台風作戦」の開始から間もない一〇月五日には、出発地点からモスクワに至るまでのうち、三分の一の距離を踏破した。自信を深めたヒトラーは、一〇月七日に、モスクワとレニングラードの降伏受け入れを禁じる。

モスクワ戦の本格化

窮地に立つスターリンは、一〇月五日に国家防衛委員会にモスクワ防衛の特別決定を出させる。ヴォロコラムスク、モジャイスク、カルーガを結ぶ三〇〇キロの「モジャイスク防衛線」を死守するため、極東や中央アジアからも、可能な限り兵力が集められた。防衛線からモスクワまでは、およそ一二〇キロしかない。

スターリンにとって、モスクワを救う「切り札」が、ジューコフだった。彼は緒戦の大敗の責任をとって前線で指揮をとっていたが、一〇月五日にスターリンは、レニングラードにいるジューコフに電話した。

「飛行機に乗ってモスクワに来られるかね。ユフノヴォ地区で、予備方面軍の左翼に問題があるから、最高総司令部（スタフカ）は必要な処置について貴下と相談がしたい」

スターリンの信任を取り戻したジューコフは、西部方面軍司令官としてモスクワ防衛を委ねられる。ジューコフが必要とすれば、虎の子の航空機も、スターリンはしぶりながらも融通した。彼に限らず、大戦中にスターリンは、その能力を認めた将軍には、失敗しても何度もチャンスを与えている。

混乱するモスクワ

モスクワ占領の危機が迫る。国家防衛委員会は、モスクワの防衛線を市外に構築することを一〇月一二日に決定した。この防衛線は、モスクワの西側を半円状に取り囲む。さらにその内側に、街の環状道路に沿って第二の防衛線が設けられた。こうした防衛線の構築には、モスクワの党組織の命令で、モスクワ市民が駆り出された。

防衛と並行して、スターリンはモスクワ撤退の準備も進めた。一〇月八日から、撤退の際に爆破する建物や施設のリストアップを、国家防衛委員会が密かに進めた。翌日にこの委員会は、一一一九社の破壊準備が完了したとスターリンに報告している。

そもそも、ソ連軍はヴャージマでドイツ軍を食い止める予定だった。しかし、早々に大敗したため、「モジャイスク防衛線」では、早くても一一月中旬に終える予定だった防衛網の構築が追いついておらず、その威力も発揮されなかった。ドイツ軍の第四装甲集団は、一〇月一四日に「モジャイスク防衛線」を破る。

翌日の一〇月一五日に、国家防衛委員会はモスクワ撤退を決定し、ソ連政府はボルガ河畔の街、クイブイシェフ（現サマラ）に疎開することになった。工場や企業の疎開も加速し、一〇月の最後の二週間だけで、モスクワから貨車が八万輛も発車したという。参謀本部も疎開した。モスクワには、連絡役として数名の参謀が残されただけだった。

開戦以来、市民は正確な戦況を伝えられずにいたが、政府が疎開を始めた一〇月一六日になると、市民にも異変が感じ取れた。工場が閉鎖されて労働者たちは路頭に迷い、モスクワから東へ続く道路では、疎開する車が列をなす。市民はパニックに陥る。治安を担当する内務人民委員部モスクワ本部長は、「無政府状態」だと報告している。

撤退を拒否したスターリン

スターリン自身は情況を見て、一〇月一六日か一七日に撤退すると決めていた。だがモスクワの駅で複数の目撃証言があるものの、彼は用意された列車に乗り込むことはなかった。変心の理由は明らかではない。後年、スターリンがモスクワを去っていたらどうなったかと聞かれた側近のモロトフは、モスクワは焼かれ、ソ連は崩壊しただろうと答えている。

戦意高揚のため、スターリンは自らの所在を明らかにする。一〇月一七日、スターリンがモスクワにとどまっていることがラジオで告げられた。

もっとも、それで市民の混乱が収まったわけではない。治安の維持に効果的だったのは、国家防衛委員会が、一〇月一九日に、モスクワに戒厳令と夜間外出禁止令を敷いたことだ。ベリヤはスターリンも疎開させようと、「モスクワはソ連そのものではない。だからモスクワ防衛は無意味」だと説いたが、彼の決心を変えることはできなかった。そこで、戒厳令が発せられたといわれる。

内務人民委員部の特殊部隊による取り締まりは徹底していた。一〇月二〇日から一二月一三日に、一二万人以上が拘束され、四〇〇〇人近い市民が銃殺される。また内務人民委員部は、前線から逃げてくる兵士や、部隊からはぐれた兵士たちを再編し、前線へ送り返した。一〇月にベリヤに報告されたその数は、六五万七三六四人に上る。うち一万二〇一人は銃殺された。ソ連政府は、おびえる兵士や市民を「内なる敵」と見なし、容赦なく罰することで、前線に踏みとどまらせた。

こうして権限を強めたベリヤは、作戦や武器の配給をめぐって、軍の高官とも衝突する。ドイツ側も国防軍と親衛隊の対立があったが、ソ連側も内部抗争を抱えていた。

「台風作戦」の停滞

一〇月二〇日にドイツ軍は、モスクワまで六〇キロに迫った。この日、ソ連に駐在する外交団もクイブイシェフに疎開した。もはや、モスクワ陥落は時間の問題と見られた。

このとき、モスクワに迫るドイツ軍を押しとどめた一因が、秋雨や初雪による道路のぬかるみであった。泥濘《でいねい》のせいで、食料や武器の支援は滞る。航空機による補給も試みられたが、一〇月三〇日になると、ドイツ軍の進撃はほぼ止まってしまった。さらに、ソ連軍が戦車に攻撃を集中させるようになったため、その損耗率が高まる。自軍の戦車も失われる捨て身の作戦で、ソ連軍はドイツの装甲集団を食い止めた。

こうして、「台風作戦」は失敗に終わる。ドイツ軍は一〇月末までに、中央部で二五〇キロ近く前進したが、モスクワを包囲するどころか、その郊外も占領できなかった。開戦当初の速攻ぶりはすでに失われていた。電撃戦は、損耗を重ねて威力が落ちたのだ。

ところで、ソ連侵攻がもっと早かったなら、ドイツは冬将軍の影響を受けることなく勝利しただろう、という見方は今も根強い。だが敗因を天候に求めるのは、ソ連軍に負けたことを認めたくないドイツの将軍たちが広めた言説だ。例年より早くやってきた冬将軍や悪路に苦しめられたのは、ソ連側も同じであるから、言い訳にすぎない。

一方、一九二〇年代から戦車の集中運用による機動戦を唱え、電撃戦にも影響を与えたイギリスのリデル・ハートは、無限軌道の輸送車輛をそろえ、補給を受けていれば、ドイツ軍の速攻は衰えず、一九四一年にモスクワを占領できたと書く。ただそれは、輸送車輛そのものの燃料補給を無視し、ソ連の整備されていない道路事情も無視した、机上の空論である。

プロパガンダの活用

この隙に、スターリンはモスクワ周辺の前線を再構築する。一一月一〇日に、グデーリアンの第二装甲集団を南で阻止するため、モスクワの真南に位置する工業都市トゥーラの防衛が、ジューコフの指揮する西部方面軍に委ねられた。トゥーラ、ならびにレニングラードとモスクワを結ぶ街道の要衝カリーニン（現トヴェリ）という、モスクワ近郊におけるソ連軍の健闘が、首都防衛の鍵を握ることになる。

その間、スターリンは軍や国民を鼓舞し続ける。一一月六日には、モスクワ市が主催するロシア革命記念祝賀会が、空襲の危険を考慮して、最も地中深くにある地下鉄駅で開かれた。スターリンはそこで、ラジオを通じて全国に演説する。ドイツ軍は四五〇万人を失ったが、ソ連軍の戦死者は二五万人、行方不明者は二七万八〇〇〇人にすぎないと、現実離れした数字を列挙した。ドイツ軍は大損害を受けていると印象づけるのに必死だったのだろう。

翌日にスターリンは、革命記念日恒例の、赤の広場の軍事パレードを閲兵し、自身とソ連の健在ぶりを内外にアピールした。スターリンはこの様子を収めたフィルムをソ連各地で上演させる。雪のためにはっきり届かなかった演説は、念入りに撮り直された。

モスクワを救った鉄道網

ソ連軍の武器と兵士の不足は深刻だった。それでも、シベリアや中央アジアという「大後方」があって、数百万のモスクワ市民も動員できるのは、ソ連の有利な点だった。

軍需物資はモスクワに鉄道で運ばれるが、モスクワの東および南東から延びてくる路線五本のうち、二本は退避に用いられたため、その補給は十分といえるものではなかった。さらに、ソ連国内の鉄道は単線が多かったために、モスクワに向けて走る新兵と軍需物資を満載にした列車が、逆方向からの貨車の通過のために待たされることもしばしばだった。

それでも、鉄道網は武器だった。とくに、開戦直前にモスクワの郊外に張りめぐらされた環状線が、ソ連国内の鉄道を扇のように結んだ。ドイツ軍によって、主要路線の大半が切断された後には、この環状線が、モスクワと地方との連絡を保つ最後の頼みの綱だった。

さらにソ連側に幸いしたのは、ドイツ空軍が、モスクワへ向かう鉄道や道路での輸送が活発なのを視認していたにもかかわらず、何の攻撃も加えてこなかったことだ。ソ連にはすでに予備兵力はない、と信じ切っているドイツ軍首脳部は、偵察飛行の報告を真剣に取り上げなかった。代わりにドイツ空軍は、モスクワ中心部と近郊の飛行場へ、爆撃を集中させる。

第二航空艦隊司令官だったアルベルト・ケッセルリンク元帥は、爆撃で敵の補給を遮断しなかったのは、最も重大なミスの一つだったと回顧している。

少数民族と女性の動員

一〇月五日には、国家防衛委員会による大規模な予備軍編成の命令が出されている。ソ連軍は、モスクワ防衛に東方から物資を補給し、不足する兵士には都市民をあてた。正規兵だけでは足りなかったためで、まず予備役による部隊が編成され、一〇月には前線に投入された。モスクワの各地区も、志願兵を募って送り出す。対象年齢は一七歳から五五歳にまで広がり、希望すれば、ほぼ誰でも従軍できた。こうして一〇月半ばから一二月までに、新たに二〇万人の兵士が動員されたと、ソ連軍参謀本部は記す。一般市民も、塹壕《ざんごう》掘りなどに動員されている。市民も「祖国防衛」に燃え、士気は高かった。

ソ連軍が、性別や民族を問わない多様性に支えられていたのも有利に働いた。多民族国家のソ連では、ほぼすべての民族が動員され、共闘した。一方、ドイツ軍の主力は「純血のアーリア人」が占めた。彼らは戦闘が激化するにつれ減るばかりである。

ソ連軍兵士のもう一つの特徴は、女性の従軍だろう。ドイツ軍でも女性は動員されたが、後方支援に限定されたのに対し、ソ連では最前線にも投入された。有名なのは、一九四一年夏に編成された、マリーナ・ラスコーヴァ率いる女性飛行連隊「夜の魔女」である。モスクワ上空でも、女性パイロットたちが活躍した。狙撃兵として優秀な女性兵士も多かった。部隊でとくに女性が多くを占めたのは、通信士や従軍看護士であった。

一方、ドイツ軍は国防軍であれ親衛隊であれ、占領地でスラブ系住民に圧政を敷き、反感を買う。また食料を現地調達したことも反感を買った。そのため、多くの住民が故郷を捨て、離散した。彼らは、ときに非正規軍（パルチザン）となり、ドイツ軍の補給線を襲う。とくに、鉄道は彼らの最大の標的で、ドイツ軍の物資を輸送する列車がしばしば破壊された。

ではドイツ軍は、捕まえた多数の捕虜を活用しなかったのか。実は、「人種戦争」であるがゆえに、収容所内でほとんど餓死させていた。その結果、占領地で労働力を確保するのが困難になる。ドイツが捕虜を労働力に転換するのは、一九四一年末からだ。

武器補充係のスターリン

戦争が進むにつれ、両軍とも不足したのは戦車である。戦車の数はドイツ軍三万、ソ連軍二万四〇〇〇とほぼ互角であり、この冬にどちらが多く戦車を生産できるかにかかっている、とスターリンも夏にホプキンス特使へ語っていた。ドイツのほうが、一ヵ月に生産できる戦車の数が多いと述べ、アメリカで生産した戦車と、戦車をつくるのに必要な鉄の供与を依頼している。

彼はT-34を重視し、潜水艦を建造していたソ連の工場は、開戦後の七月に、戦車の製造にラインを切り替えるように命じられている。開戦後の半年間で、T-34とKV（クリメント・ヴォロシーロフ）戦車は、二八一九輛が生産されたという。

しかし、ソ連軍は開戦から半年で、およそ二万五〇〇〇輛を失っていた。スターリンは戦車調達の陣頭指揮をとる。一〇月二〇日には、ゴーリキー（現ニジニ・ノヴゴロド）にある戦車工場に、以下の電報を送った。

「貴下の工場はT-34型戦車の生産計画で不良な成績を収めており、国家防衛の事業を滅茶苦茶にしている。国家と首都が大変な危機にあるいま、これ以上看過できない。［中略］近日中に、一日に少なくとも戦車三輌を製造し、月末までには四輌から五輌を供給するように命じる。国家に対する義務を工場が果たすように希望する」

当時のスターリンがいかに戦車を欲していたかは、先に触れた一一月六日の演説からも明らかだ。スターリンは、ソ連の敗因は戦車と航空機の不足にあるとした。そして、現代の戦争は、航空支援を受けた歩兵と戦車なくしては戦えないと説く。質はソ連軍の戦車と航空機が上回るが、その数がまったく足りないと告白し、スターリンは戦車増産へ、国民に発破をかけた。

なりふり構わないスターリンは、ウィンストン・チャーチル首相や、フランクリン・ローズヴェルト大統領へ支援を願う手紙を送り続けた。ホプキンス特使には、アメリカが「対空砲とアルミニウムをくれれば、三年でも四年でも戦えるぞ」とも豪語した。

その結果、アメリカからの武器輸出を可能にする武器貸与法が、一九四一年一一月にソ連にも適用される。イギリスからも、同年末までに、四六六輌の戦車が提供された。このマチルダ戦車は士気を鼓舞したものの、戦局を変える力はなかった。連合国の支援が真価を発揮するのは、大戦も後半になってからである。

スターリンが閲兵するなか、赤の広場を行進するソ連兵
（写真提供）Mary Evans Picture Library／アフロ

一方、ドイツ軍の戦車は、一九四一年七月から八月にかけて大幅に減少していた。とくに、八月のスモレンスクでの会戦が響いたと、歴史家のデーヴィッド・ステーヘルは主張している。この会戦で、ドイツ軍は予想以上に砲弾を消費し、戦車にも甚大な被害が出て、以後の進撃が鈍った。ドイツの物資輸送の貧弱さは、それを補えなかった。一方、ソ連のT-34は、工程を省いても組み立てられた簡素な設計で、大量生産に向いていた。

極東方面軍の西送

戦車だけでなく、スターリンは兵士も必死でかき集めた。

スターリンに残された切り札が、極東で関東軍と対峙する兵力だった。東京に潜入するスパイ、リヒャルト・ゾルゲは、一〇月四日付の電報で、日本のソ連攻撃が年内にはないと打電してきた。一〇月六日、ついにスターリンは、関東軍に備えるザバイカル方面軍のうち、二個師団にモスクワ方面への移動を命じた。

その直後の一〇月一二日に、ヨシフ・アパナセンコ極東方面軍司令官ら、極東の要人たちがクレムリンを訪問した。ニコライ・ペゴフ沿海地方党第一書記の回想によれば、会見中にスターリンは、日本に参戦の口実を与えないよう、強く念を押した。兵力を西に移すいま、手薄になった極東で問題を起こされては困るからだ。この会談後、さらに多くの兵力が極東からモスクワへ移動した。太平洋艦隊とアムール艦隊も水兵を下ろし、一九四一年には乗組員の三分の一をモスクワに送り出す。

史料によれば、一九四一年六月から四五年五月までに、極東方面軍とザバイカル方面軍は、師団三四個、独立旅団二〇個など、三四万四六七六人を西へ送った。ただし、四一年一〇月からモスクワ攻防戦に参加した極東の兵力は、その半分にも満たない一六個師団と見られている。

極東からの援軍は、さほど多かったわけではない。重要なのは、独ソ両軍とも兵士をのどから手が出るほど欲していたときに、援軍が投入されたことだ。極東からシベリア鉄道で兵士を最前線へ輸送するのは、最低でも一週間はかかるので、「モジャイスク防衛線」が破られた直後から、極東の部隊は動員されていたと考えられる。

極限状態で戦う将兵

一方のドイツ軍は、ソ連のみならず、大西洋ではイギリスと対峙し、北アフリカにも戦線を広げていた。したがって、部隊をモスクワだけに集中できない。ところがソ連は、背後を脅かす日本が来春まで動きそうもないので、モスクワに全力を投じることができた。スターリンは、レニングラードからの援軍要請を却下してでも、モスクワに兵力を集めた。

さらに、極東からやってきた部隊の装備も重要だった。トゥーラで彼らと対戦したグデーリアン第二装甲集団司令官は、こう回顧している。

「わが警戒部隊が満足な防寒被服も身につけず、栄養不良のみすぼらしい姿で苦戦しているのに反し、羨ましいほどの防寒装備を持ち、栄養たっぷりなシベリア師団兵士の奮戦ぶりを実際にこの目で見た者でなければ、これから先この広大な地域でどのように重大な出来事があるのか推測することなどは、とてもできるものではない」(グデーリアン『電撃戦』)

一二月五日には、トゥーラの気温はマイナス三六度を記録した。そんななか、夏服で戦い、すぐには援軍も見込めないみじめさを、ドイツ軍は再確認させられた。

ソ連側の防寒具が整っていたのは、二年前のフィンランドとの戦争の教訓から、参謀本部が冬の装備一式を見直していたためだ。寒冷地向きの軍服や毛皮の手袋、暖かい帽子は体温の低下を防いだ。もっとも、これらが支給されたのは前線の兵士に限った話で、後方の将兵には、外套《がいとう》もないのが実状だった。ソ連の国家防衛委員会は、七月中旬には冬の装備を備えるよう命令していたが、兵士の増加に対応できず、あらゆる装備が不足していた。

またソ連側でも、規定量の食料が配給されることはほとんどなかった。兵士たちの多くは乾燥食料で飢えをしのいだ。そのため、前線への供給を強化する命令が、軍中央からたびたび出される。だが、兵士だけでなく、モスクワ市民も配給制に耐え、飢餓線上をさまよう情況で、命令がどこまで忠実に実行されたのかは疑わしい。

このように、飢えと寒さによる極限状態での戦いを強いられたのは、独ソ両軍とも同じだった。

ハルダーの誤算

ドイツ軍は、台風作戦が失敗し、再び選択を迫られた。厳冬の間は攻勢を中止し、春を待つべきだというのが、前線の多くの指揮官たちの意見である。武器や食料はいうまでもなく、兵士たちの防寒具もない現状を踏まえての判断であった。

それに対して、ボック中央軍集団司令官は、あくまでモスクワ攻略を主張した。六〇歳のボックは、一九四〇年のパリ占領でも先陣も切った。その華麗な戦歴も彼の強気を支えた。ただ彼も、「攻勢は、戦略的には偉大な傑作にならない」と日記に書いている。それでも、ジリ貧を避けて、攻勢に出るのがより良い選択だと考えた。鉄道による最前線の部隊への補給がうまくいくなら、モスクワを包囲することも可能だとすら予想した。さらに、これから降る雪は作戦行動を不可能にする。ならば、いまのうちに戦力を「戦略的に好ましい地点」であるモスクワに集中させるべきである、というのが彼の主張だ。

ドイツの統帥部では、ブラウヒッチュ陸軍総司令官が心臓病で倒れてから、ハルダー参謀総長が権限を強めていた。一一月一三日に、ベラルーシ東部のオルシャで開かれた各方面軍の参謀長との会議で、ハルダーは、モスクワ攻撃をただちに再開するのは総統の意思であると、会議を攻勢でまとめる。

ハルダーはなぜ攻勢にこだわったのか。彼は一一月に入ってからも、あと一ヵ月は作戦を継続でき、モスクワは攻略できずとも、包囲は可能だと見ていた。また来年の夏まで作戦を延期すれば、その間に兵力が逆転されると思っていたが、実際には、ハルダーの予想を上回る速さで、ソ連軍は兵士をかき集めていた。その結果、一九四一年末に二八一万八五〇〇人だったソ連軍の兵力は、翌年三月には四一八万六〇〇〇人に膨れ上がっている。

そうとも知らずにドイツ軍は、寒気で凍った道路を利用して、一一月一六日に、モスクワをめざして前進を再開した。

縮まる戦力差

一一月の攻勢開始時に、ドイツ軍はモスクワ正面の戦線に二二万三〇〇〇人、一三〇〇輛の戦車を投じたと、ソ連軍参謀本部ははじき出している。一方、迎え撃つソ連は、西部方面軍だけで二四万人、戦車は五〇二輛であった。戦車はまだドイツ軍が優位だが、モスクワ北西部、並びに南部の戦線でも、兵力に大差はなくなっていた。

もっとも、この時点で兵力を比較しても、あまり意味がない。独ソ両軍とも数百キロにわたる長大な戦線に布陣し、雪と寒さで機動性は失われていたので、兵力を集結させて運用するのは困難だったからだ。そのため、前線で向き合う小部隊の兵力や火力の差がポイントになる。

その点でドイツ側に不利だったのが、兵站不足だ。攻勢開始にあたり、ボックをはじめ前線の指揮官たちが要求した軍需品や防寒具の多くは届いていなかった。

原因は、輸送のインフラにある。ドイツの装甲集団は、物資補給をトラックに頼る。しかし、この補給線そのものがガソリンを浪費する。おまけに、ソ連では道路の多くが未整備だった。そのため、大量輸送には鉄道に頼らざるを得ない。ところが、線路のゲージがドイツとソ連では異なり、ドイツから直通列車を走らせることができない。またドイツ製の機関車は、ソ連の寒さに不向きで故障する。さらに、占領地のユダヤ人を東方へ「追放」するのに徴用されて、貨車の数も足りない。ソ連側も、ドイツ軍に占領される前に、機関車や貨車を東へ疎開させていた。

そこでドイツ軍は、前線に物資を運ぶのに、航空機を使い始める。ドイツ第二航空艦隊は、一一月には北アフリカ戦線支援のため、多くの戦闘機をマルタ島へ送り出した。そこで輸送に利用されたのは、爆撃機である。だがその結果、モスクワ周辺では戦闘機も爆撃機も足りなくなった。さらに寒気でエンジンが凍り、ドイツ軍機は出撃が難しくなる。こうして、制空権はソ連側に移っていった。

限界に達したドイツ軍

ヒトラーは九月二三日に、部隊の越冬に必要な措置は講じてあると、ヨーゼフ・ゲッベルス宣伝相に語っていた。しかし、冬の装備を載せた列車は、機関車の凍結や貨車の不足などにより、ポーランドで待機したままだった。

この結果生じた兵站の乏しさは、ボックに作戦の決行をためらわせるほどだった。だが、誇り高い彼が前言を翻すことはなかった。ドイツの将兵は疲弊したまま、新たな攻勢に駆り出される。

戦闘は、いよいよモスクワ近郊に移った。ドイツ軍は、中央軍集団のもと、三方向からモスクワの包囲をめざした。

しかし、この大円環を閉じるのに十分な兵力が、もはやドイツ軍にはない。ドイツ陸軍総司令部の統計によると、すでに開戦時の兵力の二三%がこの時点で失われていたのだから、無理もない。

ドイツの攻勢を支えてきた装甲集団も力尽きた。モスクワ北西のカリーニンを攻略する第三装甲集団は、燃料不足で停止した。ソ連軍の猛烈な反撃を受けて、グデーリアンの第二装甲集団も、トゥーラ攻略を断念し、迂回して東へ転進する。グデーリアンは一一月二一日に、ボックへ電話し、もはや攻勢を続けても成功の見込みはないので、防衛へ転換するよう進言した。

モスクワでの決戦

同じ頃、スターリンは、モスクワの防衛線を強化するとともに、焦土作戦を指示している。一一月一七日には、すべての部隊とソ連側抵抗勢力（パルチザン）に、戦闘地域から奥行き四〇〜六〇キロ、道路から左右二〇〜三〇キロ圏内にあるすべての居住地を、「破壊し、焼き尽くす」ことを許可した。住民には酷だが、極寒のなか、ドイツ兵から休む場所を奪うためだ。モスクワ周辺の厳しい寒さは、連日マイナス三〇度にも達した。ヒトラーは副官へこぼした。「開戦がひと月遅すぎた」（エンゲル『第三帝国の中枢にて』）

一一月二九日にボックは、ハルダー参謀総長に電話し、あと数日でモスクワ北西部のソ連軍が壊滅しないのならば、モスクワへの総攻撃は見合わせるべきだと進言した。しかし一二月一日、攻撃続行が決まる。ボックはブラウヒッチュ陸軍総司令官に宛て、無謀さを訴えた。直近の二週間の戦いで、敵軍が壊滅したなどというのは幻想にすぎないことがよく分かった。いまやわが軍は、鉄道での補給がなければ、現在の守備位置を保つことさえできない、と。しかし、決定を覆すには至らなかった。

前線と違って、ハルダーは能天気だった。彼は一二月二日の日記に、ソ連軍の防衛力はピークに達し、これ以上、敵に援軍が来ることはないし、中央軍集団への補給も「良好」だと記している。ヒトラーの注意も、モスクワではなく、予想外の反撃を受けていたウクライナ南部に向いていた。

ドイツ軍は、最後の勇猛さを発揮する。一二月二日、ドイツ軍の偵察大隊が、クレムリンから北西に一六キロ足らずのヒムキまで進出する。だが翌朝には、ソ連の第二〇軍に撃退された。これが、ドイツ軍がモスクワに最も肉薄した日となった。

死力を尽くした戦いで、ドイツ軍はすでに限界だった。ボックはモスクワ攻略を諦める。グデーリアンにいたっては、独断で撤退を始めていた。

3 ソ連軍の反転攻勢

反撃開始

ドイツ軍の限界を見越したように、ソ連軍は反撃に移る。

モスクワ正面での反攻作戦は、一一月初めには計画されていた。しかし、蓄えていた予備兵力は、モスクワに迫るドイツ軍の撃退で使い切ってしまう。「台風作戦」に失敗したドイツ軍の活動が鈍ったことで、ソ連は予備軍を編成する猶予をかろうじて得た。

最終的に、スターリンから各軍に反撃が命令されたのは、一一月二四日から翌日にかけてだ。西部方面軍が、カリーニン方面軍や南西方面軍と協力して攻勢に転じ、モスクワの両翼に迫るドイツ軍の二つの突出部を一掃する。そしてドイツ軍の中央軍集団を包囲するのが目標だ。

その間にも、ドイツ軍の攻勢は続き、西部方面軍司令官のジューコフは焦る。一一月三〇日にアレクサンドル・ワシレフスキー参謀次長に反攻計画を伝える際、こう述べている。「直ちにこれを国防人民委員のスターリン同志に報告して、作戦に入れるように命令を与えられたい。そうでないと準備が遅れるかもしれない」（陸上幕僚監部教育訓練部訳『ワシレフスキー回想録』）

こうして、一二月二日にモスクワ南東で反撃が開始されたのを皮切りに、一二月五日早朝に、モスクワ北部に展開するカリーニン方面軍が、ドイツ軍の北の突出部に攻撃を開始した。翌日にジューコフは、部隊を突出部の内側に向けて進撃させた。さらに、セミョーン・チモシェンコ元帥率いる南西方面軍が、南の突出部で反撃に出る。この一二月六日こそ、ソ連軍の総反撃が開始された日だと、ソ連軍参謀本部は記している。

反撃に時間差が設けられたのは、総反撃だと悟られないようにするためだったといわれる。そのねらいは当たり、ボック中央軍集団司令官は、一二月六日になってようやく事態を悟った。

だが、これはソ連側がつくり上げた「神話」だ。ソ連軍は、総反撃の中核をなす第一〇予備軍の編成が、予定通り進んでいなかった。スターリンが編成を命じたのは一〇月二〇日で、一二月二日が完了予定日だった。しかし、モスクワに向かう列車が遅れ、装備が間に合わず、総員九万四一八〇人が前線にようやく展開できたのは、一二月五日から翌日にかけてだった。かろうじて総反撃に間に合ったというのが実状に近い。ただ、この部隊の投入もあって、ソ連軍は開戦以来、初めて敵を上回る兵力を戦場に投入できた。

モスクワを守り切る

ソ連軍の総反撃はシベリアから投入されたスキー兵のみならず、コサックという伝統的な騎兵まで繰り出し、ドイツ軍を圧倒した。ヒトラーは現実を認められず、「ロシア軍に新しい戦力が加わったなどとは信じられない」とつぶやいた。だが、そう語った一二月八日には、守勢に移るよう命じざるを得なかった。

ヒトラーの指令を待たず、ドイツ軍の大部分は、モスクワ正面から退却を始めていた。結局、場所によっては二〇〇キロ以上を敗走した。だがヒトラーの厳命により、前線を固定したままで越冬を余儀なくされる。

ヒトラーはモスクワでの敗北の責任を陸軍に押しつける。ボックとグデーリアンは、解任された。自信を失くしたブラウヒッチュ陸軍総司令官が辞職を申し出ると、ヒトラーは直ちに了承し、自らその職務を兼任した。ハルダー参謀総長は、責任を前線の指揮官たちに転嫁して、かろうじて地位を保った。こうして、陸軍総司令部は、東部戦線で日々の戦闘を指揮するだけの部署に成り下がる。代わって、ヒトラーとその取り巻きの将軍たちからなる国防軍最高司令部が、戦略を担うことになった。

モスクワは危機を脱した。一二月一三日、ソ連の新聞『プラウダ』は、モスクワ近郊でのドイツ軍敗北を大々的に報じる。翌日にスターリンは、モスクワ各地に仕掛けてあった爆薬の撤

地図1-2　東部戦線1941年12月5日から1942年11月18日まで

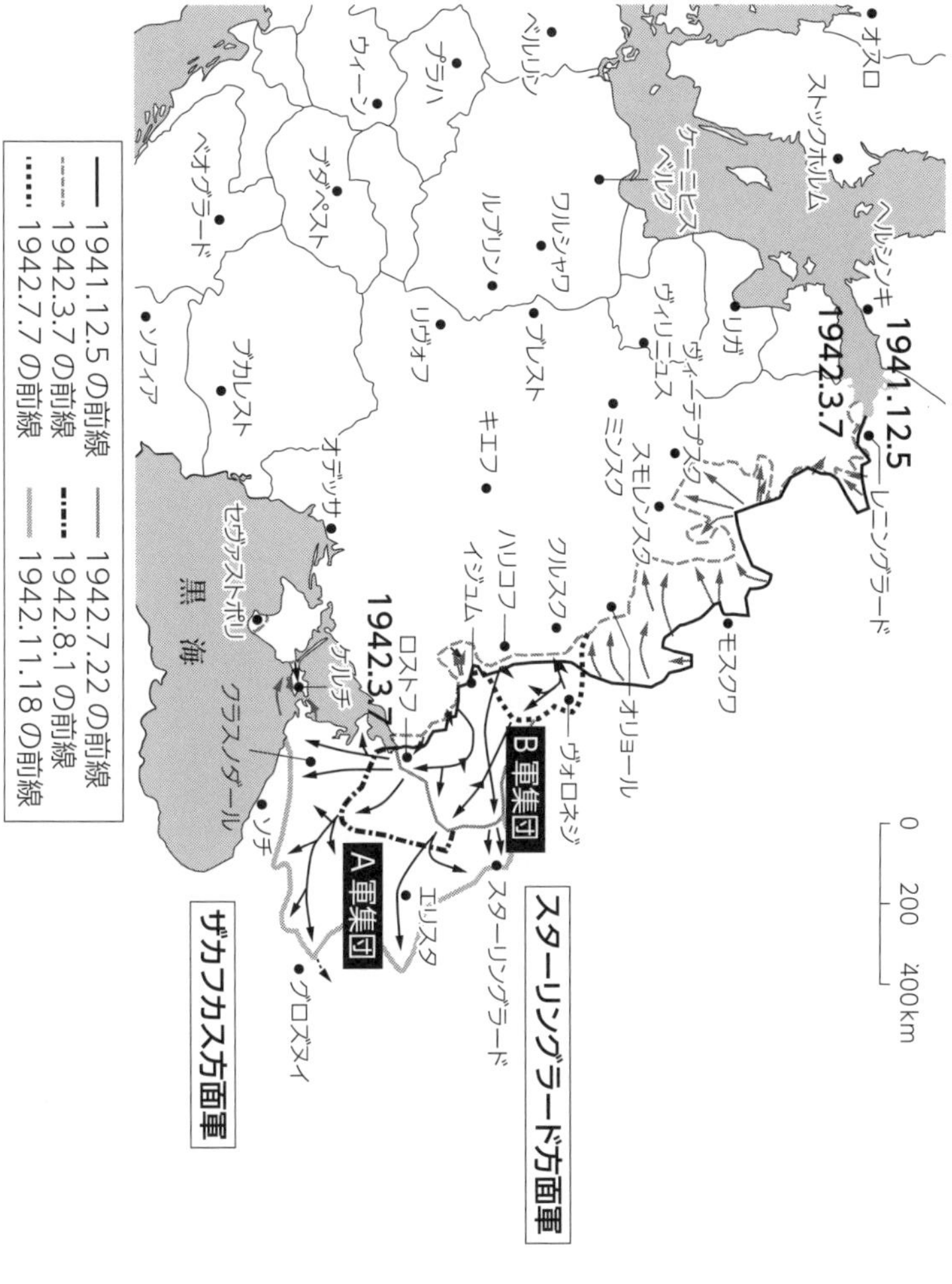

去を命じた。一二月一五日、党政治局は、共産党の職員たちをモスクワに戻す決定を下す。

一方、ソ連軍の強攻は続けられた。スターリンは部下たちに檄《げき》を飛ばす。一二月一二日には、カリーニン方面軍司令官イワン・コーニェフ大将を、方面軍の左翼の動きが悪いと、電話で叱咤《しった》する。敵の抗戦を理由にするコーニェフにはこう言った。「大した問題ではない。貴下は与えられた指令を理解されたと思う。臆することなく、精力的に遂行せよ。以上。さらばだ」

追撃に失敗

イギリスの歴史家アラン・ブロックは、こう主張する。スターリンとヒトラーは、モスクワ攻防戦から、「攻勢こそすべて」という、同じ答えを導き出した。そのため、モスクワを守り抜いて自信を取り戻したスターリンは、総反撃に出た。

年が明けた一九四二年一月五日に、スターリンは最高総司令部で会議を開いた。北と南からドイツの中央軍集団を包囲し、かつて大敗を喫したヴャージマで合流し、ドイツ軍を因縁の地で壊滅させる。同時に、包囲されているレニングラードでも攻勢を開始する。南方でも、ハリコフからクリミアまで解放するという、壮大な反攻計画であった。

ジューコフは反対したが、スターリンは、休まずに攻撃を続ければ、四二年のうちにドイツ軍を壊滅させられる、と一月一〇日付の指令で督励した。

しかし、追撃を続けるだけの武器も兵士も不足していた。輸送も馬に頼るありさまである。

それでもスターリンが作戦を強行させたのは、モスクワでの勝利を過大評価していたからだろう。

さらに、スターリンの作戦への介入も現場を混乱させた。たとえば、一九四二年一月一一日には、モスクワ北西の街、ルジェフを一日で奪回するようにスターリンは命じている。だが人口五万あまりのこの街をめぐって、両軍は四三年三月まで攻防戦を繰り広げることになった。「ルジェフの挽肉機」と呼ばれたこの戦場で戦線は膠着し、ヴャージマも奪還できず、約二七万人を失って、ソ連軍の総反撃は四月二〇日に頓挫した。ロシアの戦史では、「台風作戦」の始まった九月三〇日からこの日までが、モスクワ攻防戦とされている。

両軍の損失

ドイツ軍は、対ソ戦の開始から一九四一年末までの半年間に、戦死者一七万三七二二人、戦傷者六二万一三〇八人、行方不明者三万五八七五人という、甚大な損害を出した。その合計は、東方に展開したドイツ軍の四分の一を上回る。

もちろんその損失は、同年末までに死者八〇万二一九一人、行方不明者二三三万五四八二人を出したといわれるソ連軍よりも、はるかに少ない。ソ連末期に公表されたこの数字も、少なすぎるという指摘すらある。九月末からモスクワの防衛に就いた将兵一二五万人も、一二月五日までに、四割を超える五一万四三三八人が行方不明となっている。

尋常ではない行方不明者が出たのは、ミンスクやキエフといった主要都市が包囲され、多くの将兵が捕虜となったからである。開戦初期のスターリンと幕僚には、包囲を避けるために戦略的に撤退する、という発想がなかった。最後には、包囲の弱点がどこであろうとおかまいなしに突破し、友軍と合流するほかない、と彼らが考えていたことも、被害を大きくした。

こうしてソ連は、一九四一年に多くを失った。開戦後の半年間で、石炭、銑鉄、アルミニウムの生産地域は全国の六〇％、穀物生産では三八％の地域を失った。一九四一年の開戦前に、ソ連の人口は約一億九六七〇万人だったが、開戦から四ヵ月後に、およそ九〇〇〇万人がドイツ軍の占領下に置かれたという推計もある。そうした圧倒的に不利な情況でかろうじてつかんだのが、モスクワでの貴重な勝利だった。

Ⅱ　スターリングラードの戦い——電撃戦を挫いた市街戦

1　短期決戦を望んだ両軍

石油が欲しい

一八一二年のナポレオンはロシアでひと冬を越すこともできなかったが、ドイツ軍はまだ広大な占領地を確保していた。ヒトラーも、モスクワの攻略には失敗したが、ドイツ軍の総崩れは防げたと自信を取り戻す。

そこで彼は、一九四二年四月五日付で命令を出す。ソ連軍は「予備の大半を投入し、消耗しつくした」。そこでドイツ軍は、ソ連軍を「完膚なきまでに叩き潰し」「最重要軍需産業の中心から可能な限り引き離し、補給を断つ」（トレヴァー編『ヒトラーの作戦指令書』）。

ヒトラーは、まだモスクワ近郊で激戦が続く一九四一年一一月一九日に、ハルダー参謀総長へ、来春の作戦は「まずカフカース」だと指示していた。

カフカースで油田を獲得して、ソ連の燃料供給源を断ち切り、代わってドイツ軍が活用するのが目標だ。ヒトラーはボック元帥に語った。カフカースの石油産出地である「マイコプとグロズヌイの石油を得られぬ時は、この戦争に方をつけねばならない」（カーショー『ヒトラー（下）』）。

米英の軍隊が西ヨーロッパに上陸する前に、東でソ連と決着をつけなければならないという焦りも、ヒトラーに攻勢を選ばせた。日本軍が一九四一年一二月八日に真珠湾を攻撃すると、ドイツもアメリカに宣戦布告していたからだ。

ハルダー参謀総長は、カフカース攻略のための「青号作戦《ファル・ブラウ》」をヒトラーに提出した。この作戦は、カフカースに進出するために、まずクリミア半島を押さえ、ハリコフ南方の戦線の突出部を潰すというものだ。

第二次ハリコフ攻防戦

ソ連軍は一九四二年五月までに、前線で五一〇万人、三九〇〇輌の戦車、二二〇〇機の戦闘機を備えるまでに回復していたとロシアの戦史は記す。スターリンは、この大兵力を頼みに、年内にドイツ軍を粉砕しようとした。

先手を打ったソ連軍は、一九四二年五月にハリコフ奪回に打って出た。しかし、スターリンの指導の誤りで大敗を喫した。ソ連軍は再び包囲殲滅され、二三万人の兵士と七五五輌もの戦車が失われた。この大敗でソ連軍は、四二年夏に積極的な作戦に出られなくなる。

スターリンは、失敗をウクライナの党第一書記、ニキータ・フルシチョフに被せた。そのためフルシチョフは、スターリングラードで、汚名を返上せざるを得ない立場に追い込まれる。連敗のソ連側に、吉報がもたらされた。六月一九日、墜落したドイツ軍機から、「青号作戦」の計画書が見つかる。そこには、ドイツ軍がスターリングラードと北カフカースに向かうと記されていた。しかしスターリンは、それは謀略だと決めつける。彼は、ドイツ軍は再びモスクワを襲うと予想していたからだ。計画書について報告したフルシチョフに、スターリンは「ばかにしたような調子で」こう言った。

「ヒトラーは君の鼻づらを引っ張り回している。やつは別の計画を持っていて、わざとこの文書を流したんだ。こいつは罠だ」（シェクター&ルチコフ編『フルシチョフ』）

「青号作戦」発動

だが、罠にかかったのは、またしてもスターリンだった。

思いがけぬソ連軍の攻勢で、予定よりも遅れたが、ドイツ軍はいよいよ「青号作戦」を実行に移す。ドイツ軍は、六月二八日に、クルスクからタガンログまで八〇〇キロにわたる南部の戦線で攻勢を開始する。その進路は、ソ連の手に落ちた作戦計画書通りだった。だがドイツの戦車部隊は、いったんは包囲の輪を縮めながらも、ドン河西方でソ連軍の主力を取り逃がす。

そこでヒトラーは、七月二三日に新たな命令を出す。南方軍集団を二つに分け、A軍集団は逃げたソ連軍を追い、カフカース占領に向かう。B軍集団はスターリングラードの占領をめざす。B軍集団はスターリングラード周辺のソ連軍を殲滅した後に、カフカースに進軍するという作戦だ。

ロシア南部では舗装された道路が少ないため、大量輸送手段として河川交通が重要な意味を持っていた。ドイツ軍はその河川交通を、ボルガ河畔の街、スターリングラードを占領することで断ち切ろうとした。ヒトラーは八月八日に、八日以内にスターリングラードを攻略するには、現存部隊で十分だろうとゲッベルス宣伝相に語っている。

スターリングラードへ

スターリングラードは、ボルガ河沿いに一九キロの市街地が広がる、四四万人あまりの街だった。ロシア南部でも有数の工業都市で、戦車T-34の生産拠点でもある。もともとは、「ヴォルゴグラード」と呼ばれていたが、革命後の内戦でスターリンが防衛した街だったので、一九二五年に改名された。最高指導者の名前を冠した街だが、ソ連では戦略的に重視されていたわけではない。そのため、ここが主戦場となって、またも不意を突かれた。

ドイツ側も、最初はここを重視してはいなかった。そのことは、一九四二年七月のドイツ軍の編成から明らかである。スターリングラードをめざすB軍集団においては、ドイツ軍は第六軍のみ、あとはイタリア、ハンガリー、ルーマニアの同盟軍だけだ。虎の子の戦車部隊は、ほとんどがA軍集団に割り当てられている。

なお、ヒトラーがB軍集団にも最初から戦車を多数配備していれば、スターリングラードは七月に陥落していたという見方もある。しかし、そうした「もしも」には慎重になるべきだ。戦車が活躍できるのは、見通しのきく平原や砂漠である。一方、市街戦には不向きだ。市街地では前進も後退もままならず、戦車の機動力は封じられるうえ、見通しが悪い。したがって、戦車がより多くても、B軍集団がスターリングラードを制圧できたかは疑わしい。

2 市街戦という罠

知将パウルス

一九四二年七月一七日、ドイツ軍はスターリングラード攻撃を開始した。その六日前にソ連軍は、ワシレフスキー国防人民委員代理が、スターリングラード周辺へ部隊の集結を命じている。ただ、この時点では、市街戦に持ち込む計画は、ソ連側にはない。あくまで、郊外でドイツ軍を食い止めるつもりだった。

攻防戦の主役を務めた両軍の戦力は、ほぼ互角だ。ドイツのB軍集団が三〇個師団、ソ連のスターリングラード方面軍は三八個師団で、兵力は両軍ともおよそ一〇〇万人、戦車・突撃砲（歩兵支援の自走砲）はドイツ軍の六七五に対し、ソ連軍は八九四だった。航空機はドイツ軍が一二一六機、ソ連軍が一四〇〇機である。

途中から街の攻略を委ねられたのは、第六軍司令官のフリードリヒ・パウルス中将である。

ドイツ軍将校に多い貴族《ユンカー》出身ではなく、公務員の家に生まれた彼は、実力によって出世してきたという強い自負心の持ち主だ。

専《もっぱ》ら参謀の道を歩んだ彼は、参謀次長としてバルバロッサ作戦の立案に携わったように、優秀さを認められていた。しかし、実戦経験は乏しい。実戦の指揮は、このスターリングラードが初めてだ。デスクワーク中心の彼が、大戦でも指折りの激戦地で指揮したのは、結果的には人選ミスだった。

「恐怖と愛国心」の活用

ドイツ第六軍は苦戦したものの、まず郊外での一ヵ月間の戦闘で、立ち向かってくるソ連軍の戦車と歩兵部隊を壊滅させた。八月半ばには、スターリングラードの西方六〇キロに、南方では二〇キロにまで迫った。ソ連軍は市街地へ退却する。

この街の死守を命じたスターリンは、ドイツ軍が迫っても、市民を疎開させなかった。街を最後の砦《とりで》として、市民も街を死守することが優先された。

ところで、ドイツ軍の急襲で混乱するスターリングラード郊外の戦いでは、前線から兵士たちが逃亡することがあった。規律を維持しようと、スターリンは過酷な命令を発する。一九四二年七月二八日の、国防人民委員命令第二二七号である。

臆病や動揺のため、前線を逃げ出した中級以上の指揮官は、「懲罰大隊」に送り込み、前線へ送り返す。さらに、命令なき退却を禁止し、師団の後方にあって、「パニックに陥った者や、臆病者をその場で射殺する」部隊をつくる。この命令は部隊内で読み上げられ、「一歩も退くな」という一節で、兵士たちの胸に刻み込まれた。ただ、あまりに過酷な内容のため、全文は一九八八年まで公開されなかった。

スターリンは、この命令に署名した二日後に、スターリングラード方面軍へ命じた。

「極東から戦線にやってきた師団の優秀な兵員をもとに阻止分遣隊（各二〇〇人以下）を二日間で編成し、直接後方へ、まず第六二軍、第六四軍の師団の背後に配置すること。阻止分遣隊は、内務人民委員部特別部を通じて各軍の軍事会議の指揮下に置くこと」（ヴォルコゴーノフ『勝利と悲劇（下）』）

兵士たちの正面には、ドイツ軍がいる。後ろには、逃亡を取り締まるソ連内務人民委員部の部隊がいる。双方から銃口を向けられたソ連軍の将兵は、遮二無二《しゃにむに》戦うよりほかなかった。こうした監視は、ロシア革命後の内戦でも見られたもので、軍に対する共産党の不信感を物語っていた。

包囲された街

だが、戦局は好転せず、八月二三日にドイツ軍はスターリングラードに姿を現した。スターリンはこの日、スターリングラード方面軍へ檄を飛ばした。

「突入した敵軍を襲撃せよ。装甲列車を動員して、スターリングラードの環状鉄道線を走らせよ。敵をまごつかせるため煙幕を利用せよ。昼夜わかたず敵と戦え」（ヴォルコゴーノフ『勝利と悲劇（下）』）

当時のスターリンは、このように激高した命令を送るほかに、策を思いつかなかったのだろう。八月二五日にも、朝にはドン河の東への退却を命じながら、午後にはその部隊が攻勢に出ることを命じた。典型的な朝令暮改である。

ソ連では、「切り札」のジューコフを求める声が上がる。七月二六日には、ソ連の元首に当たるミハイル・カリーニンという「お飾り」の政治家すら、ジューコフを南西方面軍司令官に任命するようスターリンに直訴した。

スターリンはようやく八月二六日に、ジューコフを最高総司令官代理に任命し、現地へ向かわせる。そして九月三日に、スターリンはジューコフにこう書き送った。

「スターリングラードをめぐる情勢は悪化している。敵はスターリングラードから三露里［約三キロ］に迫る。もし北方の軍が直ちに救援に向かわなければ、スターリングラードは今日か明日には占領されるだろう」

スターリンがこの電報を送った日、ドイツ軍は、スターリングラードの包囲網を完成させた。スターリンは、街の北と北西から救援軍を送るよう命じたが、ジューコフも包囲を解けず、ソ連軍は撃退された。頼みのジューコフも劣勢を挽回できず、もはや街の陥落は時間の問題と思われた。

追い詰められたソ連軍

一方のパウルスは、市外のソ連軍を退却に追い込んだものの、ソ連軍の抵抗や燃料不足に苦しめられていたので、無理押しはしなかった。しかしヒトラーは、八月二五日までにスターリングラードを占領するように命じる。そこでパウルスは、まず街の中心部に砲爆撃を加えた。ドイツ空軍が制空権を確保するなか、作戦は難なく実行され、八月二三日の空襲で、街は徹底的に破壊された。

ソ連のスターリングラード市党委員会は、その翌日にようやく女性と子どもの疎開を決めている。九月一四日までに、三〇万人近くの人々が疎開した。だが労働者は市に留め置かれ、義勇兵として自分たちの工場を守るよう命じられた。戦車工場では、つくったばかりの戦車に労働者たちが乗り込み、出撃することさえあった。戦車工場の労働者に疎開命令が出たのは、一〇月一六日である。それでも攻防戦の終わりまで、なお市内で少なからぬ住民が生きていたという。

さてパウルスは、街は砲爆撃で無力化されたと考えた。これ以上、街にこだわるのは、市街戦の経験がほとんどないドイツ軍には不利である。しかし、ヒトラーが占領にこだわったので、ドイツ軍は街へ進撃した。

ソ連軍は、ボルガ河を背に、背水の陣をしく。だが、ソ連軍はここから驚異的な粘りを見せる。立て直したのは、ある将軍だった。

スターリングラードで指揮をとるチュイコフ（左から2番目）
（写真提供）アフロ

九月一〇日、スターリングラード防衛を担うソ連の第六二軍司令官が交代した。新司令官は、ヴァシリー・チュイコフ中将である。チュイコフは農家に生まれながら、ロシア革命後の内戦で、一兵卒から将軍にまで出世した叩き上げだ。彼は、一九三九年のフィンランドとの冬戦争で指揮をとって敗北した。その翌年には、軍事顧問団長兼駐在武官として、日中戦争下の重慶に左遷された。スターリングラードで指揮をとるのは、名誉挽回のチャンスでもあった。

チュイコフが着任した九月一二日の時点で、敗色は濃厚だった。すでにソ連第六二軍は砲爆撃によって分断されつつあり、各師団の兵士も定数をはるかに下回っていた。兵士たちの食糧事情もきわめて悪かった。ようやく九月一二日になって、ソ連軍中央食糧補給部は補給計画を出しているが、時期を逸した計画は役に立たず、兵士たちは馬をふくめ、あらゆるものを食べて飢えをしのいでいた。

急に冷え込んだ気候も、両軍を苛《さいな》む。例によってドイツ軍には、冬服が支給されていなかった。ここでの長期戦は想定外だったためだ。

猛将チュイコフ

総統司令部に指示を仰ぎに来たパウルスに、ヒトラーは街の奪取を命じた。一九四二年九月一四日午前六時半、ドイツ軍は総攻撃を開始した。ドイツ軍は三方向から市街に突入する。この日、早くもドイツ軍は街の中心部に達した。九月二二日には、チュイコフの第六二軍は南北に分断され、市街地の大半も、ドイツ軍の手に落ちた。あとはボルガ河の船着き場を制圧して、対岸からソ連の援軍が上陸するのを阻止すればよい。

フルシチョフをはじめとするスターリングラード方面軍の幹部は、戦闘が激化すると、スターリンに後退を乞い、街の中心部からボルガ河を隔てた対岸に移動した。しかしチュイコフは、市内の小高い場所（ママイの丘）に司令部を置き、前線での指揮を続けた。ママイの丘が陥落しても対岸に移らず、船着き場を死守しようとした。

チュイコフは、兵士たちを過酷な前線に叩き出す。ただ、自らも最前線で砲火に身をさらし、兵士たちと生死をともにしたので信頼された。戦時中に、彼はこう言っている。

「ドイツの砲弾にいちいち首をすくめるくらいなら、頭をすっ飛ばされたほうがましだ。これが指揮官の心得だ。兵隊はそういうことをちゃんと見ている」（ビーヴァー『赤軍記者グロースマン』）

また、こうも語っている。

「ここでは、いかなる弱さも見せてはならない」「司令官は数千人の部下が死ぬのを見るが、そのことで動揺はしない。涙を見せていいのは、一人のときだけだ。最良の友がここで死んでも、巌《いわお》のように立ち続けなければ」（Hellbeck, *Stalingrad*）

過酷な戦場に兵士たちが耐えられたのは、スターリングラードの重要性を認識し、援軍は必ず来るという希望を共有していたからだと、チュイコフは高く評価している。現場の指揮官と部下の信頼関係の強さが、ソ連軍の最後の頼みの綱だった。

接近戦に持ち込む

街に踏みとどまるチュイコフの第六二軍は、大砲も戦車も尽き、歩兵に頼るしかなかった。そこでチュイコフは、一〇人以下の小隊を市内の各所に配置し、ドイツ軍を迎え撃つ。

ドイツの砲爆撃で、街の中心部は瓦礫《がれき》と化していた。そこにドイツ軍は戦車を突入させ、歩兵を続かせた。電撃戦の定石《じょうせき》である。

しかし、ドイツ軍が自らつくり出した瓦礫の山は、市民のつくったバリケードとともに、戦車の行く手を阻む。さらに、あらゆる建物が破壊されて、数メートル先の見通しも利かなくなっていたため、ソ連兵が身を隠すのにうってつけだった。戦車には正面から挑んでも勝ち目はない。そのためソ連兵たちは、瓦礫の陰にひそみ、ドイツ軍の戦車を待ち構えた。

まず、おとり役の兵士が、手榴弾《しゅりゅうだん》を投げ込むか、あらかじめ埋設しておいた地雷でドイツ軍の戦車を止める。すると、建物の上階や屋上に陣取る兵士たちが、対戦車砲や対戦車銃を撃ち込んだ。当時のドイツ軍の戦車は上部の甲鉄板が薄いため、戦車のなかにまで弾や破片が貫通して、搭乗員は負傷する。戦車は主砲を真上に向けることができないから、頭上からの攻撃は弱点だった。

たまらずに戦車からドイツ軍の兵士たちが這い出すと、物陰にひそんでいたソ連軍兵士たちとの白兵戦となる。ソ連軍の兵士たちが手にする武器は、至近距離での戦闘に向く拳銃や、研いだスコップだった。スコップは瓦礫の街では欠かせない工具でもあった。ただ、接近戦に持ち込む前に、ドイツ軍の戦車に見つかってしまえばソ連兵が死ぬ、捨て身の戦法だ。

「ネズミたちの戦争」

スターリンも、接近戦を追認した。一〇月五日に発せられた、スターリングラード方面軍司令官アンドレイ・エレメンコ大将への指令には、こうある。ドイツ軍はボルガ河の船着き場に、街の中央と南、北の三方向から迫ってくる。それを食い止めるには、「スターリングラードの、すべての家と街路を要塞にする必要がある」。

ソ連兵たちは、市内の集合住宅を即席の要塞に変えた。たとえば、ある建物では地下一階の壁に穴を開け、対戦車砲を配備する。二階や三階には機関銃が配備され、ドイツ軍が近づくと乱射した。最上階には狙撃兵と、ドイツ軍の戦車を見つけるため監視兵が陣取った。さらに、屋根裏には迫撃砲が据えられる。

こうして、生活の場は陣地に早変わりした。ソ連軍は、建物を見つけては立て籠もることを繰り返す。ドイツ軍も建物を奪おうと強襲する。その結果、一部屋まで奪い合う、壮絶な市街戦が繰り広げられる。それまで、一日に数十キロを進軍してきたドイツ軍は、寝室や台所を奪うのに一日を費やすようになった。ドイツ軍は、市街戦の罠にかかったのだ。

チュイコフは、建物の制圧方法をマニュアル化して、兵士たちに教え込む。まず、密かに建物に近づき、入口へ手榴弾を投げ込む。そして、煙で視界がさえぎられている屋内へ突入し、軽機関銃を乱射する。奥に進み、次の部屋にも手榴弾を投げ入れ、突入する。これを、建物を占拠するまで繰り返す。現在も、各国の特殊部隊が採用している戦法だ。

一方、市外のドイツ軍は、爆撃や砲撃で市内の味方を掩護できなかった。なぜなら、市街地を占領しつつある味方に当たってしまい、同士討ちの危険性が高かったからだ。結果として、ドイツ軍も歩兵を前面に出して戦ったので、スターリングラードの戦いは苛烈な肉弾戦となっていく。ドイツ軍の兵士たちは、瓦礫の街を這いずりまわる自分たちへの自嘲をこめ、「ネズミたちの戦争」と呼んだ。

攻撃開始から五週間を経ても、ドイツ軍はスターリングラードの半分を制圧できたにすぎず、この街を短期間で攻略するという、ヒトラーの目論見は外れた。それでも彼は、スターリングラード占領は宣伝上の効果があると、あくまで街の占領にこだわった。

狙撃兵対工兵

街に突入したドイツ軍の歩兵たちにとって、最大の恐怖はソ連の狙撃兵だった。狙撃兵は二人一組で、遠方に身をひそめ、ドイツ兵たちが警戒を緩めたわずかな隙をねらう。とくに、部隊を指揮する将校がねらわれた。

なかでも有名な狙撃手が、戦前にはウラル山中の羊飼いだった、ヴァシーリー・ザイツェフだ。彼は、事前に下見していた場所に早朝から陣取ると、ドイツ兵たちが隙を見せるのを辛抱強く待って、チームでねらい撃ちする。この単純なやり方で、ザイツェフは一九四二年九月から翌年一月までに、二四二人を仕留めたと証言している。ザイツェフは、三〇人の「弟子」にも手ほどきして、戦場に送り込んだ。ただ、スターリングラードで狙撃兵に倒されたドイツ兵は、一〇〇〇人ほどにすぎない。狙撃はむしろ、ドイツ軍の将兵たちに心休まる時を与えない、心理的な効果がより大きかった。こうした狙撃兵の活用は、ソ連軍が冬戦争でフィンランドの狙撃兵に苦しめられた経験にもとづいていた。

ソ連軍は、軍の新聞でザイツェフを大きく取り上げさせる。名もなき彼を英雄にすることで、自分たちもまた英雄になれるのだと、兵士たちを鼓舞した。ロシア兵の多くがシベリア出身だったこともあり、同郷のザイツェフの活躍は士気を高める。ザイツェフが言ったという「ボルガの向こうにわれわれの土地はない」は、スローガンとなった。

ドイツ軍も逆襲する。ソ連軍の狙撃兵や歩兵は、身を隠すため、ドイツ兵に見つかりにくい上下水道を夜に移動することが多かった。そこでドイツ軍の工兵は、上下水道をはじめ、ソ連兵が身を隠していそうな場所を、手あたり次第、火炎放射器で焼く。液体の入り込む隙間さえあれば、壁の向こうの兵士も火だるまにする火炎放射器は、安価で強力な武器となる。さらに工兵は、市内の建物をしらみ潰しに爆破し、ソ連兵の隠れ場所を消していった。

こうして、市街戦は徐々にドイツ軍が優勢となり、一〇月末までに、市内の九割がドイツ軍に占領された。残すは、ソ連軍が最後の抵抗を続けるボルガ河の河岸のみだ。

ボルガ河畔の死闘

街を防衛できるかは、対岸から兵士や物資の補給を受けるボルガ河西岸の船着き場を、チュイコフの第六二軍が死守できるかにかかっていた。そこでチュイコフは、残った兵力を河岸に集め、中央駅や工場、集合住宅地に即席の防御を施して、最後の拠点にした。中央駅では、五日間で一五回も攻守が入れ替わるほどの激戦が繰り広げられた。

ソ連軍は河岸に、もう一つ武器を隠していた。市内に残した将兵から、ドイツ軍の位置を知らされると、チュイコフは、ロケット弾で河岸から攻撃させた。具体的には、ボルガ河の土手に隠しておいたロケット弾搭載のトラック「カチューシャ」を水際まで後退させて、ロケット弾を市内に撃ち込ませる。発射後、トラックは急勾配の土手の陰に再び隠れて、反撃を避ける。ロケット弾は着弾までに低い轟音を発し、ドイツの将兵の恐怖を煽《あお》った。

同じく、ボルガ河をはさんだ対岸からも、ソ連軍は砲撃を加えた。皮肉にも、街のほとんどがドイツ軍に制圧されていたので、ソ連軍は街をためらいなく砲撃する。この作戦の成否は、市内に残した観測将校にかかっていた。砲兵たちが計算を間違うと、観測将校は友軍の誤射で命を落とす。味方の犠牲は厭《いと》わない、ソ連軍ならではの作戦である。

その頃、街の対岸では、ソ連軍が鉄道を使って兵士と物資を集結させていた。攻防戦の始まった一九四二年七月から翌年一月までに、到着した列車は二〇万輌を超えていたともいう。こうして集められた部隊が、ソ連の逆転を導くことになる。

モスクワ攻防戦の後も、スターリンは鉄道輸送の改善に直接介入し、一九四二年二月には、自らを委員長に鉄道委員会を立ち上げている。委員会の命令を執行できなかった者は軍事法廷に送ると脅し、鉄道輸送には人一倍気を配っていた。その成果が実ったのである。

3　逆包囲の成功

反転攻勢の立案

スターリングラードとカフカースの占領が予定通りにいかなくなると、ヒトラーは国防軍の将軍たちへの不信感を募らせる。会食でヒトラーの長広舌《ちょうこうぜつ》を拝聴する「テーブルトーク」にも、一九四二年一〇月以降、将軍たちは招待されなかった。ヒトラーは、参謀本部を「ただ一つ潰し損ねた秘密結社」と呼び、九月二四日にはハルダー参謀総長を解任する。

対照的に、スターリンは職業軍人たちの意見に耳を傾けるようになっていた。それは、度重なる失敗の末に、ようやく学んだ謙譲である。

スターリングラードでは、チュイコフ率いる第六二軍が、ボルガの河岸の狭い場所にドイツ軍を引きつけ、ヒトラーはじめドイツ軍は、市街地に目が釘付けになっていた。

しかしこれは、囮《おとり》である。その間にソ連側は、戦況を一変させる「天王星作戦《ウラーン》」を練っていた。この作戦を立案したのは、ジューコフ最高総司令官代理とワシレフスキー参謀総長といった、参謀本部の幕僚たちだ。スターリンがこの作戦に承認を与えたのは、ジューコフの回想によれば九月一三日だが、近年は九月後半と見られている。

「天王星作戦」は、まず一〇〇万人の兵士を動員し、スターリングラードの南東と北部の二方面から進撃する。目標は、スターリングラード近郊に陣を構えるドイツの同盟国、ルーマニアの部隊だ。この弱体な部隊をたたいて通り道をつくり、ドン河の「橋の街」カラチで、南北のソ連軍が合流する。カラチはドン河の渡河地点で、ここを失うと、ドイツ軍はドン河の西へ脱出できない。この作戦は、スターリングラードの中心部で戦っているドイツ軍をほかから切り離し、包囲するのが目標だ。

「天王星作戦」には、モスクワ防衛で得た教訓が生かされている。敵の勢いが強大ならば、消耗戦を相手に強いて、予備軍を密かに蓄える。そして、敵の予想外のタイミングで予備軍を投じ、逆転をねらう戦略だ。

地図1-3　東部戦線1942年11月18日から1943年5月まで

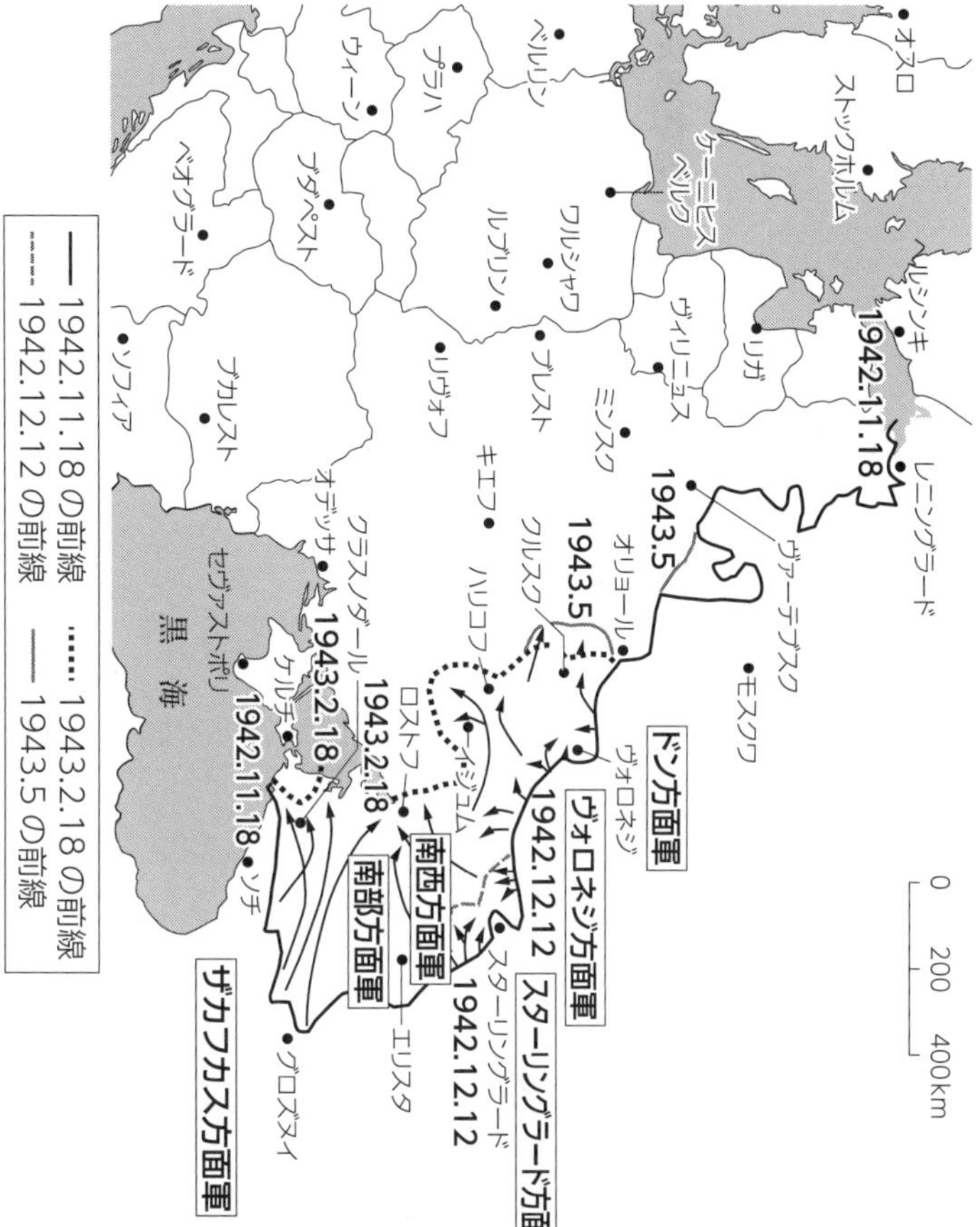

スターリンは、一一月七日に新聞に公表した命令書で、敵の勢いは去年の夏や秋に比べ弱まっていると書く。そして、ソ連軍の新たな攻撃力を敵が思い知る日は近いと、反転攻勢を匂わせた。だがスターリンは、決行直前に怖気づく。一一月一一日には、空軍の補充を待つようにジューコフへ命じている。ドイツ人と戦って勝つのは、航空兵力が優位のときのみだと思い知ったからだという。しかし間もなく、スターリングラードでドイツ軍の攻勢が再開された。もはや猶予はなくなり、スターリンは、ジューコフに反撃開始を委ねた。

この作戦に、ソ連軍は兵士一〇〇万人、戦車九〇〇輛、戦闘機一五〇〇機をそろえて臨んだ。秘密保持は徹底しており、スターリングラードで戦うチュイコフが作戦を知らされたのも、決行直前の一一月一八日夜だったと回想している。スターリングラードを取り囲む南西、ドン両方面軍に攻撃命令が届いたのは、攻撃開始のわずか三時間前だった。作戦の漏洩《ろうえい》を恐れ、徹底的に隠したためだ。

「火星作戦」

一一月一九日朝、ソ連軍が動く。南西方面軍の装甲部隊がドン河を渡り、スターリングラード方面軍も、街の南から総攻撃を始めた。この翌日、スターリンはローズヴェルト大統領に書簡を送り、総攻撃について説明した。

「この地区における攻勢作戦が南方と北西方向より始まりました。攻勢作戦の第一弾は、スターリングラードと［西の］リハヤ間の鉄道を奪取し、ドイツ軍のスターリングラードの部隊を孤立させることです。北西方向ではドイツの前線に二二キロにわたる突破口をつくり、南では一二キロにわたりつくりました。作戦の進捗は悪くありません」(Butler (ed.), *My Dear Mr. Stalin*)

南北から進撃したソ連軍は、ルーマニア軍が防衛する脆弱部を突破した。作戦開始から三日目の一一月二二日には、南北の軍が合流に成功する。包囲網は閉じられ、ドイツ軍、ルーマニア軍、クロアチア軍など、合計三〇万人が閉じ込められた。

さらなる作戦の成否は、スターリングラードへのドイツの援軍を阻止できるかにかかっている。そこでソ連軍は、包囲を完成させた翌日の一一月二五日、陽動作戦として「火星作戦《マールス》」を始める。ジューコフがカリーニン方面軍と西部方面軍を指揮して、モスクワ近郊のルジェフのドイツ中央軍集団を攻撃した。ドイツ軍を南下させないためだ。

ただし、これはジューコフが回想録で主張したことで、実は「火星作戦」も単なる陽動作戦ではなく、反攻作戦の一部だったと見られている。ジューコフは、スターリングラードだけではなく、ドイツ中央軍集団の壊滅もねらっていた。「火星作戦」の規模が「天王星作戦」と同じで、スターリングラードで総反撃が始まったときも、ジューコフはモスクワで「火星作戦」を直接指揮していたことが傍証だ。一方、「天王星作戦」のために現地へ派遣されたのは、ワシレフスキーである。

結論からいうと、「火星作戦」はドイツ軍の反撃で失敗する。約三三万五〇〇〇人が戦死するか行方不明になり、一六〇〇輛の戦車も失ったので、「ジューコフ最大の敗北」とも評される、惨憺たる結果だった。だからジューコフは、この作戦はただの牽制だったと主張したのだろう。ただ、たしかに牽制の役割は果たした。

不意を突かれたドイツ軍

スターリングラードで指揮をとるパウルスには、予感があったようだ。街を訪れたヒトラーの副官が、ソ連軍の総反撃が始まる五日前に、彼の発言を書き残している。

「将軍は、スターリングラードの残りの部分も、ゆっくりではあるが間違いなく占領できると思っている。［中略］しかし、敵軍に関する情報が正しく、第六軍の左右で危機的状況が発生した場合には、スターリングラードの防衛は狂気の沙汰だと言う。それに対抗するだけの兵力がこちらにはないからだ」（エンゲル『第三帝国の中枢にて』）

パウルスには、包囲される危険が分かっていた。にもかかわらず、ヒトラーの一一月一六日の命令は、相も変わらず市街の制圧であり、パウルスはそれにかかりきりになる。パウルスには大局を見通す目があり、参謀には適していたかもしれない。しかしヒトラーに忠実なあまり、臨機応変に動けなかった。野戦の指揮官として、刻々と変化する戦況に対処するのには不向きだった。

スターリングラードの包囲網が閉じられた日、パウルスはヒトラーに書簡を送り、南西方面への撤退など、第六軍の行動の自由を求めた。アルフレート・ヨードル国防軍最高司令部作戦部長も、ボルガ河畔からの撤兵を進言した。しかしヒトラーは、スターリングラードの死守を命じるだけだった。

救出作戦の失敗

スターリングラードのドイツ軍は、はるか後方から空輸される食料と弾薬、燃料用の石油で、かろうじて維持されていた。しかし、ドイツ軍が徐々に制空権を失い、冬の天候も悪化していくと、空輸は先細りになる。

そこでヒトラーは、エーリヒ・マンシュタイン元帥をレニングラードから呼び寄せ、包囲網から第六軍を救出するよう命じた。マンシュタインは、第六軍も自ら包囲を突破するように求めたが、スターリングラードを放棄したくないヒトラーは提案を拒否した。

マンシュタインの指揮する部隊は、ソ連軍の抵抗で、スターリングラードを目前にして足が止まる。おまけにソ連軍は、空からの支援を断とうと、ドイツ軍の空軍基地に戦車部隊を突入させた。この作戦で、ドイツの航空部隊は大打撃を受けた。ドイツ軍は守りを固めるため、救援に向かっていた戦車部隊を呼び戻す。一二月二三日、スターリングラードをめざしていた第四装甲軍が撤退する。こうして、救出作戦は失敗した。

一方、カフカースのドイツ軍は、ソ連最大の石油産出地であるバクーをめざしていたが、スターリングラードが包囲されたことで、カフカースのドイツ軍も退路を断たれ、包囲されるおそれが強まった。ヒトラーは軍幹部の提言をしぶしぶ容《い》れて、A軍集団を撤収した。

ソ連軍は、カフカースのドイツ軍を逃がすまいと「土星作戦《サトゥールン》」を立案していたが、作戦の承認が遅れた。こうして、A軍集団はかろうじて撤収できたが、肝心の石油は確保できなかった。一方、ソ連は、世界有数の油田地帯の防衛に成功した。

パウルス降伏

一九四三年一月八日、ソ連軍はパウルスに降伏を勧告した。しかし、ヒトラーはなおも退却を許さない。そこでソ連軍は、一月一〇日から、包囲網の輪を徐々に縮めていった。市街地では相変わらず激戦が繰り広げられ、ママイの丘も、何度も攻守が入れ替わった。ソ連軍がここを確保したのは、一月末である。

一月一三日、ヒトラーが臨席して作戦会議が開かれた。クルト・ツァイツラー参謀総長は、パウルスが脱出の許可を求めていることを伝える。ヒトラーは、「どのみち奴はもはや脱出などできん」と激怒した。

ヒトラーは、救出を諦めていた。にもかかわらず、パウルスを元帥に昇格させる。生きて虜囚となったドイツの元帥はいない。それはつまり、ドイツ軍の名誉を守るため、自殺するか戦死せよ、という無言の圧力だった。だがパウルスは、元帥昇格の翌日である一月三一日の夜に、第六軍の幕僚二五〇人とともにソ連軍へ投降する。パウルスがまだ残っていたとは知らず、ソ連側は驚いた。二月二日朝、第六軍の最後の部隊も降伏した。

こうして、ソ連は勝利した。推計によれば、この攻防戦でのドイツ軍の戦死、病死、餓死者は合わせて一四万六〇〇〇人である。ソ連軍は死者四七万四八七一人、負傷者九七万四七三四

スターリングラード戦で捕虜になったドイツ兵
（写真提供）PPS通信社

人と、さらに多くの犠牲者を出した。なおここには、街の住民の犠牲者は含まれておらず、統計によっては、ソ連の犠牲者はさらに多い。

それでもスターリンは、二ヵ月間で敵の師団一〇二個を壊滅させ、二〇万人を捕虜とし、五〇〇キロも前進する目覚ましい戦果を上げたと、一月二五日に勝利を宣言した。それは、多大な犠牲から目をそらすための煙幕だった。

一方、ヒトラーは、すでに一九四二年九月から、スターリングラード占領は近いと国民へ広言してきた。それだけに、敗北が伝わると、国民の間でヒトラーの人気は失われた。代わって姿を現す機会が増えたゲッベルス宣伝相は、国民へ総力戦を戦い抜く覚悟を求めた。短期間でソ連に勝利できる見込みが消えたためだ。

その後の独ソ戦

スターリングラードの勝利を過大評価するのは禁物である。ソ連軍が惑星の名前を冠した作戦のうち、成功したのは一部だけだ。レニングラードの包囲は解けず、バルト海から黒海に至る広大な国土も、ドイツの占領下に置かれていた。そのため、ソ連軍は直ちに追撃に移る。

防戦に転じたドイツ軍は、一九四三年三月にモスクワ正面から撤退し、スモレンスク付近へ後退した。しかし、マンシュタイン率いる南方軍集団が、限定的な勝利を収める。ハリコフを奪還し、ソ連軍をドネツ河へ撃退した。さらにマンシュタインは、クルスク方面にできたソ連軍の突出部の撃破をねらった。モスクワから約八〇〇キロの地点にあって、鉄道の要衝でもあるクルスクを占領すれば、年内にソ連軍は攻勢に出られなくなると見た。

しかし、リスクも大きいこの「城塞作戦《ツイタデレ》」に、ヒトラーは躊躇する。ドイツ軍の指揮官たちも、最新鋭の戦車と、多数の航空機を集めてからの攻勢を望む。作戦は先延ばしにされた。

その間に、イギリスの諜報機関や内通者によって、作戦はソ連側にもれる。ソ連軍は市民も動員して塹壕を掘り、地雷を敷き、砲門を並べ、手ぐすね引いて待ち構えた。

そうとも知らず、「城塞作戦」は七月五日に決行される。ドイツは自軍の戦車の三分の二をつぎ込んだが、結局、クルスクに到達できなかった。ソ連軍の反撃が本格化し、米英軍がイタリア南端のシチリア島に上陸したこともあって、ヒトラーは七月一三日に作戦中止を命じた。ドイツ軍は七月五日から一六日の間だけで、七万人の戦死傷者を出し、戦車三〇〇〇輌、航空

地図1-4　東部戦線1943年2月19日から1943年8月1日まで

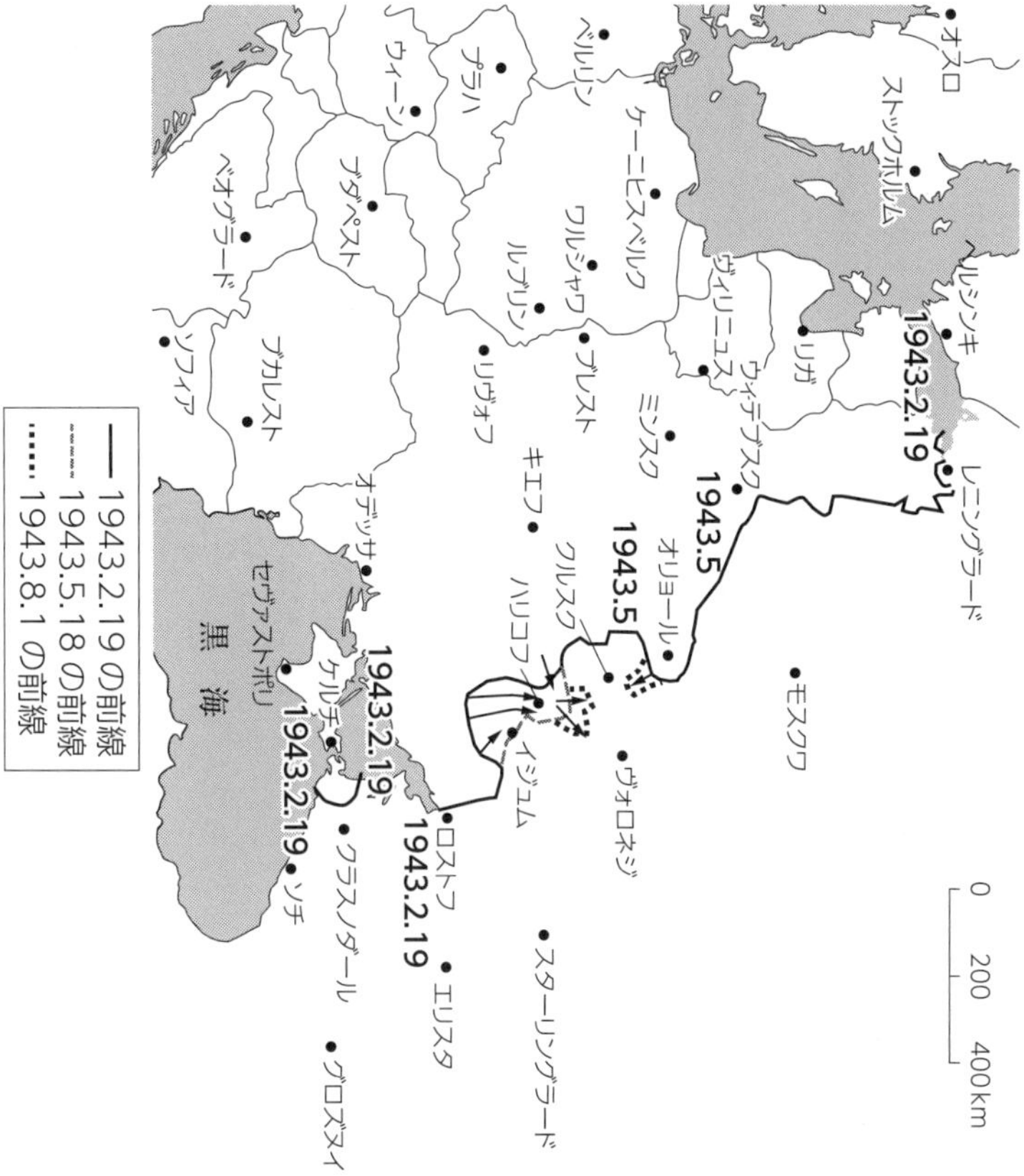

地図1-5　東部戦線1943年8月1日から1944年12月31日まで

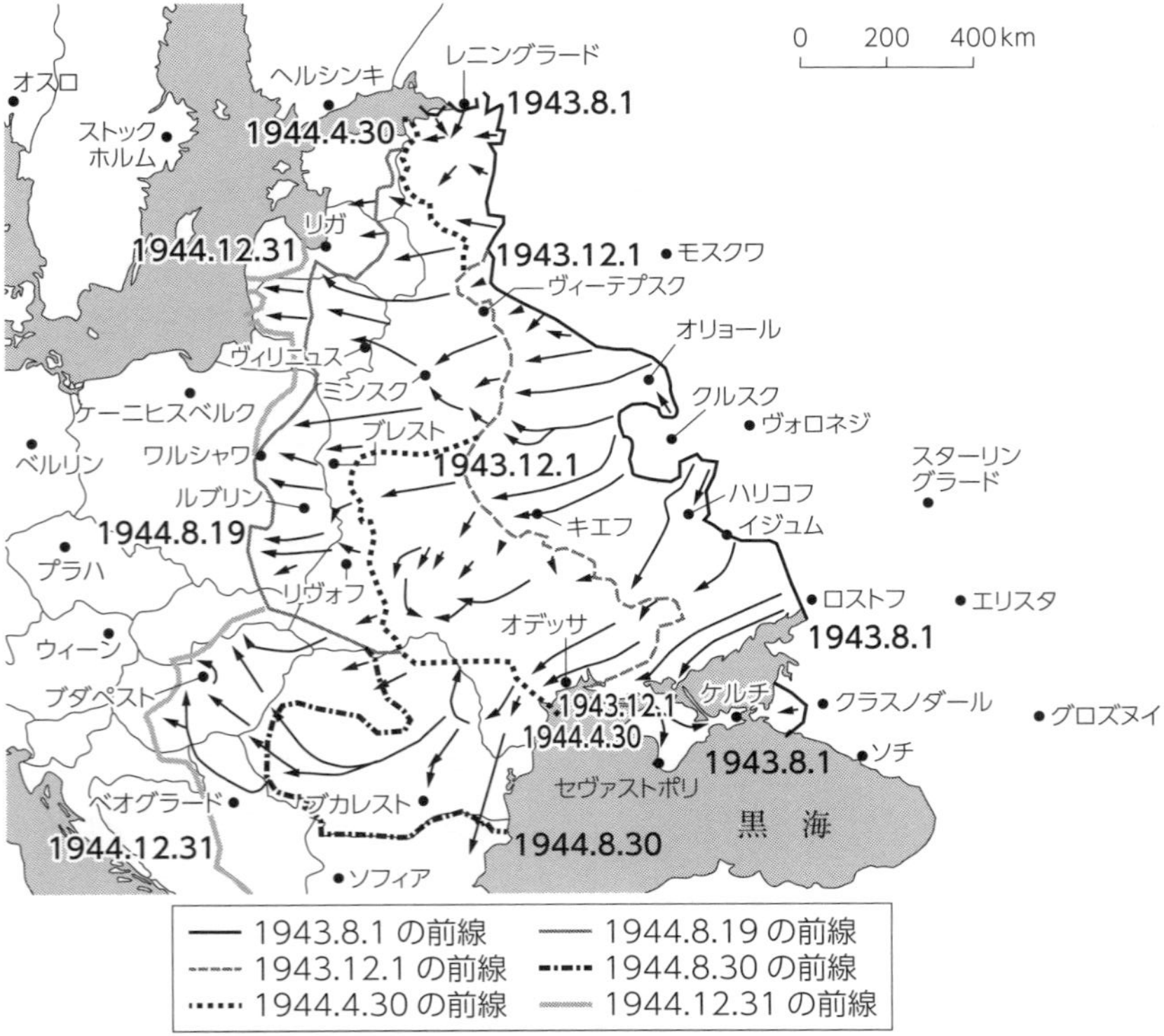

地図1-6　東部戦線1945年1月1日から1945年5月11日まで

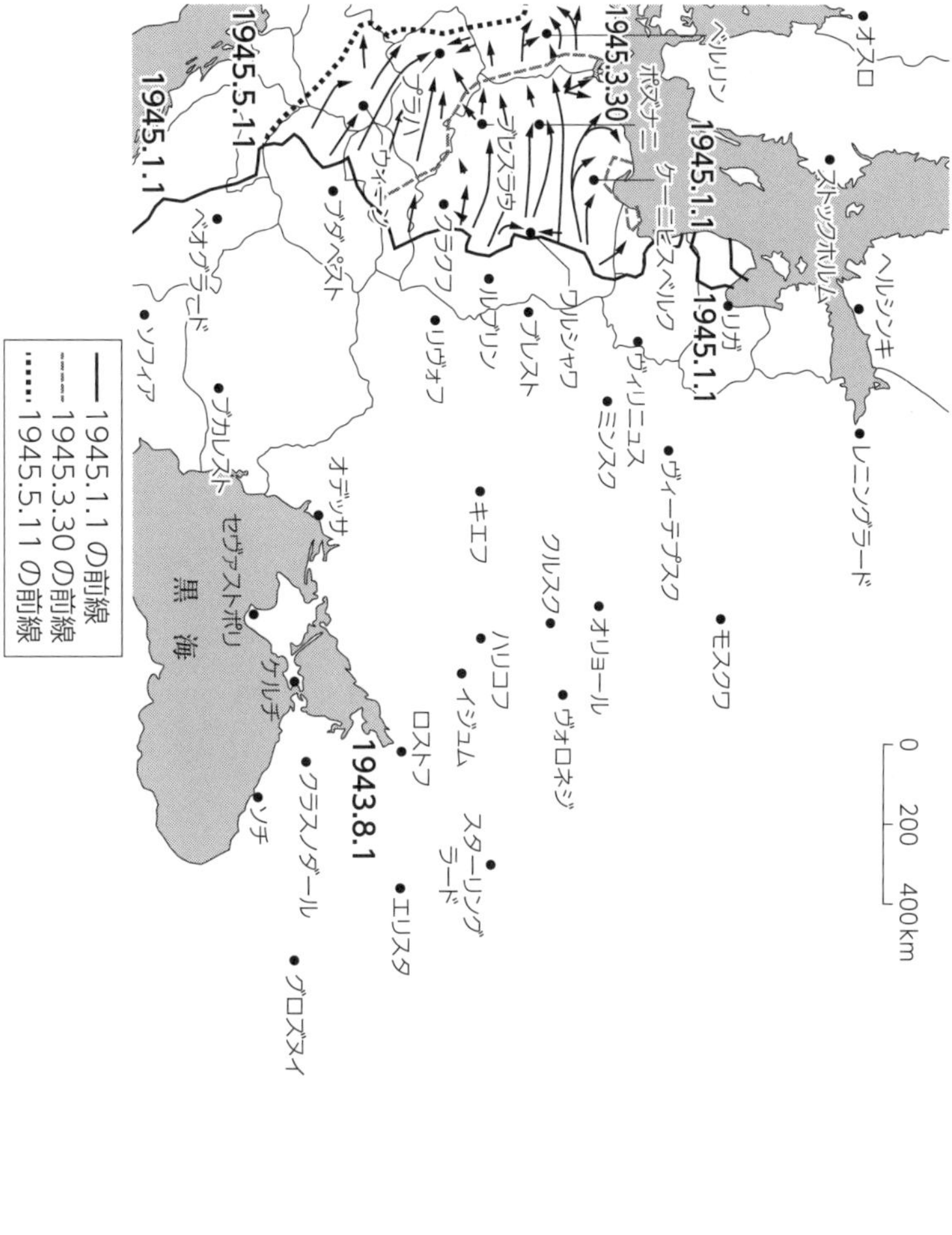

機一四〇〇機などを失った。

クルスクの戦いは、ドイツ軍のお家芸だった戦車戦を、ソ連軍が自家薬籠《やくろう》中のものとした象徴的な戦いだ。戦車の質、量、運用法のすべてで、ついにソ連がドイツを上回った。

これが東部戦線でドイツ軍が仕掛けた、最後の大規模な攻勢になった。一方、一九四四年六月二二日に始められたソ連の「バグラチオン作戦」は、ちょうど三年前の「バルバロッサ作戦」を真似たような、大規模な電撃戦である。この作戦で中央軍集団は壊滅し、ドイツ軍はソ連領から駆逐された。ドイツ軍は、ベルリン陥落へと続く壮絶な退却戦のなかで崩壊してゆく。

モスクワ時間の一九四五年五月九日、ドイツは正式に降伏し、以来、この日は「対独戦勝記念日」としてロシアの祝日となり、今日に至る。ソ連が崩壊した現在も、毎年大々的に催される戦勝記念日のパレードは、ソ連時代と同じく、国民の団結のために利用されている。

Ⅲ　アナリシス

戦後、ソ連では、勝利のすべてはスターリンの指導の賜物とされたが、ジューコフは否定する。「結局は［作戦の］ど素人だったということだ」と、スターリンの死後に彼をこき下ろした。現代のロシアでも、スターリンのおかげで勝てたのか、スターリンの支配下にもかかわらず勝てたのかは、歴史認識の絡む重要な争点だ。

いずれにせよ、スターリンがヒトラーより優れていたからソ連は勝利した、と考えるのは安直すぎる。願望の入り混じった希望的な予測にもとづき、短期決戦を軍部に命じる。さらに戦略的な撤退は拒否して、多くの将兵を犠牲にする。こうした「愚行」を積み重ねたのは二人とも同じだ。

本来、上に立つ者は下に権限を委譲し、全体を統括する役目を担うべきだが、この二人は作戦の細部にまで介入し、将軍たちを疲弊させたのも似ている。失敗すると、現地の司令官たちに責任転嫁した。決断力に優れているように見えながら、肝心な場面ではためらい、負けがこむと取り乱したところも共通する。

では、最高総司令官の軍事的な才能に優劣がつかないとすれば、何が勝敗を分けたのか。

モスクワ

一つの答えは、補給である。

ドイツ軍を食い止めるには至らなかったものの、ソ連軍は各地でドイツ軍に多大な出血を強いていた。ドイツ軍は損耗が積み重なり、得意の電撃戦は、繰り出すごとに弱まっていった。戦争の帰趨《きすう》は、個々の戦闘でどちらが兵士と武器をより多く投じられるかという、消耗戦に移行する。両軍の戦力差が縮まった結果、国内という地の利を生かして、補給で優位に立ったソ連軍が勝利を収めた。

とくに、ソ連軍の補給で大きな役割を果たしたのが鉄道だ。モスクワとウラル以東を結ぶ鉄道が無傷だったことが、補給を可能にした。大量輸送のインフラに支えられて、シベリアや中央アジアからの援軍や食料が、モスクワの最前線に供給され続けた。

圧倒的に優勢な敵にも限界があることを見越して、劣勢を耐え忍び、好機を逃さず、予備兵力を一気に投入する。こうした泥臭いソ連の作戦を、過小評価してはならない。そして、その予備兵力を用意したのがスターリンである。ジューコフも、回想録でその点は認めざるを得なかった。

「モスクワのスターリンは戦力と兵器をまとめる役を果たした。とくに戦略予備軍と実践に必要な資材と技術の装備には大いに力があった」

参謀総長としてスターリンに仕えたワシレフスキーも、こう記す。

「モスクワ会戦の結果にとって決定的な意義をもっていたのは、党とソビエト国民が新しい諸軍を、適時に編成し、装備し、訓練し、そしてこれを首都に送り込んだことなのである」

補給戦は、党官僚として穀物徴発や計画経済を策定し、国民と国家経済を強制的に動員することに長けたスターリンが、最も得意とする「戦場」であった。武器と将兵の補充、そして輸送の要となる鉄道への手厚い配慮は、そうした経験に裏打ちされていた。

ただソ連軍も、劣勢を挽回する「隠し玉」を用意するのは容易ではなかった。予備兵力の投入がもう数日遅ければ、モスクワもスターリングラードもどうなっていたかわからない。ドイツ軍の攻勢が限界に達したときに反撃できたのは、幸運にも助けられている。だがそれは、ドイツ軍の弱点を探り続けたソ連軍が、自ら手繰り寄せた幸運である。

こうしたソ連軍のしぶとい戦い方は、短期決戦をめざしたドイツ軍とは対照的だ。打たれても立ち上がる粘り強さこそ、ソ連軍の身上である。そして、兵士たちを立ち上がらせたのは、愛国心だけでなく、味方に処刑されかねないという恐怖心でもあった。

スターリングラード

一方、スターリングラードにおけるソ連軍の逆転の要因は三つある。

第一に、物的、人的に優位に立つまで、ソ連軍がここでもひたすら耐え忍んだことだ。そのためには、市街戦で時間を稼ぐ必要があった。都市と呼ぶには値しない瓦礫の山に、ソ連軍が多くの兵士と物資を投じたのは、そうした理由からだ。

「時は血なり」とは、街の防衛を指揮したチュイコフが、自伝に記した言葉である。時間を稼ぐためなら、チュイコフは地獄と化した戦場に、兵士たちを蹴り出すのも厭わなかった。

第二に、戦術の変更だ。それまでソ連軍は、街で包囲されると無理をして脱出し、郊外でドイツの戦車に追いつかれ、包囲殲滅されてきた。しかしスターリングラードでは、ドイツ軍の得意とする電撃戦を封じ込めるため、歩兵を中心とした接近戦を挑んだ。

この点について、攻防戦の最中、チュイコフはソ連の従軍記者にこう説明している。

「スターリングラードはロシア歩兵の栄光の地だ。歩兵がドイツの巨大な機械化兵力に勝った。攻撃をはねかえすだけじゃなく、こちらから攻撃せねばならなかった。後退はすなわち破滅。後退すれば銃殺。わしが後退すれば、わしも銃殺される」（ビーヴァー『赤軍記者グロースマン』）

スターリングラードで繰り広げられたような市街戦は、今世紀もイラクやシリアで繰り返された。少数の部隊が劣勢を補うのに、都市は戦場として都合がよい。市街戦では、兵力の差よりも地の利を生かしたほうが有利になるからだ。そうした意味で、スターリングラードの戦訓は現代にも生きている。

第三に、軍事の専門家である将軍たちへの権限の委譲だ。独ソ戦が始まる前、ソ連軍は党に隷従させられていた。だが戦時中には、将軍たちの地位と名誉を回復させ、活力を引き出す。一九四二年一〇月には、党から派遣される軍へのお目付け役である、政治委員の職を廃止している。

より重要なのは、スターリンが参謀たちの意見に耳を傾けるようになったことだ。モスクワ防衛後、スターリンは参謀たちの反対を押し切って追撃を命じ、失敗した。そこで、スターリングラードの戦いでは、作戦の立案は参謀本部に委ね、承認を与える役回りを担う。そして彼自身は督戦と補給に集中し、作戦の成功を支援した。一九四二年からは、それまで重んじていた側近のベリヤより、作戦については将軍たちと協議することが増えた。

対照的に、ヒトラーは戦況が悪化するにつれ、ますます作戦の細部に口を出した。参謀たちを疑い、経験や能力よりも、忠誠心で評価する傾向も強まった。その結果、ヒトラーの周りにはイエスマンしかいなくなり、有能な将軍たちのモチベーションは下がっていった。

戦術と戦略の「進化」に追いつけ

最後に指摘したいのは、ソ連が勝利ではなく敗北に学び続けたことだ。

対照的だったのがドイツ軍で、モスクワ、スターリングラード、クルスクと、彼らはつねに先手を打った。意表を突く奇襲で、ドイツ軍はいつも目標にあと一歩まで迫った。だが、物資や将兵は無尽蔵ではなく、日を経るにつれ、攻勢は弱まり、進撃する距離も短くなった。ヒトラーや軍幹部は、ソ連軍の実力や規模を過小評価していたので、こうした後半での息切れを想定せず、従来の「勝利のセオリー」だった電撃戦に固執し続けた。過去の成功体験への過剰適応である。

もっとも、ソ連軍も、当初は電撃戦を防ぐ戦術がなかった。そこでソ連軍は時間を稼ごうと、各地で消耗戦を挑む。そしてその間に、「隠し玉」の予備兵力を蓄えた。土壇場になって、予備兵力を投入して機動戦を挑み、前線に一気に突破口を開いた。それは、開戦前には予想もしていなかった大敗走の渦中で、ソ連軍が必死で編み出した新たな戦術だった。

結局のところ、ソ連軍に勝利を呼び込んだのは、戦時における戦術と戦略の劇的な「進化」である。具体的には、戦争の推移に合わせ、消耗戦と機動戦を柔軟に使い分けたことだ。一方、スターリングラードまでのドイツ軍は、電撃戦よりほかに戦う術《すべ》を知らなかった。

より戦場に適応したほうが勝ち残る適者生存の法則は、ここでも当てはまる。ただその「教訓」は、二六〇〇万人を超えるソ連国民の血で購《あがな》われた。

▼**参考文献**

大木毅『独ソ戦――絶滅戦争の惨禍』岩波新書、二〇一九年
ソ連共産党中央委員会附属マルクス・レーニン主義研究所編（川内唯彦訳）『第二次世界大戦史（三）――ドイツ・ファシスト軍のソ連邦攻撃』弘文堂、一九六三年
山崎雅弘『［新版］独ソ戦史――ヒトラーvsスターリン、死闘1416日の全貌』朝日文庫、二〇一六年
陸上幕僚監部教育訓練部訳『ワシレフスキー回想録（上下）』防衛研修所、一九七八年
アドルフ・ヒトラー（ヒュー・トレヴァー＝ローパー解説、吉田八岑監訳）『ヒトラーのテーブル・トーク 1941-1944（上）』三交社、一九九四年
アラン・ブロック（鈴木主税訳）『対比列伝――ヒトラーとスターリン（三）』草思社、二〇〇三年
アントニー・ビーヴァー（堀たほ子訳）『スターリングラード――運命の攻囲戦 1942-1943』朝日文庫、二〇〇五年
――（リューバ・ヴィノグラードヴァ編、川上洸訳）『赤軍記者グロースマン――独ソ戦取材ノート 1941-45』白水社、二〇〇七年
アンドリュー・ナゴルスキ（津守滋監訳、津守京子訳）『モスクワ攻防戦――20世紀を決した史上最大の戦闘』作品社、二〇一〇年
イアン・カーショー（石田勇治監修、福永美和子訳）『ヒトラー（下）1936-1945――天罰』白水社、二〇一六年

キャサリン・メリデール（松島芳彦訳）『イワンの戦争――赤軍兵士の記録　1939‐45』白水社、二〇一二年
ゲルハルト・エンゲル（ヒルデガルト・フォン・コッツェ編、八木正三訳）『第三帝国の中枢にて――総統付き陸軍副官の日記』バジリコ、二〇〇八年
ジェフリー・ロバーツ（松島芳彦訳）『スターリンの将軍――ジューコフ』白水社、二〇一三年
ジェロルド・シェクター、ヴャチェスラフ・ルチコフ（福島正光訳）『フルシチョフ――封印されていた証言』草思社、一九九一年
ドミートリー・ヴォルコゴーノフ（生田真司訳）『勝利と悲劇――スターリンの政治的肖像（下）』朝日新聞社、一九九二年
ハインツ・グデーリアン（本郷健訳）『電撃戦――グデーリアン回想録（上）』中央公論新社、一九九九年
ヒュー・R・トレヴァー＝ローパー編（滝川義人訳）『ヒトラーの作戦指令書――電撃戦の恐怖』東洋書林、二〇〇〇年
マーチン・ファン　クレフェルト（佐藤佐三郎訳）『補給戦――何が勝敗を決定するのか』中公文庫BIBLIO、二〇〇六年
リデル・ハート（上村達雄訳）『第二次世界大戦（上）』中央公論新社、一九九九年
リチャード・ベッセル（大山晶訳）『ナチスの戦争一九一八～一九四九――民族と人種の戦い』中公新書、二〇一五年
ロドリク・ブレースウェート（川上洸訳）『モスクワ攻防1941――戦時下の都市と住民』白水社、二〇〇八年
Butler, Susan. (ed.), *My Dear Mr. Stalin: The Complete Correspondence of Franklin D. Roosevelt and Joseph V. Stalin*, New Haven and London: Yale University Press, 2005.

Chuikov, Vasili. *The Beginning of the Road: Battle for Stalingrad,* MacGibbon and Kee: London 1963.
Gerbet, Klaus. (ed.), *Generalfeldmarschall Fedor von Bock: The War Diary, 1939–1945,* Atglen, Pa.: Schiffer Military History, 1996.
Hellbeck, Jochen. (translated by Christopher Tauchen and Dominici Bonfiglio) *Stalingrad: The City that Defeated the Third Reich,* New York: Public Affairs, 2015.
Hill, Alexander. *The Great Patriotic War of the Soviet Union, 1941-45: A Documentary Reader,* New York: Taylor & Francis, 2008.
——*The Red Army and the Second World War,* New York: Cambridge University Press, 2016.
John, Barber. "The Moscow Crisis of October 1941," in J. Cooper, M. Perrie and E. A. Rees, (eds.), *Soviet History, 1917–53,* London: Macmillan, 1995.
Khlevniuk, Oleg V. (translated and edited by Nora Seligman Favorov), *Stalin: New Biography of a Dictator,* New Haven and London: Yale University Press, 2015.
Lissance, Arnold (ed.), *Franz Halder: The Private War Journal, 14 August 1939 to 24 September 1942,* 9 vols., Washington, D.C.: Historical Division, SSUSA, 1950.
Stahel, David. *The Battle for Moscow,* New York: Cambridge University Press, 2015.
Soviet General Staff (translated and edited by Richard W. Harrison), *The Battle of Moscow 1941-1942: The Red Army's Defensive Operations and Counter-offensive along the Moscow Strategic Direction,* Solihull, West Midlands: Helion & Co. Ltd., 2015.
United States Department of State, *Foreign relations of the United States Diplomatic Papers, 1941. General, The Soviet Union, Volume I,* Washington, D.C.: U.S. Government Printing Office, 1958.

Жуков Г. К. Воспоминания и размышления. В 2 т. М., 2002.

Россия и СССР в войнах XX века. Потери вооруженных сил. М., 2001.
Русский архив: Великая Отечественная война: Битва под Москвой: Сб. документов. Т. 15（4-1）. М., 1997.
РГАСПИ（Российский государственный архив социально-политической истории）, Ф. 558（И. В. Сталин）.
Архива Национальной Безопасности.
　Директива Сталина Жукову «Положение со Сталинградом ухудшилось»
Наставление Сталина командующему Сталинградским фронтом.
　https://nsarchive2.gwu.edu//rus/Index.html ［二〇一八年一一月九日参照］

第2章

イギリス 1941～1943——守りから逆転へ

第二次世界大戦は、一九三九年九月、ドイツ軍のポーランド攻撃によって始まった。ポーランドが独ソ間で分割された後、戦争はしばらく小康状態に入ったが、翌四〇年四月、ドイツはノルウェーを急襲するとともにデンマークを占領し、さらに五月に入ると西部戦線で奇襲攻撃を加え、オランダとベルギーを相次いで降伏させ、六月中旬、フランスをも敗北に追い込んだ。

ドイツは力の絶頂にあり、北はノルウェーから南はピレネー山脈までの広大な地域を支配するに至った。これに対してイギリスは、フランスでの戦いに敗れ、大陸に派遣していた自国軍を這《ほ》う這《ほ》うの体《てい》でダンケルクから撤退させなければならなかった。強力なドイツ軍はイギリス侵攻の構えを示し、イギリスの運命は風前の灯火《ともしび》のように見えた。

このときヒトラーはイギリスに対して和平を持ちかけ、イギリス政府内にも対独和平に応じようとする動きがあった。だが、首相に就任して間もないウィンストン・チャーチルは断固としてこれを拒否した。拒否しただけではない。あらゆる手を尽くしてドイツの攻撃からイギリスを守ったのである。チャーチルの指導のもと、イギリスがドイツの攻撃に持ちこたえ、自らを守り抜いたことは、第二次世界大戦の大きな転機となった。

以下では、守り抜いたイギリスの戦いぶりを、一九四〇年夏から秋にかけてのバトル・オブ・ブリテン（Battle of Britain：イギリス本土防空戦）と、戦争全期間を通してドイツのUボートと戦った大西洋の戦い（Battle of the Atlantic）の二つのケースで考察してみたい。それぞれ、空戦と海戦というように戦いの場は異なるが、いずれにおいてもイギリスは守り切って、それを最終的な勝利に結びつけたのである。

もちろんイギリスに最終的な勝利をもたらしたのは、この二つの戦いだけではない。たとえばノルマンディ上陸作戦の貢献も大きい。しかし、これらの戦いは、アメリカを含む、あるいはアメリカが主導権を握る連合軍の作戦として実施された。これに対して二つの戦いは、ほぼイギリス単独で――イギリス自治領諸国やアメリカを含む連合国の支援を受けながら――戦った。したがってこの二つの戦いに限定して考察すれば、イギリスの戦い方の特徴を、よりクリアに引き出すことができるだろう。

I　バトル・オブ・ブリテン――守りを勝ち抜いた夏

一九四〇年夏、ドイツ軍はイギリス本土に襲いかかろうとしていた。ただし、ドイツ軍がイギリス本土に侵攻するためには、イギリス海峡を渡って陸軍を送り込む前に、イギリス海軍と空軍、とくに空軍の妨害を排除しておかねばならなかった。したがって、イギリス航空戦力の殲滅は、ドイツにとってイギリス侵攻の絶対的な前提条件であった。その任務を担ったのはドイツ空軍である。イギリス側からすれば、ドイツによる侵攻を阻止するためには、まず敵空軍による攻撃に対抗し、本土あるいは海峡の上空で防空戦を戦う必要があった。こうして戦われたのがイギリスの戦い、バトル・オブ・ブリテンである。

そして、バトル・オブ・ブリテンを経た数ヵ月後、絶頂にあるかに見えたドイツはイギリス侵攻を断念せざるを得なくなっていた。ヒトラーはソ連侵攻に訴え、結果的に戦略上のタブーとされる二正面戦争を戦う羽目に陥った。

一方イギリスは、ドイツの侵攻を阻止して自らの存続を勝ち取った。それだけでなく、ドイツに対する抗戦の意志と能力を示すことによって、アメリカの全面的な支援を得ることもできた。アメリカの支援は、おそらく単独ではドイツに勝てなかったイギリスにとって、対独戦に最終的勝利を得るための鍵であった。この意味で、バトル・オブ・ブリテンは、イギリスにとって重大な転機だったのである。

では、連戦連勝、破竹の勢いにあったドイツ軍に対して、どのようにしてイギリスは勝利を収めることができたのだろうか。

1 ドイツ空軍――電撃戦の花形

ヒトラーの指令

ヒトラーがイギリス本土上陸作戦準備の指令を発したのは、一九四〇年七月一六日である。八月二日には、上陸作戦の前提条件として敵本土上空の制空権を獲得するために、速やかにイギリス航空戦力を殲滅せよ、との命令がドイツ空軍に発せられた。イギリス海峡の濃霧やその他の気象条件のために一〇月以降の上陸作戦は困難とされていたので、作戦は九月か翌年五月以降に開始しなければならなかったが、そのどちらにするかは、空軍の戦果を見てから判断することになった。

ヒトラーはイギリス侵攻を本当に実行しようとしていたのだろうか。彼は、イギリスとの妥協による講和を、より正確にいうならば、イギリスが戦わずに屈服することを望んでいた。イギリス軍のダンケルク撤退（六月七日完了）あるいはフランスの降伏（六月二二日）以後、しばらくの間イギリスへの攻撃に着手しなかったのは、イギリスとの和平に期待をかけていたことにも理由があった。

イギリス航空戦力殲滅のための攻撃を命じた後も、ヒトラーがイギリス上陸作戦を決意していたかどうかには疑問がある。ただし、上陸作戦の決意はともかくとして、空軍によるイギリス攻撃は、単なる見せかけではなかった。イギリスへの爆撃は、たとえ上陸作戦の前提ではないにしても、イギリスの戦意を喪失させ、屈服に追い込む効果を期待されたからである。

七月末、ヒトラーは対ソ侵攻を決意する。イギリスが和平に応じないのは、ソ連に期待しているからだと考えたヒトラーは、ソ連を始末することによって、イギリスを屈服させようとしたのである。ただし、ほぼ一年後に行われる対ソ戦を決意したからといって、空軍によるイギリス攻撃の方針が影響を受けることはなかった。どちらも、イギリスの戦意喪失をねらうものであり、相互に矛盾しなかったからである。

航空艦隊の編成

イギリス攻撃の先陣を任されたのは、空相ヘルマン・ゲーリング元帥率いるドイツ空軍である。第一次世界大戦の敗戦によってドイツが保有を禁止された空軍は、様々な偽装のもとで技術開発や準備が進められ、ヒトラーの政権掌握後に公然と姿を現した。やがてスペイン内戦での実戦経験を経て、ポーランドやフランスの戦いで赫々《かっかく》たる戦果を挙げたことはよく知られている。

ドイツ空軍は、同時期の列国空軍と同様に、爆撃機によって敵の工業地帯、運輸通信の中枢、兵站基地などを攻撃するという「戦略爆撃」を運用思想の基礎に据えていた。ただし、中部ヨーロッパに位置する地理的条件のために、ドイツ空軍は陸軍作戦との緊密な協力・統合を強く志向した。この点が、ドイツ空軍の用兵思想の特徴であった。物資集結地、鉄道拠点や幹線道路を爆撃するだけでなく、航空優勢(制空権)を確保して地上の陸軍作戦を助け、敵の前線後方の重要拠点を叩くことを使命とした。そして、この後者の役割が、ドイツ陸軍の成し遂げた軍事革新ともいうべき「電撃戦」に適合していったのである。

電撃戦というのは、機動的な機甲戦力つまり戦車を用いて、敵の指揮・命令中枢を麻痺させる軍事戦略である。そこでは、機動力とスピードが重視された。空軍は戦車の進撃を先導する役割を担い、ときには敵の命令中枢を攻撃する打撃力として機能した。それは、ドイツ空軍が戦略爆撃だけではなく、航空優勢の確保、邀撃《ようげき》、地上部隊への近接航空支援などの役割をも遂行しうることを証明した。

バトル・オブ・ブリテンが始まる頃、ドイツ空軍はいくつかの航空艦隊から構成されていた。イギリス攻撃に参加したのは、ブリュッセルに司令部を置く第二航空艦隊、パリに司令部を置く第三航空艦隊、そしてノルウェー、デンマークに展開していた第五航空艦隊である。航空艦隊は、いくつかの航空団からなり、各航空団は戦闘機、爆撃機、偵察機の混成で、「小さな完全独立空軍」を構成していた。それゆえ各航空団は、それぞれの担当地域内で地上軍の要請に応じて柔軟に対応することができたのである。

戦力の中心とされたのは、ユンカース88、ハインケル111、ドルニエ17といった双発中型爆撃機である（英独両空軍の航空機の性能については表2－1を参照）。当時の列国空軍のなかで、最も優れた中型爆撃機であった。だが、戦略爆撃には爆撃威力の面で、爆弾搭載量の大きな大型爆撃機（重爆）が中型爆撃機よりも有利だったはずである。それなのに、なぜドイツ空軍は大型爆撃機を開発しなかったのか。その主な理由は、第一次世界大戦後に空軍保有を禁止されていた後遺症にあった。重爆を製造する技術的基盤がなかったのである。とくに、エンジン面での立ち遅れが尾を引いていた。エンジンを四基搭載する重爆の開発が試みられたこともあったが、大戦前には成功を収めなかった。

ドイツ空軍のなかで中型爆撃機以上に有名になったのは、電撃戦で活躍した急降下爆撃機ユンカース87シュトゥーカである。急降下爆撃機は点照準爆撃方式を採用し、命中精度が高かったが、防御力に欠陥があり、速度も遅かったため、地上からの対空砲火に弱かった。

表2-1　イギリスおよびドイツ両空軍の機種の要目

イギリス空軍
・戦闘機

	最高時速（マイル）	上昇限度（フィート）	兵装
ハリケーン1型	316（高度17,500フィート）	32,000	303機関銃　8挺
スピットファイア1型	355（高度19,000　〃　）	34,000	〃　8挺
デファイアント	304（高度17,000　〃　）	30,000	〃　4挺
ブレニム4型	266（高度11,000　〃　）	26,000	〃　7挺

ドイツ空軍
・戦闘機

	最高時速（マイル）	上昇限度（フィート）	兵装
メッサーシュミット109E型	355（高度18,000フィート）	35,000	7.9ミリ機関銃 2挺
			20ミリ機関砲 2門（機種により相違）
メッサーシュミット110型	345（高度23,000　〃　）	33,000	7.9ミリ機関銃 6挺
			20ミリ機関砲 2門

・爆撃機

ユンカース87B型	245（高度15,000フィート）	23,000	7.9ミリ機関銃　3挺
ユンカース88型	287（高度14,000　〃　）	23,000	〃　3挺
ドルニエ17型	255（高度21,000　〃　）	21,000	〃　7挺
（ドルニエ215型は、性能が若干向上）			
ハインケル111型	240（高度14,000　〃　）	26,000	〃　7挺

（出所）R. ハウ、D. リチャーズ『バトル・オブ・ブリテン』

ドイツ空軍の主力戦闘機メッサーシュミット109
（写真提供）Grənger／PPS通信社

戦闘機の主力機は単発単座のメッサーシュミット109であった。これは、局地防空と前線の地上軍護衛のための航空優勢保持を目的として開発された。しかし、遠距離爆撃を護衛するために必要な航続距離が十分でなかった。掩護《えんご》戦闘機としては双発複座のメッサーシュミット110が開発されたが、速度が遅く、軽快性（旋回能力）にも欠けていた。

全体的に見て、ドイツ空軍は戦略爆撃を運用思想の基礎としながら、地上軍の作戦にも効果的に協力できる融通性を有し、航空機も当時の最先端技術を導入した優秀機が大半を占めた。問題は、運用思想も編成も航空機も、どれも中部ヨーロッパでの作戦行動を前提としていたことである。バトル・オブ・ブリテンでは、それがイギリスの航空戦力殲滅という新たに付与された任務にも適合するかどうかを、実戦によって試されることになった。また、ドイツの航空機生産能力には限界があったが、これもイギリス空軍との戦いが消耗戦となったときに、試されることとなったのである。

2 イギリス防空戦力

チャーチルの備え

力の絶頂にあったドイツ軍に対して、ダンケルクから撤退し、ともに戦うべきフランスを失ったイギリスは、失意のどん底に沈んでいるはずであった。しかし、イギリスはドイツの和平の誘いに乗らず、敢然と戦い続ける姿勢を示した。五月に首相に就任したばかりのチャーチルは、議会演説やラジオ放送で、国民の士気を鼓舞した。

チャーチルは、強力なドイツ軍が組織力や技術や士気など多くの点でイギリス軍を凌いでいることを認めていた。それゆえ楽観を排し、イギリスに迫った危機の大きさを率直に語り、そのうえで国民に国家への貢献と犠牲を求めたのである。

チャーチルは、来るべきドイツとの戦いが大戦の帰趨を決するものであることを見通していた。それは、単にドイツの攻撃に耐えて侵攻を阻止するということだけではない。イギリスがドイツと戦う意志と能力を有することを示して、アメリカの協力・参戦を促すためのきわめて重要な戦いと位置づけられたのである。

ヨーロッパをドイツに席捲された当時、イギリス単独でドイツに勝つことはもはや無理であった。大戦に勝利するためには、アメリカの支持、究極的には参戦がどうしても必要とされたのである。チャーチルは、こうした判断に立って、ドイツとの戦いに備えようとした。

イギリスは、すでにダンケルク撤退が始まるころから、次のドイツ軍のねらいが自国であることを覚悟し、問題の鍵が制空権の保持にあることをよく知っていた。陸海空三軍の首脳は、チャーチルの諮問にこたえて、その情況判断を大要、次のように述べている。

「われわれが制空権を保持する限り、ドイツの本土侵攻は、わが海軍と空軍とによって阻止できる。しかし、ドイツが制空権を握れば、わが海軍が敵の侵攻を一時的には阻むことができるとしても、いつまでもそれを続けることはできない。そして侵攻が始まった場合、わが沿岸防御では敵の戦車や歩兵の上陸を阻止することはできない。その後に続く陸上戦闘でも、わが陸軍は敵の本格的侵攻に対処するには不十分であろう。したがって問題の核心は制空権にあることになる」（Collier, *The Defence of the United Kingdom*）

まさしく問題の核心はイギリス海岸と本土上空の制空権（航空優勢）にあった。ドイツによる制空権獲得を阻止するためには、戦闘機を主体としたイギリスの防空戦力が鍵であった。イギリスが航空優勢を保持する限り、ドイツ軍はあえて本土侵攻を試みようとはしないだろうと考えられた。また、ドイツ軍の爆撃によって国民が戦意を喪失したり継戦能力が損なわれたりするのを防止するためにも、制空権の保持が必要であった。バトル・オブ・ブリテンが始まる時点で、イギリスはそうした制空権保持を可能にする防空戦力を有していたのである。

イギリス空軍戦略のジレンマ

どのようにしてイギリスはそのような防空戦力を作ることができたのか。そもそもイギリスは、一九一八年に空軍省を設置し、世界で最初に陸海軍から分離した独立空軍を創設した。だが、その防空体制の整備はスムーズには進まなかった。防空システムのコンセプトはすでに第一次世界大戦の末期に生まれていたといわれているが、戦後そのコンセプトにもとづいて具体的な措置がとられるまでにはしばらく時間がかかった。

その一つの理由は、よく知られているように、再軍備に対する国内の抵抗が強かったためであるが、もう一つ、空軍自体にも防空戦力の充実に打ち込めない理由があった。それは戦略爆撃という用兵思想、コンセプトの影響である。

戦略爆撃は、第一次世界大戦後、イタリアの空軍戦略家ジュリオ・ドゥーエが唱えたもので、航空機によって敵国の中枢を大量爆撃することが戦争の帰趨を決する、という理論である。これは、空軍がその独自の存在をアピールし、陸海軍から独立するのにうってつけの理論であった。それはまた、空軍の予算獲得にも役に立つ根拠となった。しかも大戦後は、爆撃機の技術革新が、それに対抗すべき防空の技術革新を上回っていた。爆撃機のスピードは二倍に伸び、これに対抗する技術はなかなか開発されなかった。

当時最も恐れられていたのは、開戦冒頭に、敵が突如、ボクシングのノックアウト・パンチのように強力な戦略爆撃を加えてくることであった。イギリス空軍は、これに対抗するため、報復力として自らも効果的な戦略爆撃の能力を持つべきだと主張した。十分な報復能力を持てば、敵の戦略爆撃を抑止することもできるはずであった。また、戦略爆撃は、敵の飛行場や航空機生産工場を破壊することにより、その航空戦力を無力化できるので、この攻撃力こそ航空優勢を獲得する最善の方法だとも考えられた。こうして、空軍の計画ではつねに、攻撃力としての爆撃機の開発・生産が優先されたのである。

一九三六年、イギリス空軍はその組織を改編し、任務に応じた機能別の編成をとった。すなわち、爆撃機軍団（Bomber Command）、戦闘機軍団（Fighter Command）、沿岸航空軍団（Coastal Command）、訓練軍団（Training Command）である。機能別編成の表向きの理由は、戦力の充実に伴い、一人の司令官では多数の部隊を指揮・統制するのが困難だから、と説明された。しかし実際には、最も重要な爆撃機軍団の司令官を防空任務の負担から解放し、攻撃任務に専念させることが、本来の理由であったといわれる。主役はあくまで爆撃機であり、戦闘機は脇役にすぎなかった。

だが、こうした戦略態勢には、やがて当然の反論が加えられることになる。もし開戦冒頭に敵の戦略爆撃機によるノックアウト・ブローを許すならば、つまり航空機生産工場を破壊され飛行場も使用不可能となったとき、どうすれば敵に報復を加えることが可能なのか。敵の戦略爆撃を阻止するためには、防空戦力を充実させなければならないのではないか。このような主張が、初代戦闘機軍団司令官に就任したヒュー・ダウディング大将を中心として唱えられるよ

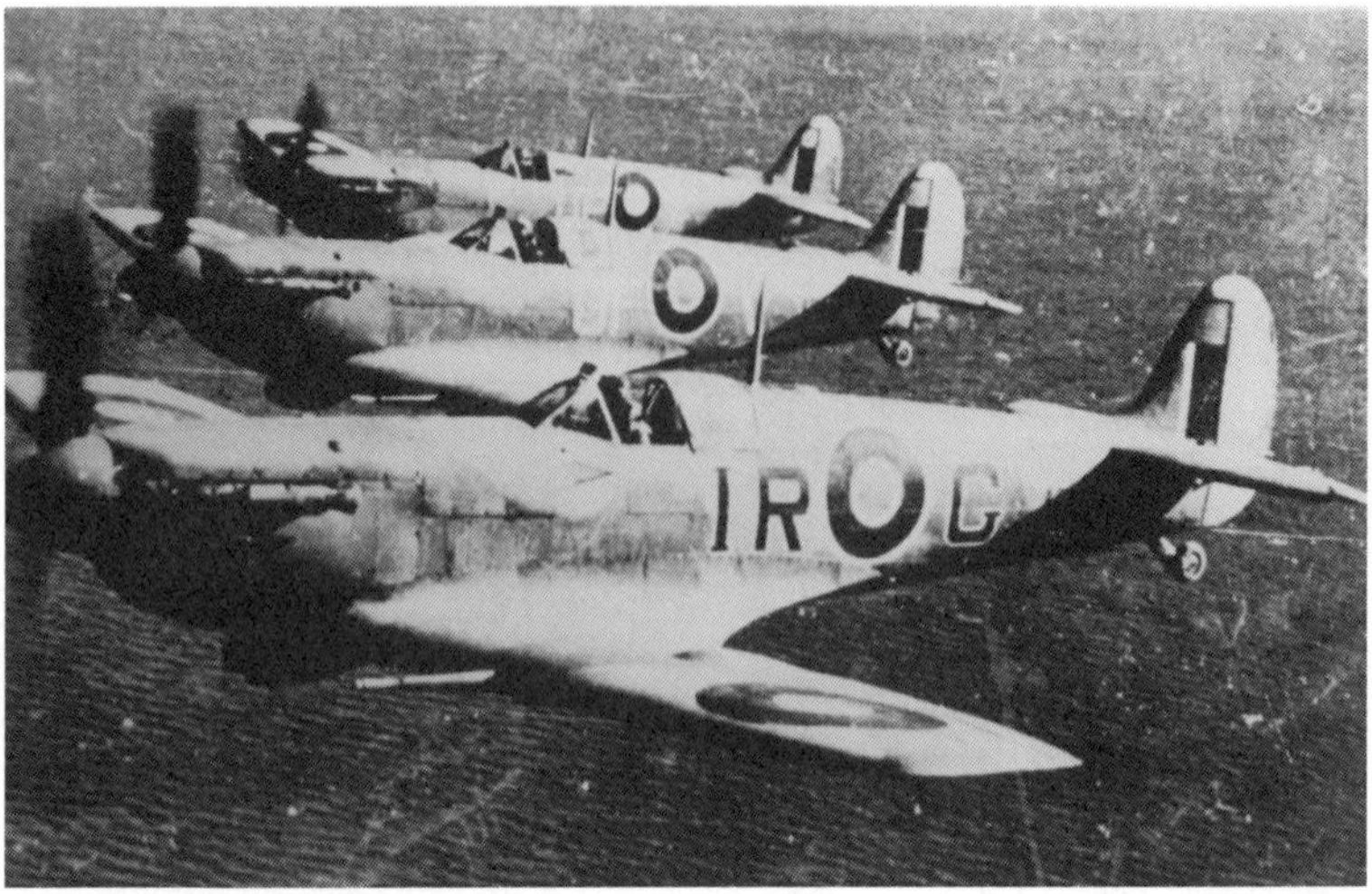

イギリス軍の主力戦闘機スピットファイア
(写真提供) Alamy／PPS通信社

うになったのである。

爆撃機か、それとも戦闘機か、という論争は、ミュンヘン危機を経た一九三八年秋以降に一応の決着を見た。再軍備に対する財政上の制約が取り払われ、戦闘機の増産が優先されるようになったのである。

ダウディングが爆撃機を優先する空軍の大勢に抗して防空の重要性を強調したとき、防空の脆弱性に危機感を募らせていた政治指導者が彼を支持し、空軍の首脳たちの反対を押し切ったのだという。政治家が防空戦力優先を支持したのは戦闘機のほうが爆撃機よりも経費が安かったからだ、というがった見方もある。また、空軍の首脳たちも、財政的制約があるうちは爆撃機増産優先を唱えていたが、決して防空の重要性を軽視していたわけではなかった。

増産された戦闘機の主力は、単発単座の

ハリケーンとスピットファイアである。両機種とも、戦闘機軍団司令官になる前に空軍の研究開発部門の責任者であったダウディングの指示のもとで、一九三〇年代半ばに開発され、三六年から本格的な生産に入っていた。

どちらも機動性と集中火力（機関銃）に優れ、ドイツの主力戦闘機メッサーシュミット109の性能に比べると、ハリケーンはやや劣ったが、スピットファイアはほぼ互角であった。ハリケーンは頑丈であったが、速度の点でスピットファイアより遅かった。このほか、イギリス空軍には、爆撃機から双発複座長距離戦闘機に転用されたブレニム、単発複座戦闘機デファイアントなどがあったが、これらはいずれもドイツ軍戦闘機の敵ではなかった。

明暗分けたレーダー開発――実用化・システム化

優秀な戦闘機は防空システムの重要な一要素ではあったが、あくまでそれは一要素にすぎなかった。イギリス防空戦力の強さは、様々な要素を有機的にシステム化していたところにある。

そうした要素の端的な例がレーダーである。そもそも航空作戦では、一般に、攻撃側が本来的に有利であるといわれる。作戦の進行がきわめて速いので、攻撃側の有する主導（イニシアティブ）の利が大きいからである。つまり、攻撃側は攻撃の時機、目標、方法を自由に選択できるのに対し、防御側は、たとえそれを探知することができても、攻撃側の進行速度が速いので、それに対処する時間が非常に限られる。

したがって、ドイツがベルギー、オランダ、フランスを制圧した後は、大西洋岸に前進したドイツ空軍基地とイギリスとの距離が大幅に短縮され、それだけ攻撃側の有利さが増大したわけである（ちなみに、ロンドンとフランスのカレーの間の距離は約一二〇キロ）。

このような攻撃側の優位を相殺するためには、できるだけ早期に敵を探知し、警報を発して敵を待ち受け、防空戦闘機で邀撃しなければならない。しかし、敵の来襲を探知するためには、監視員による目視だけでは不十分であった。

こうしてイギリス空軍は、敵の来襲をできるだけ速やかにキャッチするため、科学者の協力を得て、様々な実験を試みる。たとえば、巨大な音響板によって敵機の音をキャッチする実験も行われたが、これは不成功に終わった。敵機のエンジンが発する熱や電波を捉えようとした研究も、思わしい成果を生まなかった。「殺人光線」（現在のレーザー光線のようなものだろうか）によって、敵の爆撃機が搭載している爆弾の起爆装置を破壊するか、あるいは機内で爆弾を爆発させるか、またはパイロットを殺傷する、といったアイディアも真剣に考慮されたが、これも成功しなかった。

こうしたなかで、電波の反射（正確には電離層からの反射）を利用して敵機の位置を探知する方法が浮上してくる。そのための装置が後にレーダーと呼ばれることになるのだが、その実験結果も当初はあまり芳しくなかった。にもかかわらず、レーダーの可能性を高く評価してその開発を推進したのは、ダウディングであった。

空軍の研究開発部門の責任者であった彼は、レーダーによる早期警戒のネットワークと邀撃戦闘機の地上管制を連携させ、効果的な防空システムをつくり上げようとした。自ら実験用の航空機に乗って、レーダー技術の開発状況を確認しようとしたともいう。こうして、多くの技術的な問題が未解決の段階で、レーダー監視網の建設が決定され、その実験、開発、配備が重点的に推進されていった。首相になる前のチャーチルは、レーダーの開発をバックアップした政治家の一人であったといわれる。彼は、兵器に並々ならぬ関心を持っていた。

レーダーの技術開発に従事した科学者の間では、完璧さを追求しないことがモットーとされた。すなわち、最良の完璧なものは、決して実現できない。次善のものは実現できるが、使うべきときまでには実現が間に合わない。したがって、三番目に良いものを採用して、できるだけ早くその実現を図るべきである。完璧さを求めないというのは、このような態度を意味した。レーダーの開発およびその実用化は、こうしたプラグマティズムの産物でもあったのである。

もちろん当初からレーダーが十分に機能したわけではない。レーダーの到達距離には限界があり、また低空で侵攻してくる敵機を捕捉することも難しかった。レーダーは主に敵機の位置と侵攻コースに関する情報を提供したが、機数に関する情報には誤りが多かった。しかし、それでも、ドイツ軍の攻撃を阻むうえでは大きな役割を果たすことになる。レーダー研究に関しては、実は当初、ドイツのほうが進んでいたといわれる。イギリスは、その研究を応用して実用化し、しかもシステム化したことによって、ドイツを凌駕《りょうが》したのであった。

防空システムのもう一つの重要な要素は高射砲である。高射砲は敵機の撃墜に、必ずしも目覚ましい貢献をしたわけではない。高射砲の役割は、むしろ阻塞《そそく》気球とともに、敵機が低空から爆撃するのを阻止し、爆撃の正確さを損なわせることにあった。

高射砲に関して注目されるのは、これが空軍の統制下に置かれたことである。もともと高射砲部隊と対空探照灯（サーチライト）部隊は陸軍に属していたが、一九二〇年代に防空の責任が陸軍から空軍に移管されたとき、その作戦統制は空軍に委ねられた。つまり、高射砲部隊の兵器と人員は陸軍に属するが、作戦上の指揮権は防空に責任を有する空軍の指揮官（一九三六年以降は戦闘機軍団司令官）に属することになった。さらに、高射砲軍団の司令部は、戦闘機軍団の司令部に隣り合って設置された。

こうして、各軍団が連携し、防空は一つのシステムとして、ダウディングの一元的指揮のもとに統合運用される基礎がつくられたのである。

防空システムの構図

防空システムの各構成要素が大戦勃発時に計画どおりの水準に達していたわけではないが、バトル・オブ・ブリテンの時点では、ほぼ次のような仕組みになっていた。

まず、戦闘機軍団はロンドン北西スタンモアに司令部を置き、四戦闘機群（Fighter Group）、すなわち編成・再編途上のものを含んで五八個戦闘飛行隊（Squadron：一個飛行隊の第一線機は一六機、予備機三〜五機、作戦時には一二機で一個飛行隊を編成）を擁していた。

戦闘機群は、イングランド西南部を担当する第一〇群、ロンドンを含むイングランド東南部

地図2-1　イギリス本土の戦闘機部隊配置

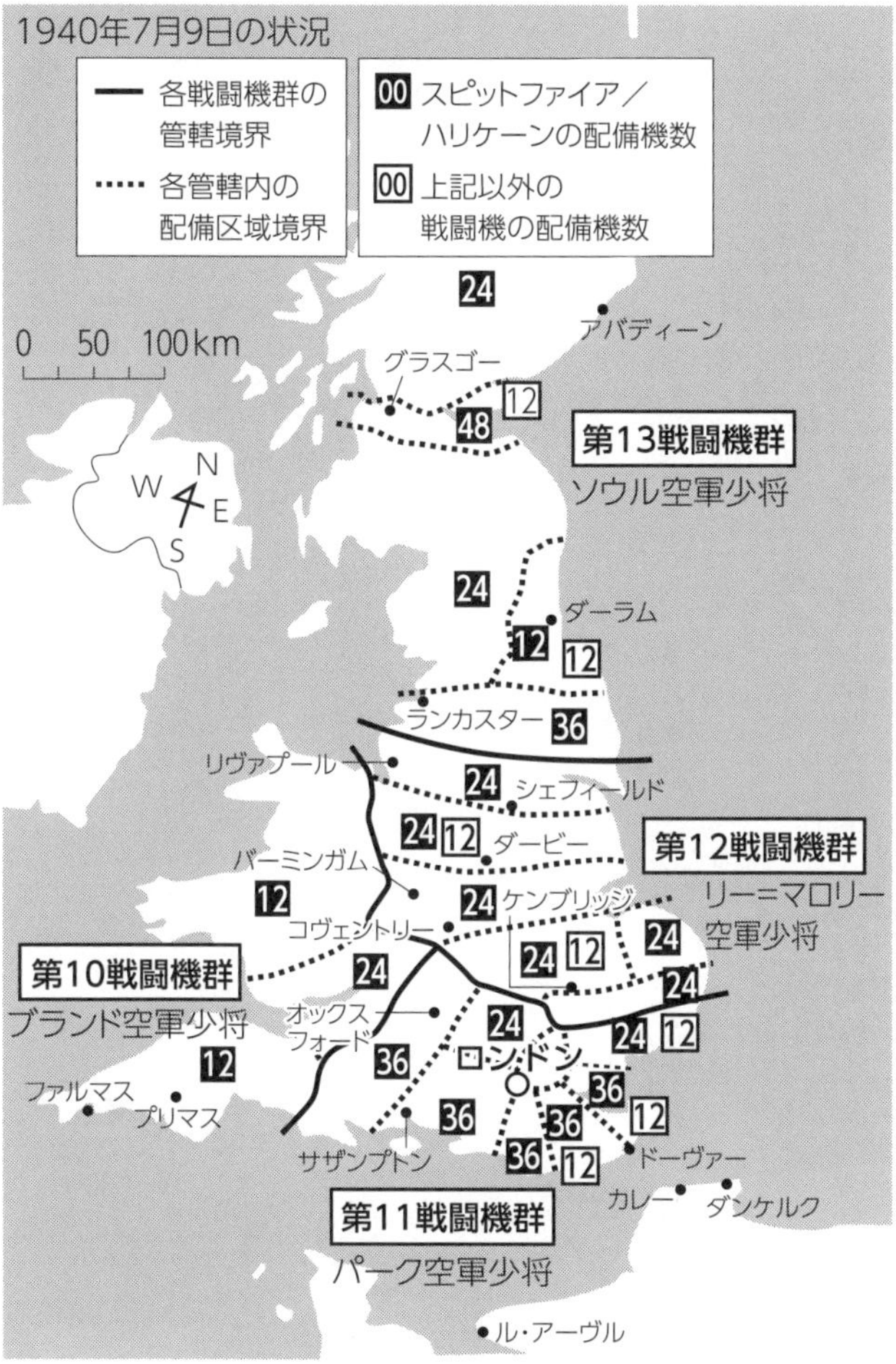

（出所）山崎雅弘『詳解 西部戦線全史』を参考に作成

を作戦区域とする第一一群、イングランド中部とウェールズの第一二群、イングランド北部とスコットランドの第一三群から構成されており、ドイツ軍の矢面に立ったのは第一一群であった（地図2－1参照）。

第一一群司令のキース・パーク少将（ニュージーランド人）は、その前にダウディング軍団司令官の先任参謀を務めており、戦闘機の運用に関する軍団司令官の考えをよく承知していた。パーク少将は、第一次世界大戦で「空のエース」として活躍した経歴の持ち主でもあった。

なお、戦争前には、意思決定や組織管理の面で、権限や人員・資材がスタンモアの軍団司令部に集中しすぎていたが、ミュンヘン危機で非常事態措置がとられたときに、これではシステムがうまく作動しないことが判明した。この経験を踏まえて、その後、多くの権限を下級司令部に委譲し、またそれに必要な人員や資材も軍団司令部から各地の群司令部などに移された。

こうして戦闘機軍団は、ダウディングのもとで一元的に統制されながら、現場の下級司令部が情況に即応できるだけの権限を有し、集中統制と現場の自主的判断とがうまくかみ合って柔軟に対応できるようになったのである。

防空システムの作動は、敵機の来襲をレーダー・サイトが探知するところから始まる（地図2－2参照）。レーダーはうまくいけば、敵機がイギリスの対岸上空で編隊を組むところをキャッチし、その情報は、その後の監視哨《しょう》での目視情報とともに特殊電話回線でスタンモアの軍団司令部に送られる。

地図2-2　イギリス本土のレーダー施設配置

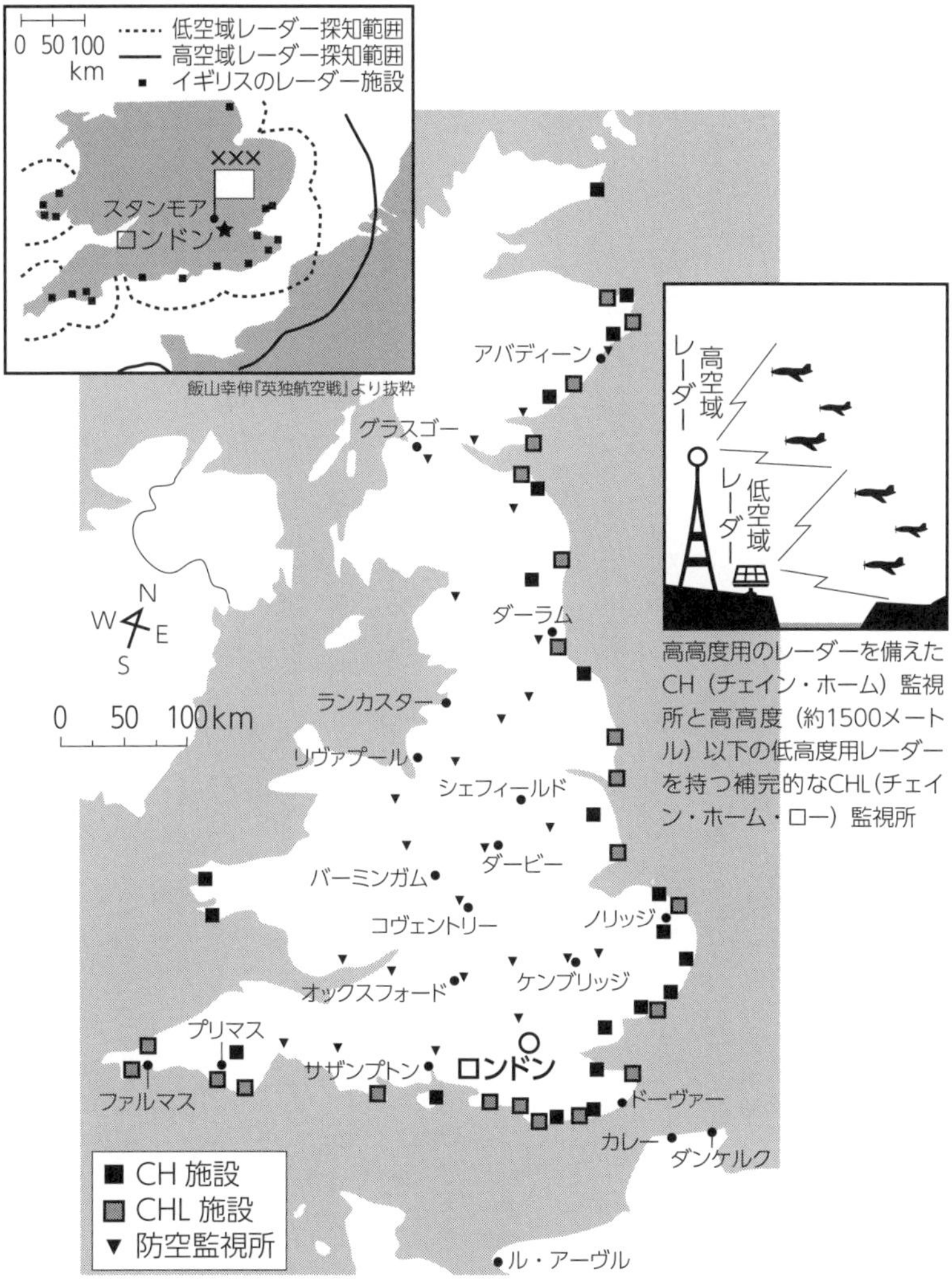

（出所）山崎雅弘『西部戦線全史』を参考に作成

軍団司令部はどの戦闘機群に邀撃させるかを決め、その決定と関連データを当該群司令部に伝える。戦闘機群はその担当区域をいくつかの地区（セクター）に区分しており（第一一群には七つのセクターがあった）、今度は群司令部が邀撃を担当させるセクターと出撃機数を決め、これを当該セクター指揮所（セクター基地）に伝える。次いでセクター基地は、出撃する飛行隊を決定し、具体的指示を各飛行隊に通達する。

注目されるのは、地上のセクター基地が戦闘機を無線電話によって統制したことである。一般に戦闘機のパイロットは地上から作戦上の統制を受けることを嫌うといわれるが、イギリスの防空戦では、この地上管制が初めて可能になった。これを可能にしたのがレーダーであり、また各地のレーダーや監視員がとらえた情報を総合し速やかに現地の群司令部やセクター基地にこれを伝達した通信ネットワークであり、さらにこうした情報を受けたセクター基地がパイロットに指示を確実に伝えるときに使われた高性能の無線電話であった。

以上が、イギリスの防空戦闘を支えた早期警戒と邀撃のシステムである（なお、味方の飛行機には特別の信号電波を発する識別装置が付けられた）。もちろん、この防空システムが完全であったわけではない。レーダーの警報が邀撃戦闘機隊に届くまで、少なくとも四分はかかった。ところが、ドイツ軍機がイギリス海峡を越えるのには六分しかかからなかった。邀撃態勢をとり敵機を捕捉するまでには、ほんのわずかな時間しかなかった。

しかも、レーダーの情報は、敵機の高度について誤りが多かった。イギリスはドイツ空軍が使用する暗号の解読に成功していたが、そこから得られる情報にも限界があった。爆撃の時機や対象や規模を予告するような情報を入手できたわけではなかった。

結局のところ、イギリスの防空システムは、いかに優れたものであったにせよ、当然ながら限界があり、またこの後の実戦経験によって修正、改良すべき点も少なくなかったのである。

3　戦闘──守りの戦い

フランスの戦い──戦闘機不足、パイロット不足

来るべきドイツ空軍との決戦で鍵となるのは、戦闘機であった。その際、とくに重視しなければならなかったのは、ハリケーンとスピットファイアの機数と、パイロットの数である。

しかし、一九四〇年五月、ドイツが西部戦線で攻勢に出てきた後、事態は防空戦の準備とは逆行する方向に進んでいた。まず、イギリス空軍はヨーロッパに派遣していた自国軍を掩護しなければならなかった。派遣軍が大陸から撤退するときには、ダンケルク周辺やイギリス本国までの海路を、敵の攻撃から守る必要があった。

こうしてイギリス空軍は、ダンケルク撤退終了までに多くの戦闘機を失ったが、それは地上軍との協力に習熟していなかったこと、大陸ではレーダーによる早期警戒のシステムが利用できなかったことなどに、損害の原因があった。

イギリスの派遣軍からだけでなく、フランスからも援助要請が相次いだ。敗色が濃厚になる

につれ、フランスは戦闘機の増援を激しく要請し、イギリスは厳しい選択を迫られた。チャーチルの言葉を借りれば、それは「われわれがフランスを苦悶のうちに見殺しにするか、それともわれわれの将来の生存に必要な最後の手段までもここで使い切ってしまうか」という苦しい選択であった。チャーチルはフランスを見殺しにするに忍びなかった（彼は首相となってからフランスが降伏するまで五回もフランスに飛び、フランス首脳に直にドイツへの抗戦継続を訴えている）。

このとき、ダウディングが戦時内閣への出席を許され、これ以上のフランスへの戦闘機派遣はイギリス自体の防空を危うくするとの判断を述べた。五月一九日、ようやくチャーチルは、今後どんなことが起ころうとも、フランスには戦闘機を派遣しない、との方針を決定したのである。

もちろんフランスの要請にまったくこたえなくなったのではない。ハリケーン主体の戦闘機部隊をイギリスの基地から発進させ、フランスで任務を果たした後、イギリスの基地に帰投させる、という形での援助はしばらく実施された。しかし、戦闘機部隊をフランスの基地に派遣し、そこを本拠にして作戦行動をとることは、本国での防空戦に備えて戦闘機とパイロットを温存するために中止されたのである。

これはおそらく、バトル・オブ・ブリテンの勝敗を決する最初の重大な決断であった。

五月以降西部戦線で、ドイツ空軍の損失一二八四機に対し、イギリス空軍は、戦闘機二一九機を含む九三一機を失った。

一九四〇年七月半ばの時点で、ドイツ空軍の戦力は爆撃機および急降下爆撃機約一六〇〇機、戦闘機約一一〇〇機である。これに対して、同じ時期のイギリス空軍の戦闘機の戦力は約八〇〇機、そのうちドイツ軍機に対抗できるハリケーンとスピットファイアは七〇〇機強であり、戦力の面ではドイツ側が優位にあった。

こうして問題は、どのようにして戦闘機の消耗を補塡し、いかにしてドイツ空軍の戦力との差を埋めるかということに収斂《しゅうれん》してくる。つまり、戦闘機をどれだけ増産できるか、である（表２－２、２－３参照）。戦闘機生産数は、一九三九年九月には月平均一一〇機であったが、四〇年三月に一七七機、四月に二五六機と上昇した。

表2−2　月別戦闘機生産数（1940年）

	見積機数	生産機数
5月	261	325
6月	292	446
7月	329	496
8月	282	476
9月	392	467
10月	427	469

（出所）Basil Collier, *The Defence of the United Kingdom*

さらにチャーチルは航空機生産省を新設し、その担当大臣に新聞社主のビーバーブルックを起用した。彼のリーダーシップのもとで増産に拍車がかけられ、同年五月には初めて見積数を上回り、七月中旬にはフランスでの損失を補うことができた。後には、激しい空襲にもかかわらず、月に四五〇～五〇〇機の戦闘機を生産するようになる。

ビーバーブルックは、それまで航空機生産を管轄してきた空軍省の専門家の細かな注文を無視し、航空機には素人ながら、経営者としての手腕を振るって大胆

表2-3　イギリス戦闘機軍団の戦力（7月9日／9月7日）

戦闘機群	機種別飛行隊数					
	スピットファイア	ハリケーン	ブレニム	デファイアント	グラディエーター	計
第10群	2(4)	2(4)	(1)		(1)	4(10)
第11群	6(7)	13(14)	3(2)			22(23)
第12群	5(6)	6(6)	2(2)	1(1)		14(15)
第13群	6(3)	6(8)	1(1)	1(1)		14(13)
計	19(20)	27(32)	6(6)	2(2)	(1)	54(61)

（注）カッコ内の数字は9月7日の飛行隊数
（出所）Basil Collier, *The Defence of the United Kingdom*

に増産だけに専念した。チャーチルはそのやり方が時宜にかなっているとして支持し続けた。

航空機生産省は、当面、ハリケーンとスピットファイアを優先して生産した。ドイツ軍機の爆撃圏外にスピットファイア製造のための新工場を建設し、既存の工場が爆撃されても生産量が落ち込まないようにした。六月から一〇月までの五ヵ月間で、ハリケーンは一三六七機、スピットファイアは七二四機、生産された。ちなみに、全戦闘機のうちハリケーンは五五％を、スピットファイアは三一％を占めていた。

このように戦闘機の増産は軌道に乗りつつあったが、パイロットの補充はそれほど容易ではなかった。大陸での戦闘でパイロットは実戦経験を積み、またハリケーンやスピットファイアがドイツ軍機と互角に戦えることを証明したが、これにはそれなりの犠牲が伴った。この大陸での消耗と、そして皮肉なことに戦闘機の増産とによって、パイロット不足が問題となり始めたのである。やがてパイロット不足は、イギリスを悩ます深刻な問題となっていく。

序盤戦――何を学んだか

イギリスの公刊戦史によれば、バトル・オブ・ブリテンは一九四〇年七月一〇日に始まったとされる。ただし、八月上旬までドイツ空軍の攻撃はイギリス沿岸を航行する船舶に集中しており、まだ本格的な戦闘とはいえなかった。ドイツ軍の目的は、港や船舶に損害を与えることよりも、本格的攻撃の準備として防御側の戦闘機を疲れさせ衰弱させることにあった。沿岸航路を航行する船舶を敵機の攻撃から守ることは、本来、沿岸航空軍団の任務であったが、戦闘機軍団としても掩護要請にはこたえなければならなかった。

沿岸航路が損害を受けたため、イギリスはドーバー海峡の航行を禁止したが、結局、ドイツ軍のねらいは十分に達成されなかった。というのは、ダウディングが敵の挑発に乗らず、戦力を温存したからにほかならない。そのうえ、ダウディングは戦力を節約し、兵力の消耗を防いだ。

それを可能にしたのは、いうまでもなく、レーダーを核にした早期警戒システムである。ドイツ軍は、攻撃側の有利さを生かして、波状攻撃や陽動《フェイント》によって邀撃戦闘機を疲弊・衰弱させることができると計算していたが、イギリス軍には、攻撃側の優位を相殺する有力な武器としてのレーダーがあったのである。

ドイツ側が目的を達成できなかったことは、端的に数字に表れている。七月一〇日未明から八月一二日夜まで、ドイツ空軍はほぼ連日イギリス海峡を航行する船舶に攻撃を加えたが、週平均一〇〇万トン近くの航行量に対し、五週間で三万トンほどを沈めたにすぎない。イギリス戦闘機軍団は一日平均延べ五三〇機を出撃させ、三四日間でわずか一五〇機を失っただけである。これに対してドイツ空軍の損失は、戦闘機一〇五機を含む二八六機であった。戦闘機同士の戦闘ではドイツ側がやや優勢であったが、目的達成にはほど遠かった。

イギリス空軍は、ドイツ空軍との交戦から多くを学んで改善策を講じた。フランスでの戦いからは、次のような学習効果が生まれた。

まず、主翼の裏側をドイツ軍機と同じように薄い空色に塗るようにした。これは、下からの視認を困難にするためである。また、戦闘機の機銃の弾道集中点を短縮した。これは、敵機にもっと近づいて攻撃し機銃の破壊力を増大させるためであった。さらに、ハリケーンのプロペラに改良が加えられたことも、技術的には重要であった。より注目されるのは、戦闘機の操縦席の後ろに装甲板が付けられたことである。これによって、空中戦のときパイロットが後ろから銃撃された場合の被害を食い止めることができるようになった。

バトル・オブ・ブリテンの序盤戦の学習効果としては、実戦の経験によってレーダーの操作技術が向上し、その情報の正確さも向上したことが挙げられる。技術的な面では、戦闘機の燃料タンクの防護に改良が加えられ、銃撃されると簡単に火災を起こしてパイロットの命を奪ってしまうことへの対策が試みられた。また、攻撃を受けた搭乗機から離脱して海に逃れたパイロットを救うため、航空機と救難艇からなる海上救難隊が組織された。

実は燃料タンクの防護も救難隊もドイツ軍のほうが先んじていたのだが、イギリス軍も実戦の体験からその必要性を理解するに至ったのである。こうした措置は、操縦席後部の装甲板と並んで、とくに熟練パイロットの消耗を防ぐうえで重要であった。

最後に、七月からイギリス空軍がオクタン価一〇〇の燃料を使うようになったことも、指摘しておく必要があろう。これは秘密協定にもとづきアメリカから供給されたもので、これによってとくに戦闘機の上昇能力が大幅にアップした。ちなみに、ドイツ空軍の航空燃料のオクタン価は八七であった。

「鷲攻撃」――ドイツの失われた機会

八月二日、ヒトラーは「アシカ作戦（イギリス本土上陸作戦）」の前提条件として、イギリス空軍力の殲滅を命じた。その総攻撃の開始時機は空軍当局の判断に委ねられたが、天候不良のために延期され、ようやく一三日になって開始された。八月一三日に開始された総攻撃方式は、「鷲《わし》攻撃」と呼ばれる。

この総攻撃には前兆のようなものがあった。ドイツ軍はそれまでの攻撃とは異なり、船舶や港湾だけでなく、戦闘機軍団の地上施設も爆撃するようになったのである。総攻撃に備えて、イギリス空軍の眼であるレーダーの機能を麻痺させることがドイツ側のねらいであった。実際、この攻撃により、いくつかの飛行場は一時使用不能になり、レーダー・サイトでは機能麻痺に陥ったところもあった。高空域レーダーの送信アンテナの高さは一〇〇メートルを超えるため、ねらわれやすかったのである。しかし、アンテナ塔の骨組みはトラス構造で強靭であり、爆撃を受けても破壊されることはまれであった。

また、ドイツ軍は同じところを繰り返し攻撃する集中爆撃の蓄積的効果を十分理解しなかったため、あるいは戦果を過大に評価したため、次の攻撃では爆撃目標を切り替えてしまった。その間イギリス側は応急措置を施し、徹夜の作業で施設を復旧させることができた。

戦闘機群の各セクターにはセクター基地（飛行場）以外に多数の補助飛行場があり、セクター基地が攻撃を受けたときには補助飛行場が使われた。つまり多数の飛行場に戦闘機を分散配置することによって、敵の集中攻撃に対する効果的な対処策を講じたのである。しかも地上には巧みなカムフラージュを施し、上空からの飛行場の識別を困難にしていた。

八月一三日に始まる総攻撃のクライマックスとなったのは、八月一五日の戦闘である。この日初めてドイツ軍は三つの航空艦隊による合同の戦爆連合爆撃を試みた。これをやや詳しく紹介してみよう（地図2－3①、2－3②参照）。

八月一五日午前一〇時四五分頃、イングランド南東海岸に向かう敵の大編隊の接近が探知され、第一一戦闘機群は四個飛行隊（一個飛行隊は一二機編成）を出撃させた。敵はメッサーシュミット109に掩護された第二航空艦隊の急降下爆撃機四〇機ほどで、一一時三〇分イギリス上空に達し、飛行場攻撃に向かった。イギリス側では一個飛行隊だけが敵との接触に成功し、急降下爆撃機二機を撃墜したが、二つの飛行場が爆撃を受けた。その後、昼近く、イギリス海峡

地図2-3①　北方からの攻勢（8月15日）

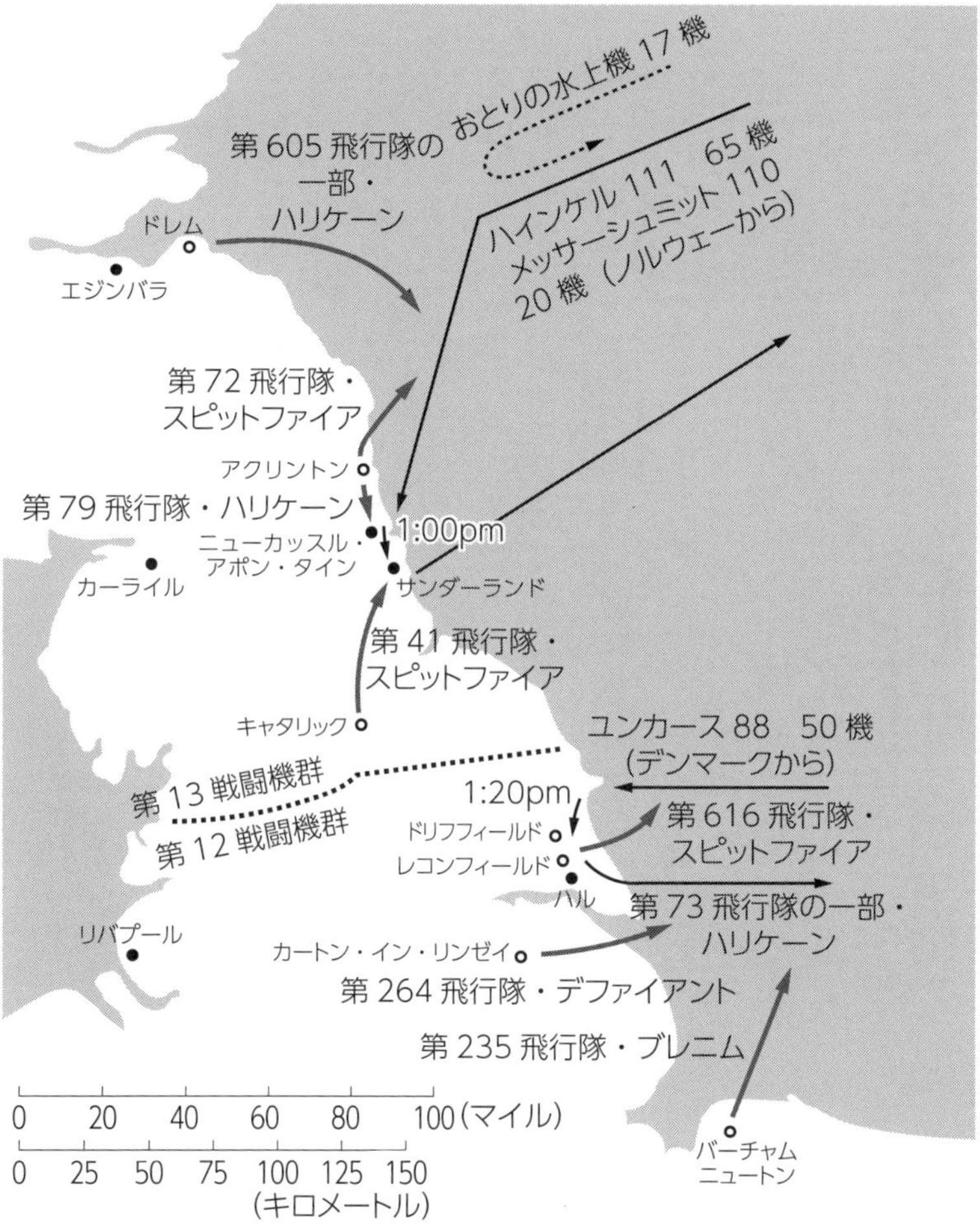

（出所）R. ハウ、D. リチャーズ『バトル・オブ・ブリテン』、一部修正

地図2-3② 飛行場への試練（８月15日）

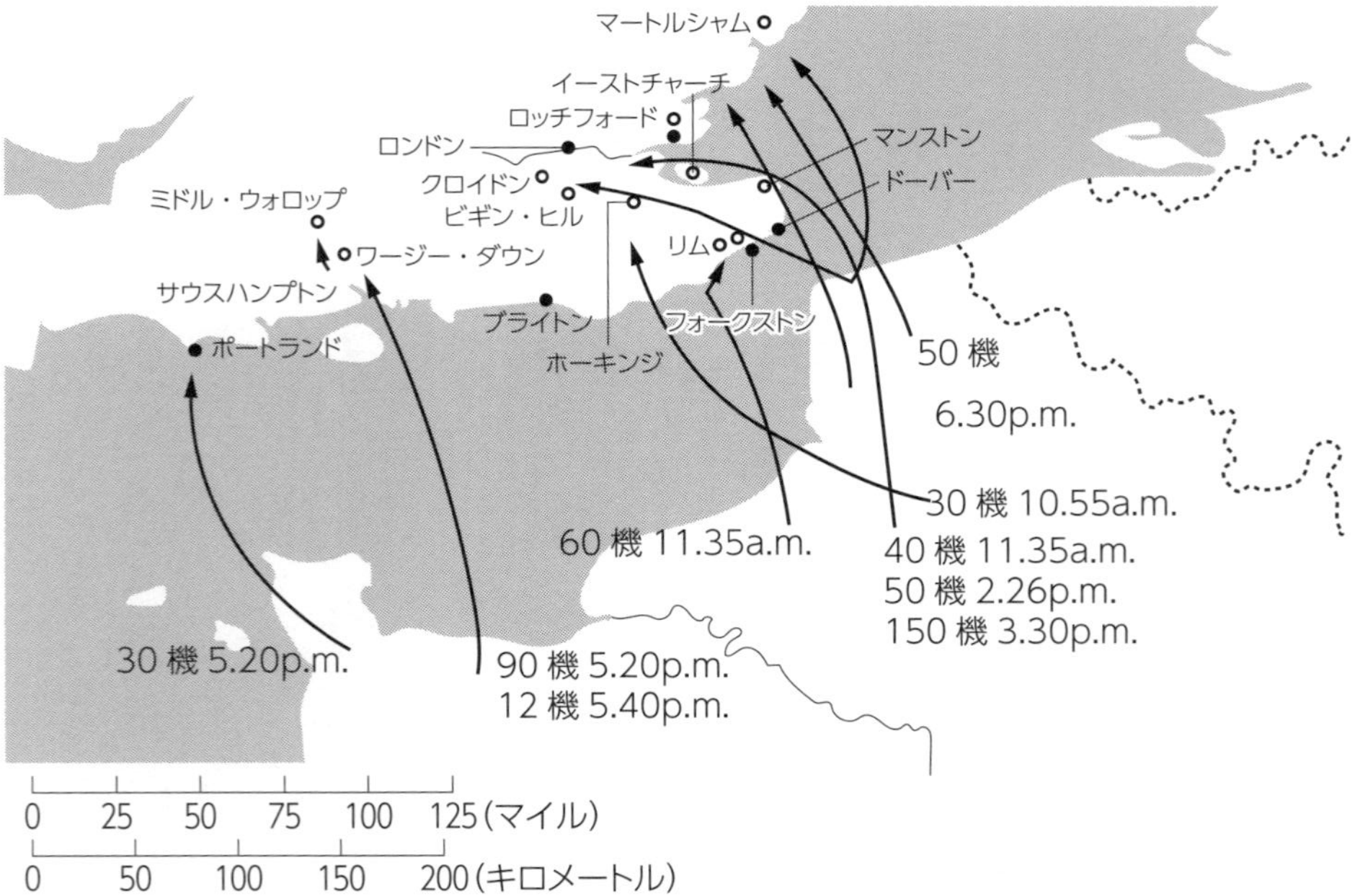

（注）ドイツ軍攻撃隊の機数および視認時刻は概略の数字である。護衛戦闘機の機数は含まない。時刻はイギリス本土海岸線を越えた時点を示す
（出所）R. ハウ、D. リチャーズ『バトル・オブ・ブリテン』、一部修正

上空に敵の小編隊が現れ、第一一群は三個飛行隊を出撃させたが、敵と接触することはできなかった。

正午をまわった頃、イングランド北方でも敵機の接近が探知され、第一三戦闘機群は敵との初めての本格的な戦闘に備え、スピットファイア三個飛行隊、ハリケーン二個飛行隊を出撃させた。ノルウェーの第五航空艦隊から飛来した敵は予想よりも大きく、ハインケル111爆撃機約六五機、それを護衛するメッサーシュミット110戦闘機二〇機ほどからなっていた。

一二時半過ぎ、接近してくる敵の上空で待ち構えていた第七二飛行隊（スピットファイア）は奇襲攻撃を加えた。不意を突かれた敵爆撃機の一部は搭載爆弾を海中に投棄して雲の中に逃げ込み、敵戦闘機は防戦一方であった。その後もドイツ軍編隊は二手に分かれながら目標の飛行場への接近を試みたが、いずれもイギリス戦闘機に蹴散らされた。この戦闘でドイツ軍は爆撃機八機、戦闘機七機を失ったのに対し、イギリス側に戦闘機の損失はなかった。

そこから一六〇キロほど南では、第五航空艦隊の残りの部隊がデンマークから接近しつつあった。これはユンカース88爆撃機約五〇機の編隊で、護衛の戦闘機が付いていなかった。午後一時、これに対して第一二戦闘機群の三個飛行隊が邀撃態勢に入り、第一三群からブレニム一個飛行隊が応援に駆けつけた。護衛戦闘機を持たないドイツ軍は苦戦を強いられたが、イギリス軍用飛行場に達し、地上の爆撃機と施設に損害を与えた。この戦闘でドイツ側は八機失い、イギリス戦闘機の損失はゼロであった。

以上二つの戦闘を合わせて、ドイツ第五航空艦隊はめぼしい戦果を挙げられなかった。

それから一時間ほど経った頃、四〇機近くのドイツ軍急降下爆撃機が護衛戦闘機を伴い、防空網をかいくぐって、イギリス軍用飛行場と施設に損害を与え、無傷で基地に戻っていった。イギリス側は七個飛行隊に相当する部隊に敵の捕捉を命じたが、うまくかわされてしまった。

一方、午後三時過ぎ、イングランド東南に一〇〇機近くのドイツ爆撃機が掩護の戦闘機とともに接近してきた。これに対して四個飛行隊が邀撃態勢に入ったが、高度上空から飛来する敵戦闘機に阻止され、爆撃機の侵入を許した。ドイツ側は四〜五機を失ったが、ロチェスターの航空機製造工場とイーストチャーチの飛行場に損害を与えた。イギリス側は九機の戦闘機を失った。

午後五時過ぎ、ドイツ第三航空艦隊は七〇〜八〇機の爆撃機・急降下爆撃機と多数の戦闘機をもってイングランド南部を襲ってきた。これに対して第一〇戦闘機群は四個飛行隊強の戦力で邀撃し、のちにはさらに二個飛行隊を出撃させた。これはそれまでで最大規模の邀撃態勢であった。戦闘は五時二〇分、ポートランド沖で始まった。第一〇群の一個飛行隊は太陽を背にして五〇機近くの急降下爆撃機を襲い、反転急上昇して、単発戦闘機メッサーシュミット109に掩護された双発戦闘機メッサーシュミット110を攻撃した。ドイツ軍はポートランドに少しばかりの爆弾を投下した後、メッサーシュミット110に大きな被害を出して逃げ去った。その東では、掩護戦闘機を伴う三〇機ほどのドイツ爆撃機が五個飛行隊のイギリス戦闘機から攻撃を受けながら、ミドル・ウォロップ飛行場に損害を与えた。

この一連の戦闘でドイツ側は爆撃機八機、急降下爆撃機四機、双発戦闘機一三機を失い、イギリス側は戦闘機一六機を失った。

この戦闘が終わったばかりの六時過ぎ、ドイツ空軍は第一一戦闘機群の手薄となっていた左側面をねらってきた。第一一群司令パーク少将は、多くの部隊が二～三回の出撃を終え基地に戻ったばかりだったので、対応に苦慮したが、警戒飛行中の一個飛行隊に加えて四個飛行隊を出撃させ、さらに四個飛行隊半の戦力を追加した。これには、イングランド南岸の作戦行動を終えたばかりの三個飛行隊も含まれていた。ドイツ軍は少なくとも二個飛行隊のイギリス軍との交戦に巻き込まれて方向感覚を失い、当初の目標とは異なる地点に爆弾を投下した。皮肉にも、これがこの日、ドイツ軍による最も効果的な爆撃となった。

八月一五日の戦闘にドイツ軍は延べ一七九〇機を投入し、七五機を失った。イギリス軍の損害は三四機であった。戦闘機軍団の出撃数は延べ一〇〇〇近くに達した。

ドイツ軍は広い範囲にわたって飛行場攻撃を目指し、イギリス戦闘機を誘い出してその戦力を弱体化しようとした。結果的に見てその目標は達成されなかった。また、ドイツ軍はその護衛戦闘機にイギリスの邀撃戦闘機を引きつけ、その間に爆撃機による地上攻撃を実行するという方法をとったが、イギリス側はやがてこれに気づき、敵機を殲滅するよりも、効果的な爆撃を実行させないことに重点を置いた。

しかし、ドイツ軍は戦果を過大評価してしまう。もともとドイツ軍はイギリスの防空戦力を低く見ていた。ロンドン以南の防空戦力を屈服させるのに四日間、全航空戦力を殲滅するのに四週間もあれば十分だ、とゲーリングは豪語していた。八月一六日朝現在、イギリス戦闘機軍団の戦力はドイツ側見積もりの二倍もあった。七月一〇日から八月一五日までにドイツ空軍はイギリス空軍機を五〇〇機以上撃墜したと計算していたが、実際のイギリスの損害は二〇〇機あまりでしかなかった。

最大の敵はパイロット不足

イギリス側も楽観を許される情況ではなかった。ハリケーンとスピットファイアはその損害が、一時的ではあったが、補充を上回りつつあった。より深刻であると考えられたのは、パイロットの消耗である。

たしかに、搭乗機が撃墜されても脱出できたパイロットは少なくなく、この点では敵地の作戦にはない有利さがあった。しかし、一時期は、週に一二〇人のパイロットが失われた。各飛行隊のパイロットの予備は六〜七人となり(通常、一個飛行隊のパイロットは二六人)、定員充足率が九〇%を下回ることは滅多になかったとしても、これでは過労を避けるための交代や戦闘による損耗補充にとって不十分であった。

ダウディングは、大半が二二歳未満のパイロットにかかるストレスを緩和するため、毎週二四時間の休暇を与えるよう命じていた。

ハリケーンやスピットファイアの定員を充足するには、向こう三ヵ月以内に訓練課程を終える新人パイロットを注ぎ込んでも足りなかった。しかも、新人パイロットの多くには空中戦の経験などなかった。また、爆撃機軍団や沿岸航空軍団、海軍航空隊から戦闘機軍団にパイロットを転属させる措置（「共食い」と呼ばれた）をとっても、必要数には達しなかった。大陸から逃れてきた連合国（ポーランド、チェコ、フランス、ベルギー）のパイロットの採用も始まったが、言語の問題もあって、外国人パイロットは国別の飛行隊に編成しなければならず、彼らが実戦に参加できるようになるにはまだしばらく時間が必要であった。

危機——ドイツ空軍の戦術転換

八月一九日からしばらく小康状態が続き、本格的な戦闘が再開されたのは二四日である。このときドイツ軍はそれまでの戦訓を取り入れ、編隊の構成を大きく変えていた。まず、ユンカース87急降下爆撃機は結局使いものにならないと判定され、第一線から引き揚げられた。次に、これまでよりも戦闘機の数を大幅に増やし、護衛される爆撃機の数を減らした。さらに、護衛戦闘機の一部は爆撃機とほぼ同じ高度をとり、そのやや前方、後方、側方などを飛んで直接掩護にあたるようになった。それと同時に、他の戦闘機は従来と同じく爆撃機より上空で間接掩護を行った。

以前のドイツ空軍は、スピードの差のために爆撃機と戦闘機とがややもすると離れがちとなり、イギリス側にそこを突かれて爆撃機だけを攻撃され、護衛の戦闘機は手を出せない、というケースがよく見られた。そこで今度は、戦闘機が爆撃機にもっと接近して護衛するようになったのである。

ドイツの主力戦闘機メッサーシュミット109は、優れた性能を有し、とくに高高度での戦闘能力は抜群であった。しかし、航続距離に限界があった。目標をロンドン地区とした場合、目標上空に滞空できる時間は最大でも一五分程度にすぎなかった。空中戦に巻き込まれれば通常の三〜四倍の燃料を消費し、滞空時間はさらに短くなった。補助燃料タンクを付ければ滞空時間を延長することができたが、それでは軽快性に支障が出て空中戦に不利となった。したがって、味方の爆撃機が任務を達成する前でも、燃料が限界に達して基地に引き返さなければならない場合も少なくなかった。また、高高度では無敵といってもよいほどの戦闘能力を発揮したが、爆撃機を直接護衛するために高度を下げた場合、その戦闘能力は相対的にそれほどでもなくなった。

一方、メッサーシュミット110は、航続距離は長かったが、軽快性に欠陥があり、イギリスのハリケーンやスピットファイアにはかなわなかった。このため、ドイツ空軍は戦闘機メッサーシュミット110の護衛にメッサーシュミット109を付けるという、あまり格好のよくない措置さえ講じた。ときにはメッサーシュミット110を囮にし、そこにイギリス戦闘機を引きつけておいて、その隙に爆撃機が目標に向かうということもあった。また、一般にドイツ爆撃機の防御力は強靭ではなく、大陸であれほど猛威を振るった急降下爆撃機も、速度が遅いため、イギリス戦闘機の餌食となった。

これに対して、従来イギリス側では、敵の攻撃の矢面に立っていた第一一戦闘機群のパーク司令が、敵の爆撃機とメッサーシュミット110にはハリケーンを差し向け、メッサーシュミット109にはスピットファイアを対抗させていた。

しかし八月一九日、パークはそれまでの経験を考慮して新しい方針を打ち出した。戦闘機の損害を抑え、爆撃による地上施設の被害を防ぐために、今度は爆撃機の邀撃に努力を集中し、敵の掩護戦闘機に対しては必要最小限の努力しか振り向けない、という方針であった。端的にいえば、ハリケーンもスピットファイアも爆撃機への攻撃に集中することになった。

ところが、八月二四日のドイツ側の戦術転換により、パークは新しい方針を撤回せざるを得なくなってしまう。数を増した敵戦闘機、しかも近接護衛のために爆撃機の近くを飛行する敵戦闘機を無視して、爆撃機だけを攻撃することはできなくなったのである。

多くの戦闘で、戦闘機の数はドイツ側がイギリス側を上回った。多数の敵戦闘機と正面から戦えば、かなりの戦力消耗を強いられることは避けられなかった。これがやがて、イギリス側に危機的状況を生じさせることになる。

追いつめられた第一一戦闘機群

八月二四日以降には、本格的な夜間爆撃が始まったことが注目されるが、イギリス側にとって深刻だったのは、やはり昼間の戦闘での戦闘機とパイロットの消耗であった。ドイツ側は、八月一五日のような三航空艦隊合同の総攻撃は効果がないとして、もはやこれを繰り返さなかった。工場などに対する攻撃も、昼間はイギリス側の邀撃態勢が強力であるので、当面は主として夜間に実施することになった。昼間攻撃の主な目的は、あくまでイギリス戦闘機軍団の弱体化であった。このためドイツ空軍は、イングランド南東部の飛行場攻撃に努力を集中する。

表2-4　戦闘機兵団パイロットの損耗概要

	戦死（人）	重傷（人）
8月8日～8月23日	94	60
8月24日～9月6日	103	128
9月7日～9月30日	119	101

（出所）Basil Collier, *The Defence of the United Kingdom*

飛行場を攻撃すれば、イギリス戦闘機を誘い出してその戦力を消耗させることができるし、飛行場の破壊それ自体も敵の戦力に大きなダメージを与えるからであった。

八月二四日から九月六日までの期間、ドイツの出撃数は延べ約一万三七〇〇、イギリスは約一万七〇〇〇であった。イギリス側は敵に三八〇機の損害を出させたが、自らも三〇〇機近くの戦闘機を失った。以前に比べて、イギリスの損失はだいぶ大きくなった。あまり役に立たないデファイアントは第一線から引き揚げねばならなかった。この期間のパイロットの戦死は一〇三人、重傷は一二八人となった（表2－4参照）。もしこの状態が続けば、パイロットの補充は追いつかず、危機に瀕することは火を見るよりも明らかであった。

パークは、パイロットの損耗が激しい第一一戦闘機群所属の飛行隊に、他の戦闘機群からベテランのパイロットを補充するようダウディングに要請した。ダウディングはこれを退け、飛行隊そのものを交代させた。つまり、第一一群のうち損耗の激しい飛行隊を他の戦闘機群に転属させ、代わりに他の戦闘機群の飛行隊を投入したのである。それは、それぞれの飛行隊の一体性を保持させるとともに、来るべき決戦に備えて、疲弊した飛行隊に戦力を回復させる機会を与えるためであった。

正念場は八月三一日から九月六日までの一週間であった。この期間、ドイツ空軍の損害一八九機に対して、イギリス側は一六一機を失った。パークは手持ちの戦力を最大限に生かして危機に対処しなければならなかった。戦闘を回避すれば飛行場など地上施設を攻撃され、敵に死命を制されることは必至であったから、交戦を避けるわけにはいかなかった。パークは、敵機の来襲にできるだけ早く対処するため、二個飛行隊の編隊を組んで戦うよう指示した。また、爆撃を阻止するため、爆撃機に対する攻撃を優先するよう命じた。

こうしたパークの方式に対しては、空軍内に批判があった。第一二群司令のトラフォード・リー＝マロリー少将は、数のうえで優越している敵に対抗するためには、三ないし五個飛行隊からなる大きな編隊（ビッグ・ウイング）を組んで邀撃すべきだと主張した。さらに、敵の爆撃阻止よりも、敵戦闘機・爆撃機を撃墜することを優先すべきだと論じた。

パークは、大きな編隊を組むには時間のロスが伴い、敵をとらえる機会を逸するとして、リー＝マロリーの主張を退けたが、この論争はその後に微妙な影を落とした。

パークの戦法も必ずしもうまくいったわけではない。ほとんどの場合、敵の護衛戦闘機の数が上回り、邀撃戦闘機はしばしば敵の爆撃機に接近することすらできなかった。敵は波状攻撃を試み、第一波に対する邀撃機が燃料切れで基地に帰ったところを、第二波が攻撃した。また、巧みな陽動を用い、大規模な編隊が海岸線近くまで接近した後に引き返し、警戒のために出撃した邀撃機が帰投した頃を見計らって、本格的な第二波の攻撃を仕掛けてきた。

イギリス側のパイロットの損耗状況は改善の兆しを示さなかった。パークの担当地域では、七つのセクターのうち六つの飛行場が手ひどい打撃を受け、使用不能に陥るところもあった。他の戦闘機群から第一一群に転属してきた飛行隊でも、すぐパイロットの損耗と疲弊に見舞われる始末であった。

こうした情況がもう一週間続けば、第一一群は絶体絶命のピンチに陥ったかもしれない。ところが、ドイツ軍は突如、また方針を変えたのである。九月七日以降、ドイツ軍はロンドン攻撃に集中するようになった。これによって、パークは戦力を回復させる時間的余裕を持つことができたのである。

終盤戦——転機は九月一五日に訪れた

ドイツはなぜロンドン攻撃に努力を集中するようになったのだろうか。八月二四日夜、ドイツの爆撃機が目標を誤ってロンドンに爆弾を投下したため、イギリス空軍はその仕返しとして翌日夜ベルリンを爆撃した。九月七日以降のロンドン攻撃は、このベルリン爆撃に対するヒトラーの報復だという解釈がある（実は、それまでヒトラーは住民を攻撃対象とした爆撃を禁止していた）。あるいは、ロンドンを爆撃することによって、首都を守ろうとするイギリス戦闘機を誘い出し、その戦力を一挙に殲滅しようとの計算があったとする説もある。さらに、人口集中地域を爆撃することによって、イギリス国民の戦意を弱め、屈服に追い込もうとの考慮が働いたのだという見方もある。また、ドイツ側はイギリスの防空戦力がすでに限界に達したと判断し、上陸作戦実施の準備として、攻撃目標を航空戦力から都市の軍事・兵站拠点に切り換えたのだという解釈もある。

いずれにしても九月七日のロンドン爆撃を皮切りとして、ドイツ空軍作戦の重点は、昼間および夜間の大都市攻撃に移行したのである。

一方、多くのセクター基地に損傷を受けた第一一群では、復旧に大わらわであった。飛行場や作戦指揮室、通信施設の復旧工事には、陸軍の工兵隊や郵政省の戦時協力職員が活躍した。しかし、これ以上セクター基地への攻撃が続けば、応急措置で間に合うかどうか疑問であった。ドイツ軍の攻撃の重点が大都市に移行しても、しばらくの間はセクター基地への脅威を軽視するわけにはいかなかった。

九月七日の戦闘は、一応、ドイツ側の勝利に帰した。戦闘機軍団は二三個飛行隊を出撃させ、そのうち二一個飛行隊が敵と接触できたが、ドイツ軍編隊は目標に到達し、ロンドン爆撃に成功した。ドイツ側の損失四一機に対し、イギリス側は二二機を撃墜され、一六機が大破、一七人のパイロットが戦死または重傷を負った。

翌日、ついにダウディング司令官は、これまで拒否してきた非常措置を実行に移した。ダウディングは、飛行隊をA、B、Cのカテゴリーに分け、第一一群とその近隣セクターの飛行隊をカテゴリーA、第一〇群と第一二群の大部分はカテゴリーB、その他はカテゴリーCに区分した。カテゴリーAはドイツ軍と戦う正面となり、カテゴリーBは必要に応じてカテゴリーAを支援する態勢をとる。またカテゴリーCには実戦経験に乏しいパイロットを配置し、カテゴリーAの欠員を補充できるよう訓練させることとなった。

熟練パイロットをカテゴリーAに集めるため、ドイツ軍の攻撃が集中していない地域の戦力はやや手薄になることを容認せざるを得なくなったのである。ダウディングがこうした措置に踏み切ったことは、それだけ情況の切迫を物語っていた。

転機となったのは九月一五日である。この日はイギリスで「バトル・オブ・ブリテン記念日」とされている。八月一五日が、イギリス本土上空の制空権を短期間で獲得するのは不可能であることをドイツ空軍に示した日だとすれば、九月一五日は、それが永遠に不可能であることを思い知らせた日である、ともいわれている。

この日、ドイツ軍は波状攻撃をかけてきたが、いつものように陽動を使わなかった。このためイギリス側は第一波攻撃の後、十分に燃料を補給し体勢を立て直して第二波に立ち向かうことができた。さらに、ドイツ戦闘機の直接掩護も不十分であった。この日の戦闘でイギリス側は二六機を失ったが、敵に一八五機の損害を与えたと公表した。実際にはドイツの損害はその三分の一にすぎなかったが、それでもこの日の戦闘の効果はきわめて大きかった。

九月一五日の戦闘の結果、ドイツ空軍は、二ヵ月以上にもわたって爆撃作戦を展開してきたにもかかわらず、イギリスの防空戦力が壊滅していない現実に直面せざるを得なかった。またドイツ側には、自らの戦術や兵器に対する深刻な疑問が生じた。爆撃機のパイロットは戦闘機の直接掩護が十分でないと批判し、戦闘機側はメッサーシュミット109がそもそも掩護戦闘機でないことを弁じたてた。

ある飛行大隊長は、事態を改善するには何が必要かとゲーリングに問われて、「わが大隊にスピットファイアを配備していただきたい」と答え、ゲーリングを唖然《あぜん》とさせたという。

九月七日以来、ドイツ空軍は都市爆撃に重点を移行させたが、これに適合する兵器を有してはいなかった。爆撃機はいわゆる重爆ではなく、爆弾搭載量が少ないため、たとえ攻撃に成功しても、その効果には限界があった。戦闘機は航続距離に限界があり、内陸部まで爆撃機を直接掩護する余裕がなかった。イギリス空爆作戦に対するドイツ空軍の自信は低下し、意欲も減退した。

一方、九月初旬以来ドイツ空軍がセクター基地への攻撃を止め、ロンドンなど内陸部の大都市攻撃に重点を移してから、イギリス戦闘機軍団は徐々に戦力を回復していった。九月半ばまでには、ハリケーンとスピットファイアの生産がその損失を上回り始めた。パイロットの補充も少しずつ危機的状況を脱してきた。

夜間爆撃も効果なく

九月下旬、ドイツ空軍は航空機生産工場への爆撃に成功したが、これも一時的なものにとどまり、一〇月に入ると、攻撃規模は縮小した。ドイツ軍は爆撃機を昼間攻撃から引き揚げ、戦闘機の編隊だけで、あるいは戦闘機がメッサーシュミット110から転用された戦闘爆撃機だけを伴って、都市攻撃を試みた。

この攻撃は高空からなされたため、レーダーでなかなか捕捉できず、また邀撃も困難であった。しかし、これに対してパークは、敵機探知のために、当初は一個飛行隊、のちには二個飛

ドイツ軍によるロンドン夜間爆撃（1940.10.1）
（写真提供）ullstein bild Dtl.／Getty Images

行隊を高空で常時警戒飛行させ、邀撃の効果を上げることができるようになった。それは余裕の表れでもあった。一〇月の戦闘機パイロットの戦死者は一〇〇人、負傷者は六五人で、九月の半分であった。一〇月のドイツ空軍の損失は三二八機に上った。

ドイツ側にとって、秋に上陸作戦を行う前提条件としてイギリスの航空戦力を殲滅することは、もはや時間的に見て無理であった。九月一一日以来、ヒトラーは「アシカ作戦」を実行するかどうかの決断を再三延期し、九月一七日、ついに作戦実施を翌年春まで延ばすと命じるに至った。その後、ドイツ軍は、昼間爆撃でイギリスを屈服させることを断念し、夜間爆撃と海上封鎖で敵の力を弱めることに方針を転換したのである。一〇月三一日、イギリス政府は、ドイツによる本土上陸侵攻の危機は遠のいたとの判断を下すことができた。

「ブリッツ（Blitz）」と呼ばれた夜間爆撃は一一月中旬までロンドンに集中され、その後は工業地帯や港湾地域が攻撃の対象となった。九月七日から一一月一三日までロンドンはほぼ連夜、平均一六〇機による爆撃を受けた。こうした夜間爆撃に対する戦闘にイギリス戦闘機軍団が完璧な勝利を収めたとはいいがたい。ひいき目に見ても、それは引き分けであった。しかし、夜間爆撃の軍事的効果はそれほど大きくなく、これによってイギリスの戦意喪失をねらったドイツ側の目的は達成されなかった。

夜間爆撃は、人々を恐怖に陥れたり、眠らせなかったり、またときには、多くの死傷者を出した。一九四〇年末までにイギリスの民間人戦没者は、ブリッツによる犠牲者を含んで二万三〇〇〇人に上り、重傷を負った者は三万二〇〇〇人に達した。

たしかにその人的・物的被害を軽視することはできなかったが、軍事的に見る限り、その効果は重大ではなかった。人々はブリッツに少しずつ慣れ始め、やがてそれは日常生活の一部のようにさえなっていった。夜間爆撃によってもイギリス国民の士気は衰えなかったのである。

もちろん、その後もドイツ空軍の攻撃がなくなったわけではない。しかし、ドイツは、イギリス上陸作戦の前提としてその航空戦力を殲滅するという目的を達成できなかった。すでに上陸作戦には不都合な季節に入っていた。夜間の都市爆撃も軍事的効果を挙げなかった。

こうしてイギリスはバトル・オブ・ブリテンを乗り切った。七月以降一〇月末までのパイロットの戦死者が四五〇人近くに上るなど、損害は小さくはなかった。危機的状態に陥ったこともあった。けれどもイギリスは、戦力の絶頂にあったドイツ空軍と互角以上に戦い、敵の目的達成を阻み、自国の生存の危機を切り抜けたのである。

Ⅱ 大西洋の戦い

イギリスはバトル・オブ・ブリテンを乗り切り、ドイツ軍のイギリス本土侵攻を挫折させた。しかし、それによって敗戦を完全に免れたわけではない。イギリスは軍需品のみならず食糧を含む生活必需品（食糧の三分の一以上と石炭を除く原料のほとんど）も海外からの輸入に依存しており、その輸入ルートがドイツ海軍、とりわけ潜水艦（Uボート：Unterseeboot）に脅かされている限り、イギリスの存続は保証されなかった。

チャーチルが指摘したとおり、イギリスの戦争遂行能力のすべて、ひいてはイギリスの生存能力のすべてさえも、海上交通路の確保に完全に依存していたのである。戦後になってチャーチルは、「戦争中、真に私に不安を与えたものといえば、それはUボートの危険であった」（チャーチル『第二次世界大戦2』）と述べている。

一九四一年二月、チャーチルは、ドイツ海軍の通商破壊戦に対する連合軍の戦いを「大西洋の戦い」と名づけた。この戦いに勝ち抜かなければ、イギリスの、そして連合国の勝利はありえなかった。

大西洋の戦いに勝つことは、イギリスの存続にとって必要であるだけでなく、イギリスをヨーロッパ大陸への反攻の拠点とし、さらにアメリカ大陸などからイギリスに兵員や軍需品を送り込んでヨーロッパへの反攻戦力を造成するためにも不可欠であった。また、イギリスを戦略爆撃の基地とし、敵軍の戦力を弱め敵国民の士気を低下させることも重要であった。

もう一度、チャーチルの言葉を引用すれば、「大西洋戦こそ、今次大戦を通じての支配的要素であった。どこか別の場所――陸であろうと海であろうと空であろうと――で起こったことは、結局すべて大西洋戦の結果に左右されていた」。

一方、ドイツでは、その潜水艦部隊を指揮したカール・デーニッツが、逆の立場からチャーチルの言葉を裏付けていた。

デーニッツによれば、世界最大の海軍国であるイギリスと戦って最終的に和平に持ち込むには、三つの方法しかなかった。一つはイギリス本土への上陸であり、もう一つは「枢軸国側が地中海方面を獲得して、イギリスを近東方面から追い出すこと」であった。しかし、この二つはどちらも実現できなかった。こうしてデーニッツは、三つ目の方法を追求する。それは「イギリスの海上連絡に対する戦い」である（『デーニッツ回想録』）。潜水艦による通商破壊戦を通じてイギリスを屈服させることが、デーニッツのねらいであった。

大西洋の戦いは、一九三九年九月の第二次世界大戦の開戦からドイツの敗北（一九四五年五月）まで、きわめて長い期間に及ぶ。大西洋における連合軍の勝利が決定的となる一九四三年五月までとしても、相当の長期間である。

一九四三年三月まで、大西洋の戦いはおおむねドイツ軍が優勢であった。それを連合軍が逆転し、その勝利が戦争全体の勝利に大きく貢献したことは繰り返すまでもない。その意味で、大西洋の戦いが戦略的な逆転であることに間違いはないのだが、この逆転は何らかの劇的な戦闘によって生じたわけではない。

バトル・オブ・ブリテンも数ヵ月に及ぶ戦いであり、特定の劇的な戦闘によって逆転が生じたわけではなかったが、大西洋の戦いの場合は数年にも及んだ。バトル・オブ・ブリテンよりも、もっと息の長い戦いであり、紆余曲折に富んだ「逆転劇」だったのである。

大西洋の戦いにより、最終的に連合国は商船三五〇〇隻、艦船一七五隻を失い、軍人の戦死者三万六二〇〇人、商船乗組員死亡者三万六〇〇〇人という犠牲を出した。ドイツ側は潜水艦七八三隻を失い、戦死者は三万人であった。Uボートに関していえば、その乗組員の四分の三が戦死した。こうした数字が物語るように、大西洋の戦いは長く続いただけでなく、厳しい戦闘の連続であった。

大西洋の戦いは、暗号解読という「知恵の戦い」、兵器の開発と実用化に見られる科学技術の戦い、ドイツ潜水艦の狼群（ウルフ・パック）戦法と連合軍の護送船団方式といった組織の戦いなど、さまざまなレベルでの戦いが重なり合って展開された。

以下では、戦いの経緯を時期的に区分してフォローし、様々なレベルの戦いに目を配りながら、いかにしてイギリス軍を中心とする連合軍は逆転をなしえたのかを考察する。

１　Ｕボート――進化するコンセプト

カール・デーニッツ

ドイツ潜水艦による通商破壊戦と、イギリス海軍の対潜水艦戦は、実はすでに第一次世界大戦で経験済みであった。それが、第二次世界大戦でも繰り返されたのである。繰り返されたことには理由がある。イギリスに対して海軍力の面で相対的に劣勢だったドイツにとって、海外からの輸入に依存しているイギリスを屈服させるためには、通商破壊戦に訴えることが最も合理的だったからである。

ただし、通商破壊戦の主戦力が潜水艦であるとは限らなかった。大戦間期にＡＳＤＩＣ（水中探知機、ソナーと同じ）が開発され実用化されると、潜航中の潜水艦を発見することが容易になり、潜水艦は時代遅れと見なされるようになった。第二次世界大戦の開戦当初イギリスが潜水艦の脅威を深刻にとらえなかったのはそのためであり、ドイツ側でも通商破壊戦には、潜水艦よりも他の艦種に期待が寄せられた。期待されたのはいわゆるポケット戦艦であり、とくに開戦当初「アドミラル・グラーフ・シュペー」が通商破壊戦で挙げた戦果は目を見張らせた。

ところが、ドイツ海軍潜水艦隊司令長官カール・デーニッツは、水上艦艇による通商破壊戦には限界があることを見抜いていた。イギリスが海軍力で優位にあり制海権を握っていれば、ポケット戦艦などの水上艦の行動の自由は制約されるからである。この点で潜水艦にはそうした限界はないとデーニッツは考えた。

デーニッツは潜水艦に関するコンセプトを根底から見直した。デーニッツによれば、潜水艦は「潜ることもできる水上艦」であった。通常は浮上して行動し、潜るのは駆逐艦や航空機の攻撃を避けるときと、日中に魚雷攻撃をするときだけであるとされた。潜水艦の特性は、潜ることができることのほかに、艦高が低くて小さいため、視認が難しいということにもあった。したがって夜間浮上しても発見されにくく、浮上すればASDICも効果がない。つまり、潜水艦は夜に浮上して攻撃すれば、最も効果的であると考えられたのである。

こうした水上攻撃法は、実際には潜水艦の艦長たちによって生み出され、一九四一年に訓練課程に取り入れられたという見方もある。だが、この攻撃法の利点を見抜き、これを定式化して訓練課程に組み込んだのは、デーニッツであった。

ドイツは第一次世界大戦後、ベルサイユ条約によって潜水艦の保有を禁じられていたが、一九三五年、英独海軍協定によってその保有を認められることになった。これに伴い、第一次世界大戦で潜水艦長の経験を有するデーニッツは一九三六年に潜水隊司令、三九年には海軍少将に昇進して潜水艦隊司令長官に就任した。潜水艦部隊の拡張とともに自分のポストを上昇させたのである。

ドイツの潜水艦はゼロから再建された。経験者も少数であった。ただし、そのぶん余計なしがらみはなく、新しい発想が生かされた。デーニッツの潜水艦戦のコンセプトは、その端的な例である。ゼロからの再建であったため、人材も新たに養成しなければならなかったが、その半面、若くて有能な人材が登用されることになる。デーニッツは、若い潜水艦長たちを「まるで雛を育てる雌鶏のように」保護しつつ育て上げた（ロバートソン『大西洋の脅威U99』）。

ヒトラー政権誕生後、ドイツ海軍はZ計画と呼ばれる拡張計画を作成したが、それは基本的に列国海軍に倣った艦隊を建造しようというものであった。これにデーニッツは激しく反対する。いくら列国型の艦隊をつくろうとしても、ドイツ海軍はイギリス海軍には及ばない。同じ費用を効果的に使うなら、三〇〇隻のUボートを建造すべきである、というのがデーニッツの主張だった。だが、デーニッツの主張は受け入れられなかった。

三人のエース

ドイツ海軍の指揮系統は、ヒトラーのもとに陸海空三軍統合の最高司令部（OKW）があり、OKWの下に海軍総司令部が置かれ、潜水艦隊司令部はこれに属していた。海軍総司令官のエーリヒ・レーダー元帥は水上艦隊重視の伝統的なタイプであり、デーニッツの主張に同調してはいなかったのである。

第二次世界大戦の開戦時、ドイツ海軍が保有していたUボートは約六〇隻でバルト海沿岸を基地とし、そのうち大西洋に出撃可能なのは二〇数隻にすぎなかった（全体のうち三分の一は補給や休養のために基地に在泊し、三分の一は基地から戦場への往復の途上にあり、残り三分の一が出撃可能とされた）。保有潜水艦が少ないので、単独で航行する連合国の独航船をねらった。

イギリスに対する通商破壊戦で開戦当初に期待されたのはポケット戦艦や仮装巡洋艦（武装商船）であったが、むろんUボートもその一翼を担い、魚雷による攻撃だけでなく、磁気機雷の敷設にも従事した。一九三九年一一月、一二月には、磁気機雷がUボートよりも多くの敵艦船を沈めた。

一九三九年九月の開戦時から翌四〇年三月まで、Uボートは連合国商船一九九隻、合計七〇万トンを沈めた。開戦直後にはU17が英空母「カレージャス」を撃沈した。また、U37はイギリス本国最大の海軍基地であるスコットランドのスカパ・フローに侵入し、戦艦「ロイヤル・オーク」を沈めた。

一九四〇年五月、ヒトラーはイギリスの機先を制してノルウェーに侵攻し、デーニッツは反対だったが、Uボートを艦隊作戦に従事させた。ところが、このとき魚雷が命中しても爆発しない事例が頻発し、欠陥魚雷が半分以上に達した。魚雷製造部門はなかなか欠陥を認めなかったが、デーニッツの強硬な主張に押されて改善を図った。

それなりに順調な滑り出しを見せたUボートに転機が訪れるのは、一九四〇年六月である。西部戦線でのドイツ軍の快進撃によりフランスが敗北し、ドイツ海軍はビスケー湾の基地を獲得したのである。

ビスケー湾のブレスト、ロリアン、サン・ナゼール、ラ・パレス、ラ・ロシェル、ボルドーなどに基地が設けられ、潜水艦隊司令部もバルト海のヴィルヘルムスハーヘンから一時パリに移され、ロリアンに置かれた。ビスケー湾の基地から大西洋に出撃することで、Uボートはバルト海から出撃するよりも、距離を七二〇キロも短縮できるようになった。

ノルウェー作戦終了後、デーニッツが大西洋作戦を再開したとき、イギリスはダンケルクからの撤退と、その後のドイツ軍による本土上陸に備えて、多くの艦船を大西洋から本国近海へ集中しなければならなくなる。大西洋が手薄となったため、イギリスはカリブ海のイギリス軍基地とアメリカが保有する五〇隻の駆逐艦とを交換する協定を結んだが（一九四〇年五月）、入手したアメリカ駆逐艦は老朽艦が多く、あまり役には立たなかった。

こうして大西洋には、ドイツUボートの「黄金期」（一九四〇年六～一〇月）が訪れる。Uボートによる連合国商船の撃沈数は飛躍的に増え、ギュンター・プリーン、オットー・クレッチマー、ヨアヒム・シェプケという三人のエースが縦横無尽の活躍を展開する。

この時期のUボートの活躍は、三人のエースに代表される若くて有能な艦長（大尉・少佐クラス、おおむね二〇代後半から三〇代前半）の大胆な行動によっていたが、デーニッツによる司令部からの優れた指導によるところも大きかった。デーニッツは、Uボートが基地に帰りつくと自ら出迎え、戦果を称賛して士気を鼓舞した。また勲章を授与し、休暇中の娯楽施設にも気を配ったという（広田厚司『Uボート入門』）。

狼群戦法

潜水艦の伝統的な用法は、敵の海軍基地に出入りする艦船を単独で待ち伏せ、攻撃するというものだったが、デーニッツは、第一次世界大戦で用いられた狼群戦法（Rudeltaktik, Wolfpack）をあらためて採用しようとした。ただし、当初は、Uボートの数が少なく、通信連絡手段も不十分だったため、狼群戦法を実行することができなかった。

実行できるようになったのは、一九四〇年七月、司令部がパリ、そしてロリアンに移り、そこでデーニッツが作戦を指揮するようになってからである。当時、連合国は、これも第一次世界大戦時と同じように、護送船団方式を採用していたが、その船団の現在位置や航行ルートを知るために、ドイツは潜水艦自身による索敵・発見のほかに、ベルリンの軍情報部暗号解読機関（B-Dienst）による暗号解読情報を活用した。デーニッツは、そうした情報をもとに、大西洋で行動するUボートを護送船団の航路に差し向けたのである。

Uボートが昼間、敵輸送船団を探知した場合、ビスケー湾の潜水艦基地でその報告を受けたデーニッツは、そのUボートに触接を継続させ、船団の位置、針路、速力などを逐次報告させるとともに、近辺のUボートに集結を命じる。このようにして集結したUボートの狼群は敵船団に発見されないよう一定の距離を保って水上航行しながら追跡する。それから潜航しつつ接近したのち、日没後に浮上し、夜陰に紛れて同時攻撃を行う。

つまり、デーニッツは陸上の基地から無線による統制を行ったのである。より正確にいえば、攻撃までの指揮はデーニッツがとり、攻撃の指揮は現場指揮官が行った。獲物をねらう狼の群れのように複数のUボートを集結させることにより、長時間にわたって攻撃を繰り返し、敵に大きなダメージを与えたのである。そして、護送船団の護衛にあたる駆逐艦などが反撃に来た場合は、素早く潜航し、「潜ることのできる水上艦」としての特性を発揮した。

「黄金期」

Uボートによる狼群戦法の一例として、「黄金期」である一九四〇年一〇月の事例を紹介してみよう（Dimbleby, *The Battle of the Atlantic*）。

同年一〇月五日、カナダのノバスコシアのシドニー港からリバプールに向けて護送船団SC7が出港した。SC7は三五隻の船足の遅い古い商船から編成され、そのうち最も古いタンカーは約五〇年も前に建造されたものであった。船団は好天のときでも時速七ノットを維持することが難しく、横に半マイルずつ距離をとって横八列の縦隊を組んだ。

最初の一一日間、船団を護衛したのはスループ艦「スカボロ」一隻だけである。出港後四日目、五大湖航行用の四隻が大西洋の波に対応できず船団から離脱した（そのうち一隻は港にたどり着いたが、三隻はUボートの餌食となった）。

残りの三一隻はそれから七日後にイギリスが担当する護送水域の西端に到着し、そこでスループ艦「フォウェイ」とフラワー級のコルベット艦「ブルーベル」が護衛に加わった。イギリスの植物から名前を取った同級のコルベット艦は、全長二〇〇フィートほどで、小型であったため、イギリス各地の小さな造船所でも建造でき、終戦までに二六七隻が建造された。速度は時速一七ノット、小型ではあったが、大西洋の荒波を乗り切ることができた。

三隻の護衛艦の艦長は、Uボートが待ち受けていることを覚悟していたが、いずれも対潜水艦戦の訓練を受けてはおらず、そのための戦術ドクトリンもない状態であった。そして一〇月一六日夜、ついに船団はUボートに発見される。

発見したU48は、SC7の位置、速度、進行方向を、ロリアンにあるデーニッツの司令部に知らせた。デーニッツは、近辺で待ち受ける六隻のUボートに集結を命じた。U48は、攻撃命令を待たずに船団の商船を攻撃し、二隻を沈めて避退した。これが四八時間に及ぶUボート狼群戦法の始まりであった。

スループ艦二隻はU48を追跡したが成功せず、「ブルーベル」は沈められた商船乗組員の救出にあたった。そのため船団は、護衛艦がいない状態となった。「スカボロ」が護衛任務に戻ろうとしたとき、上空を通過したサンダーランド水上機が別のUボート発見を知らせてきたため、「スカボロ」はその方向に向かった。

事態の危機的状況を知ったイギリス海軍本部はさらに二隻の護衛艦を現場に向かわせたが、それが到着した一〇月一七日早朝には、ロリアンからの指示を受けてU28、U46、U93、U99、U100、U101、U123が攻撃態勢に入っていた。

一〇月一八日夜、狼群の指揮をとったのは、U99の艦長クレッチマーである。集結したUボートは、デーニッツのドクトリンに従い敵護送船団の側面に位置し外側から攻撃したが、実戦経験豊富なクレッチマーはデーニッツの指示には従わず、敵船団が航行する海面の下に潜り込み、内側から至近距離で攻撃した。翌一九日早朝までの四八時間あまりで、SC7は一五隻を失った。そのうちU99は半分以上を沈めた。

SC7を襲ったのと同様の惨事が、ほぼ同時に発生していた。襲われたのは、一〇月八日にノバスコシアのハリファックスを出港した船団HX79である。この船団は四九隻で編成され、鉄鉱石、鉄鋼、石油、天然ガスなど貴重な資源を積んでいたため、SC7よりも強力な護衛が配備された。出港時には仮装巡洋艦二隻だけであったが、一一日後に護衛は駆逐艦二隻、掃海艇、コルベット艦三隻、対潜トロール船三隻に交代した。

だが、護衛艦の数は何の助けにもならなかった。船団は、スカパ・フローで戦艦「ロイヤル・オーク」を沈めた英雄、プリーン艦長のUボートによって発見され、一〇月一八日夜、六隻のUボートの攻撃を受けた。プリーンが指揮する狼群戦法によってHX79は一二隻を失った。護衛艦を増やしても甚大な損害を免れなかったことは、イギリス海軍にとって大きな衝撃であった。

2 護送船団——未熟な戦い

護送船団方式の不備

一九四〇年一一月以降、Uボートによる被害は若干減少する。これは、イギリス側の対抗措置が効果を発揮したというよりも、冬季は大西洋（とくに北部）が荒れ、輸送船も困難に見舞われたが、Uボートも厳しい気象・海象条件のために、攻撃どころではない場合が多かったからである。

上述したように、イギリスは開戦以来、第一次世界大戦の教訓に鑑《かんが》み護送船団（convoy）方式を採用していたが（図2－1参照）、すべての輸送船が護送船団を組んでいたわけではない。単独で航行する輸送船も少なくなかった。護衛艦艇の不足に大きな理由があったが、高速の輸送船であれば敵に襲われる可能性が低くなる、と考えられたことにも理由があった。しかし、護送船団の被害よりも単独航行の高速輸送船の被害のほうが大きいことが、やがて判明した。

当初、護送船団方式の効果を発揮するためにほとんど何の措置もとられなかった。とくに、護衛艦艇がまったく不足しており、しかも船団護衛には適さなかった。駆逐艦の多くは戦闘艦隊に随伴するための高速艦で、低速の輸送船護衛に必要な持久性に欠けていた。スループ艦は旧式であり、低速でも頑丈なコルベット艦はまだ不足していた（キーガン『情報と戦争』）。

図2-1　護送船団の編成　1940～41年

(A)弱体な護衛艦艇(駆逐艦1、コルベット艦3)による大船団(45隻)護送

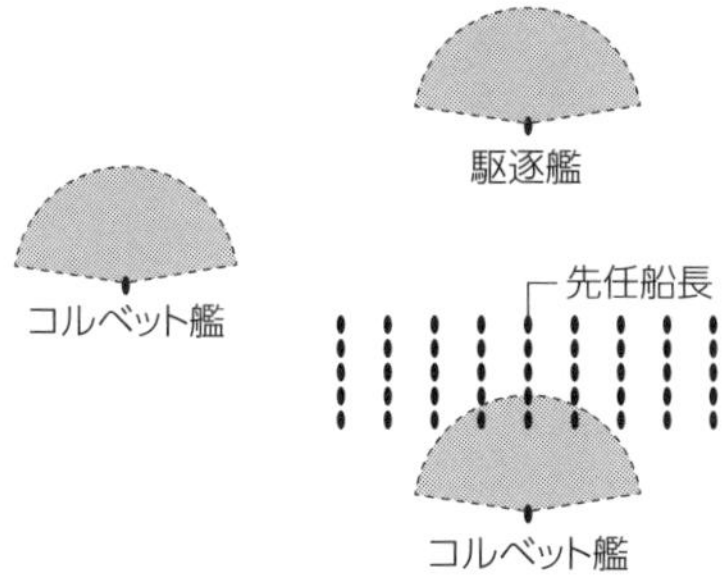

(B)強力な護衛艦艇(駆逐艦3、コルベット艦7)による大船団(55隻)護送
(好天時でUボート攻撃の兆候がない場合)

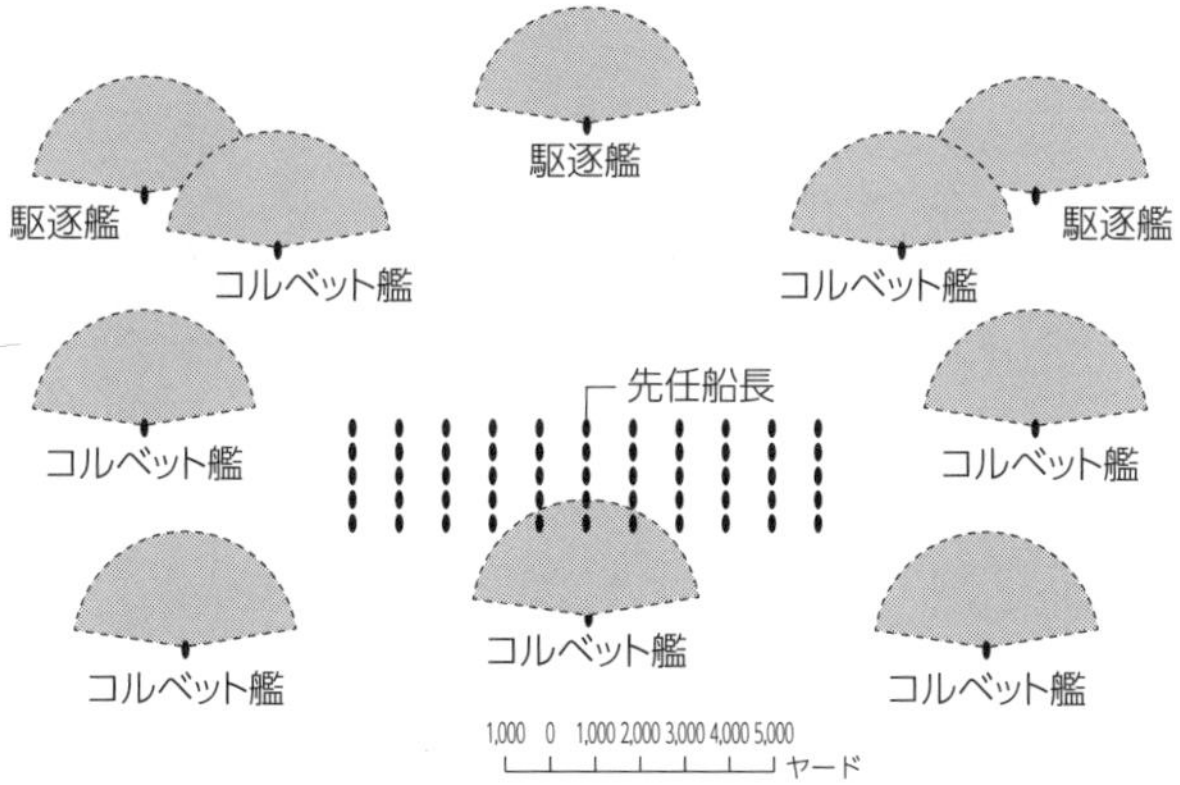

(注) 護衛艦艇前方の扇形は、12ノット以下の速度でASDICがカバーできる範囲（距離2500ヤードで160度の範囲）を示す。通常、距離1200～1500ヤード以下の場合でなければ、潜水艦の発見はほぼできない

(出所) S. W. Roskill, *The War at Sea*, Vol. I

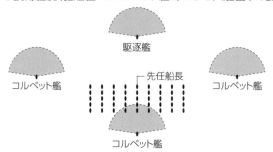

船団護衛の訓練もなされなかった。前述のHX79を護衛した駆逐艦の艦長は次のように語っている。「わたしはこの護衛船団についてのくわしい情報を得ていなかったし、護衛というものがどんなものかも知らなかった。わたしは他の船の指揮官のだれとも会っていなかった。だから、攻撃を受けたときの戦闘計画について、なんの打ち合せもできていなかった」（バリー・ピット『ライフ　第二次世界大戦史　大西洋の戦い』）

訓練が不十分だったため、護衛艦艇は原則に反する行動をとった。避退するUボートを深追いしたり、沈められた船の生存者を救助したりして船団から離れ、船団を長時間、無防備状態にしてしまったのである。

そもそも船団自体が、船によって大きさも、スピードも、操縦性能も、船員の能力も不揃いであった。船と船とは前後が三六〇〜五五〇メートル、左右が九〇〇メートルほどの間隔を保ち、四〇隻の船団の場合、横八列、縦五隻の横長の矩形《くけい》を形成した。横およそ四海里、縦二海里の面積である。これをごく少数の護衛艦艇が率いて大西洋を横断するのは、並大抵のことではなかった。

当初、護送船団方式がうまくいかなかった原因は、わずか一マイル先までしか探知できないASDICを過信したことにもあった。見張り（視認）による発見も無理であった。要するに、対潜水艦戦の準備ができていなかったのである。

第一次世界大戦時に海軍本部に設置された対潜水艦戦部は、大戦間期に財政難のため戦術部に吸収され、一九三九年に復活したばかりであった。しかも、開戦当初はポケット戦艦などのドイツ海軍水上艦艇による通商破壊戦が華々しかったので、イギリス海軍はこれに対処しようとした。

その後、とくに長距離偵察機（水上機）カタリナの登場により、ドイツの水上艦は発見されやすくなり、一九四一年五月、戦艦「ビスマルク」撃沈に衝撃を受けたドイツ海軍は、水上艦による通商破壊戦を中止することになる。いよいよ通商破壊戦の主力はUボートとなり、上述したように、Uボートによる連合国輸送船の喪失量が急増した。

しかし、それでもイギリス海軍はしばらくの間、護送船団の護衛戦力を強化するよりも、水上艦部隊によってUボートを索敵し攻撃する、という方式に重点を置いた。護送船団という守りを重視した戦い方よりも、攻撃的な戦い方が優先されたのである。

西部近接海域司令部

むろん、対潜水艦戦を戦うための措置がまったくなされなかったわけではない。一九四〇年七月、ヘブリディーズ諸島のマル島に海上訓練基地が設けられ、護衛艦に乗る予定の士官と兵員はここで、対潜水艦戦の厳しい訓練を一ヵ月間受けることになった。ただし、その効果はすぐには表れなかった。一方、ドイツ軍によるイギリス本土上陸作戦の可能性が低下すると、侵攻警戒のための沿岸哨戒《しょうかい》に駆逐艦を貼りつけておく必要性も減り、一九四一年春あたりから、駆逐艦を含む護衛艦艇の共同訓練を行うことができるようになった。

また、同年二月、アメリカ大陸から大西洋を東航してイギリス諸港に入ってくる船団の護衛を担当する西部近接海域司令部（Western Approaches Command）の所在地は、プリマスからリバプールに移転した。イギリス海峡西岸のプリマスからアイリッシュ海に面するリバプールへの移転は、Uボートの脅威に対応する措置であった。イギリスに到達するには、北アイルランドを回ってアイリッシュ海に入るルートしかなくなったからである。

さらに、空軍に属する沿岸航空軍団の作戦統制は海軍が行うことになった（同年四月）。これにより長距離偵察機による哨戒が可能になったのである。

また、イギリス海軍による護衛は西経一七度まで（アイルランドの西方約三〇〇マイル）でしかなかったが、アイスランドに燃料基地がつくられた一九四一年四月以降、西経三五度まで延長され、北大西洋の半分以上をカバーできるようになった。同じころ、偵察機の前進基地をアイスランドに進め、哨戒機ハドソンと水上機サンダーランドが配備された。

新たに西部近接海域司令官に就任したパーシー・ノーブル海軍大将は、対潜水艦戦を戦うための艦艇、武器、支援航空機等を政府に要求し、自ら護衛艦艇に乗って実態を調査した。さらに彼はリバプールに対潜水艦戦戦術学校を設立し、護衛艦艇の艦長たちを対象として船団護衛の運用法や、Uボートの戦術に対する反撃法などを教育した。

ノーブル提督は、Uボートに対抗する処方箋は訓練以外にないことを強調した。一にも訓練、二にも訓練、三にも訓練だ、とノーブルは叫んだ。と同時に、彼は司令部からの指示を最小限度に抑えることを命じた。十分な訓練を積んだ護衛艦艇の現場での自主的判断を尊重し、信頼したのである。

こうして護送船団は、手当たり次第にかき集められた寄せ集めの護衛艦艇に護送されるのではなく、チームとして機能しうるよう訓練を積んだ護衛艦艇に護送されることになった。それまで多くの被害を出していた仮装巡洋艦（武装商船）は、護送任務から引き揚げられた。

当時、大西洋の戦いに関するイギリス海軍の指揮系統は、チャーチル首相の下にスタッフ組織としての三軍幕僚長委員会があり、その委員会メンバーである海軍軍令部長（First Sea Lord）の指揮下に本国艦隊司令官（Commander in Chief, Home Fleet）、さらにその指揮下に西部近接海域司令官が入っていた。ただし、対Uボート作戦について本国艦隊司令官はほとんど口を出さなかったようである。

暗号解読

一九四〇年五月、護送船団方式が全行程に適用されることになる。西大西洋の護送は当初カナダ海軍が担当したが、まだ中立国だったアメリカ海軍もこれに協力し、その護送水域の末端を西経六〇度から二六度へと延伸した。アメリカはグリーンランドに空軍基地を設定し、アイスランドの警備任務をイギリスから引き継いだ。さらに、水上艦や航空機にレーダーが搭載され、少なくとも浮上している潜水艦の発見はそのぶん容易になった。この頃、三人のエースのUボートが撃沈されたのは、レーダーのためだったといわれる。

さらに、夏から秋にかけてイギリスは、ドイツ海軍が使用しているエニグマ暗号の解読に成功した。まだ、すべての暗号を恒常的に解読できたわけではなかったが、それでもこの情報から得られる利益は少なくなかった。ロンドンの海軍本部には、潜水艦追跡室（Submarine Tracking Room）が設けられ、様々な情報からUボートの位置や針路が割り出された。潜水艦追跡室からの連絡にもとづき、しばしば護送船団の航行ルートが変更され、Uボートの攻撃を回避することができた。

しかしながら、イギリス側のこうした対処措置にもかかわらず、輸送船舶喪失数はそれほど減少しなかった。長距離偵察機による哨戒ができるようになったとはいえ、全行程が哨戒できたわけではない。航空機による護衛は最大限、イギリス諸島から約七〇〇マイル、カナダ沿岸から約六〇〇マイル、アイスランド南岸からおよそ四〇〇マイルで、大西洋の中央には幅三〇〇マイルほどの空白地域が存在した。また、上述したように、いつもエニグマ暗号解読情報（ＵＬＴＲＡ：ウルトラ）が利用できたわけではなかった。

さらに、大西洋で作戦行動に従事するUボートの数が増えた。そのうえ、カナダ海軍やアメリカ海軍の護送の技術が、経験不足のため未熟であった。護衛艦艇の数も依然として不足しており、まだ単独航行する船舶がUボートにねらわれた。Uボートによる輸送船の被害が、一九四一年の七月と八月を除いて大きかったのは、このような理由のためであった。

イギリスはUボートの脅威から護送船団を守るために、航空機による護衛を強化しようとした。もうひとつ航空機を使ったUボート対策があるとすれば、Uボートの大西洋への出口であるビスケー湾とスコットランドの北方水域を哨戒し攻撃することであったが、これは航空機の不足によって実行できなかった。Uボートの脅威だけでなく、敵の水上艦による輸送船攻撃に

Uボート造船所
（写真提供）AP／アフロ

対処するためにも航空機が必要であった。

一九四一年三月、チャーチルはUボート基地やUボート造船所への爆撃を命令し、その後三ヵ月間この命令は優先的に実行されたが、頑丈なシェルターに格納されたUボートに対してほとんど効果を挙げなかった。効果がないことが判明すると、空軍の爆撃機軍団はUボートの生産を妨害することを目的の一つとして、ドイツの工業地帯に対する戦略爆撃に方針を転換した。

一九四一年一二月、アメリカが参戦したが、情況は変わらなかった。むしろ連合国にとって大西洋の戦いの戦況は悪化した。一九四二年に入って、Uボートによる輸送船撃沈数が増加したのである。理由の一つは、Uボートの数がさらに増えたことにある。大西洋で行動するUボートは一九四二年前半に五〇隻を超え、七月には七〇隻を、九月には一〇〇隻を超えた。デーニッツは、狼群戦法を縦横無尽に展開した。

もう一つの理由は、アメリカの輸送船がねらわれたことにある。アメリカ海軍は、アメリカ近海やカリブ海で航行する輸送船を護送船団に編成しなかった。しかもアメリカ沿岸地域では当初、灯火管制を行わなかったため、Uボートは、夜間に沿岸都市の電光によってくっきりと船影を浮かび上がらせたアメリカ輸送船を容易に攻撃することができた。

そしてデーニッツは、ドラムビート作戦（Drumbeat, Paukenschlag）を発動する。遠洋航海型Uボートを、大西洋西岸（アメリカ沿岸とカリブ海）に出撃させたのである。こうしたUボートを長期にわたって作戦に従事させるため、ビスケー湾の基地に帰投しなくてもすむよう、洋上での補給が行われた。洋上補給のために「乳牛（milch cows）」と呼ばれた潜水艦タンカーが使われた。

航空支援の不足

やがてアメリカ海軍も護送船団方式を導入する。一九四二年七月、デーニッツは、アメリカ沿岸とカリブ海からUボートを引き揚げ、大西洋に集中することにした。それでも連合国の船舶喪失は減らなかった。Uボートは、グリーンランドとアイスランドとの間にある航空支援空白地帯（エアギャップ：air gap、または大西洋ギャップ、地図２－４参照）で護送船団を攻撃

地図2-4　大西洋護送ルートとエアギャップ

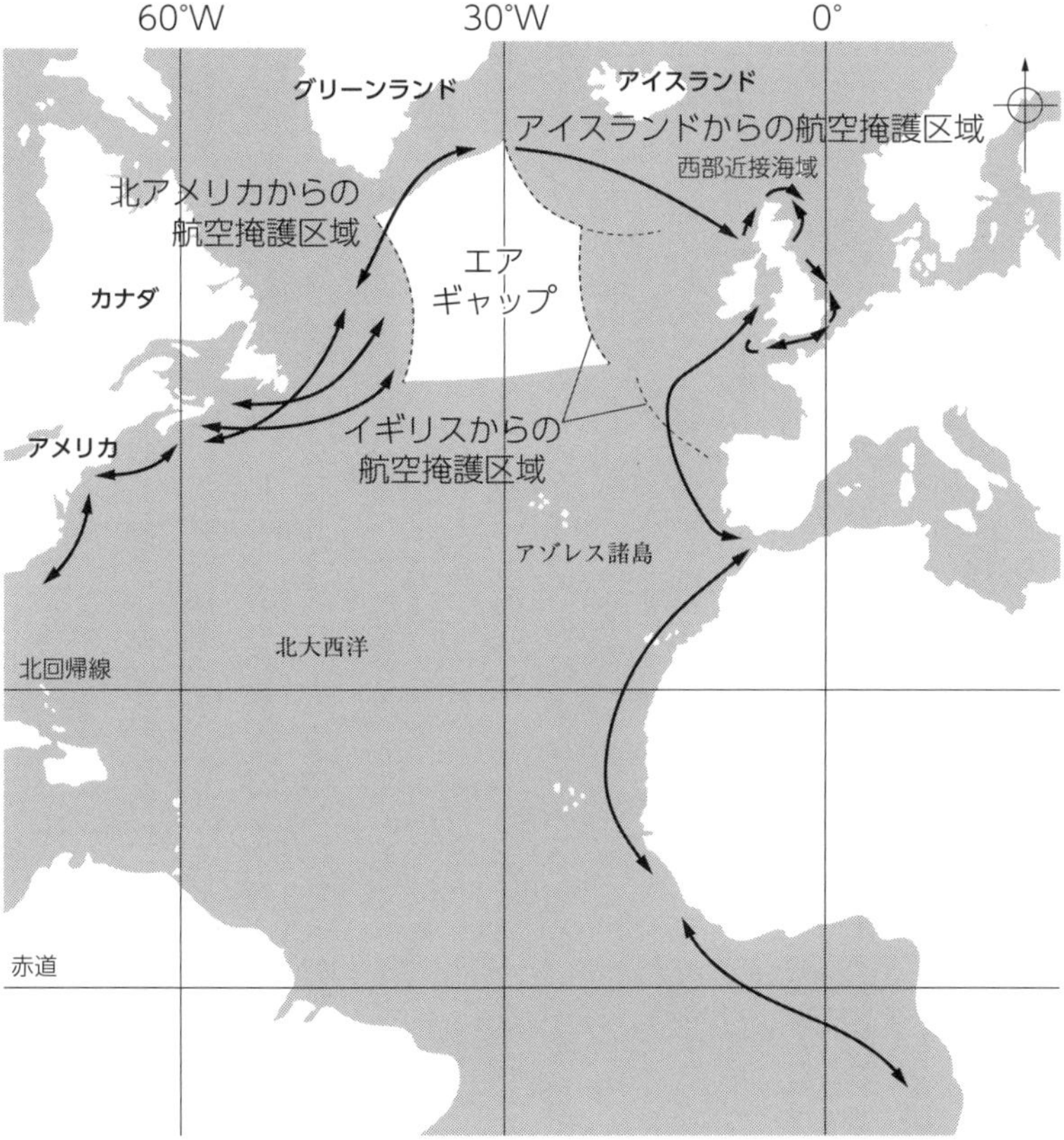

（出所）Jonathan Dimbleby, *The Battle of the Atlantic*

し、大きな戦果を上げたからである。

アイスランドにアメリカ軍が進出し、エアギャップは次第に狭まったが、消滅させることはできなかった。ドイツ海軍の暗号のキイが変換されたため、一九四二年二月から一二月まで、連合国側は解読不能に陥った。これも損害を大きくする要因となった。

イギリスの長距離爆撃機は、Uボートの建造資材を生産するドイツ工業地帯への戦略爆撃に優先的に用いられた。護送船団方式の重要性が認識されていたとはいえ、それに対する航空支援よりも、戦略爆撃が優先された。また依然として、Uボートを探索・攻撃する海上戦力が重視され、模索された。

輸送船団を護衛するという、華々しさを欠いた、ともすると退屈で単調な守りの戦いよりも、敵を見つけて攻撃するという戦い方が好まれたのである。戦略爆撃も、攻撃にほかならなかった。

航空支援の不足はドイツ側でも同じであった。そもそも潜水艦による敵船団発見には限界があった。潜水艦は艦高が低く、速度が遅いため、偵察には不向きであった。Uボートは、暗号解読情報などにより、敵の航路をあらかじめ知らされたうえで待ち受ける場合が多かった。

こうした方式よりも、長距離を飛ぶことのできる航空機により索敵できれば、ずっと有利であることは明白であったが、ドイツ軍がこれを積極的に実行することはなかった。空軍司令官のゲーリングが航空機を空軍以外に回すことを認めず、海軍総司令官のレーダーにはゲーリングと張り合う政治力がなかったからである。ビスケー湾には申し訳程度の偵察機が回されたたにすぎなかった。

航空支援は乏しかったにせよ、Uボートによる戦果は著しく、英米では護送船団方式の有効性に疑問が抱かれるに至った。一九四三年三月初旬の一〇日間でイギリスは五一隻の船を失い、次の一〇日間で五六隻を失った。

この二〇日間で失った船腹は五〇万トンを超えたが、その三分の二近くが護送船団での損害だったことは、イギリス海軍に衝撃を与えた。イギリス海軍は護送船団方式の中止を覚悟しなければならない情況に追い込まれたが、まさにそのとき戦況が大きく変化するのである。

3　逆転――新兵器・新戦法による封じ込め

イノベーション

後から振り返ると、一九四三年三月が転換点であった。同月上旬と中旬の二〇日間にイギリスは一〇七隻を失ったが、下旬の一一日間に失ったのは一五隻となる。それ以降、連合国輸送船の喪失数が目に見えて減り始め、同じ頃、逆に連合国によるUボートの撃沈数が増えている。前者では六月に、後者では五月に劇的な変化が生じた（表2－5、2－6参照）。

変化の理由の一つは、輸送船団を護衛する艦艇の数が増えたことにある。たとえばアメリカで建造される駆逐艦は、当初太平洋戦域での対日戦への配備が優先されたが、やがて増産が軌

表2-5　Uボートが連合国・中立国船舶に与えた損失

	1月	2月	3月	4月	5月	6月	7月	8月	9月	10月	11月	12月
1939年									41 15.4	27 13.5	21 5.2	25 8.1
1940年	40 11.1	45 17.0	23 6.3	7 3.2	13 5.6	58 28.4	38 19.6	56 26.8	59 29.5	63 35.2	32 14.7	37 21.3
1941年	21 12.7	39 19.7	41 24.3	43 24.8	58 32.5	61 31.0	22 9.4	23 8.0	53 20.3	32 15.7	13 6.2	26 12.4
1942年	62 32.7	85 47.6	95 53.8	74 43.2	125 60.7	144 70.0	96 47.6	108 54.4	98 48.5	94 61.9	119 72.9	60 33.1
1943年	37 20.3	63 35.9	108 62.7	56 32.8	50 26.5	20 1.8	46 12.3	16 1.0	20 4.4	20 5.6	14 2.3	13 4.8
1944年	13 9.2	18 9.3	23 14.3	9 6.2	4 2.4	11 5.8	12 6.3	18 9.9	7 4.3	1 0.7	7 3.0	9 5.9
1945年	11 5.7	15 6.5	13 6.5	13 7.3	3 1.0	1 1.1						

（注）上段は隻数、下段は万トン
（出所）秦郁彦『実録 第二次世界大戦』

道に乗ると、大西洋への配備にも努力が傾けられた。

もう一つの変化の理由は、技術革新の蓄積的効果にあった。たとえば一九四二年一月、連合軍の船団護衛に従事する駆逐艦などに、多連装投射型短距離対潜爆雷（その形状から、ハリネズミを意味するヘッジホッグ〈Hedgehog〉と呼ばれた）が搭載され、潜航して逃げるUボートに対する攻撃能力が高まった。ヘッジホッグは、在来型の爆雷よりも多数（二四個）の爆雷が一挙に遠方に投射され、沈下速度も速くなったのである。爆雷も技術改良され、従来よりも浅海での爆発が可能になった。

さらに同年秋には、短波方向探知機（ハフダフ：Huff Duff=HF/DF、

表2-6　Uボートの損失数と作戦稼働数の推移

	1月	2月	3月	4月	5月	6月	7月	8月	9月	10月	11月	12月
1939年									2 23	5 10	1 16	1 8
1940年	2 11	5 15	1 13	5 24	1 8	0 18	2 11	3 13	0 13	1 12	2 11	0 10
1941年	0 8	0 12	5 13	2 19	1 24	4 32	1 27	3 36	2 36	2 36	5 38	10 25
1942年	3 42	2 50	6 48	3 49	4 61	3 59	12 70	9 86	10 100	16 105	13 95	5 97
1943年	6 92	19 116	15 116	16 111	41 118	17 86	37 84	25 59	9 60	26 86	19 78	8 67
1944年	15 66	20 68	25 68	21 57	22 43	25 47	23 34	34 50	24 68	12 45	8 41	32 51
1945年	12 39	22 47	34 56	37 54	28 45							

（注）上段は損失隻数、下段は大西洋で作戦行動中
（出所）秦郁彦『実録 第二次世界大戦』

High Frequency Direction Finder）が護衛艦艇に装備された。ハフダフは、Uボートが使用する無線をキャッチして、その現在位置の方位を探知することができた。Uボートは狼群戦法をとるために司令部との通信連絡を頻繁にしなければならなかったが、それをハフダフは逆用したのである。

ハフダフによってもUボートまでの距離を知ることはできなかったが、知り得た方向に護衛艦艇などを派遣し、Uボートが攻撃態勢に入る前に退去させることをねらった。同年六月には、航空機に航空機搭載探照灯（レイライト：Leigh Light）が装備された。これによって、航空機は夜間でも浮上中のUボートを発見

しやすくなった。

レーダーはそれまでの波長一・五メートルに代わって一〇センチメートルのものが水上艦に装備され、性能が大幅にアップした。最大到達距離は六〇マイルで、一二マイルの距離からならばUボートの艦橋を確認できた。

レーダー技術に関しては開戦当初、ドイツ側に一日の長があったが、ドイツが正確さを優先したのに対し、イギリスは到達距離を重視し、実際に使った経験を通じて改良を重ねた。そしてバトル・オブ・ブリテンでのレーダーの貢献は、さらにレーダーへの信頼を高め、優先的に技術改良が図られたのである。

こうして、レーダーとハフダフを用いて（それに加えてエニグマ暗号解読情報〈ウルトラ〉も利用して）Uボートの現在位置を確認したときは、護送船団の進路を変えたりして敵の攻撃を避け、場合によっては護衛艦や爆撃機などを敵に向かわせて攻撃した。夜間、護送船団に接近して攻撃してくるUボートをレイライトなどで発見したときは、ヘッジホッグで反撃した。

これらに加えて、長距離爆撃機B24リベレーターを対潜哨戒・攻撃に使用することができるようになり、エアギャップがようやく消滅した。護送船団の全行程に航空支援がなされるようになったのである。

リベレーターの効果は攻撃だけにあったのではない。リベレーターが飛来すると、Uボートは攻撃を避けるため潜航せざるを得なかったが、潜航すれば速度が落ち、低速の護送船団でもUボートを引き離すことができた。また潜航中のUボートはASDICで探知することが可能であった。さらに、潜航したために護送船団との触接を失ったUボートは司令部と無線連絡をとることが多かったが、その無線交信は暗号解読や方位測定の材料となった。

護送船団の一部には、護衛空母（escort carrier）や新型護衛駆逐艦（フリゲート艦）が配備され、Uボートに対する攻撃能力が飛躍的に高まった。そして、護衛空母に搭載された航空機は、リベレーターと同じ効果を発揮したのである。

対潜水艦戦法の進化

こうした技術革新による新兵器が実用化され、組み合わされて、その蓄積的効果が表れつつあったときに、西部近接海域司令官にマックス・ホートン大将が就任する（一九四二年一一月）。ホートンはいわゆる「潜水艦屋」であり、第一次世界大戦中に潜水艦長として優れた実績をあげ、一九四〇年からはイギリス本国水域の潜水艦隊司令官を務めていた。

ホートンは訓練にやかましく、「経験は訓練で得るものだ。敵との実戦からではない」と主張した（Dimbleby, *The Battle of the Atlantic*）。彼によれば、「護送船団の防御の基盤となるのは、単に護衛艦艇の数だけではない。船団としての訓練こそ、その基盤である」とされた（Roskill, *The War at Sea*）。ホートンはまた士気を重視し、小型の艦艇に乗り組んだり単機飛行に搭乗したりして前線の将兵の苦労や危険を共有することに努めた。

ホートンは、前任者ノーブルが戦術学校での対潜水艦戦戦術の図上演習にもとづいて編成した支援群（Support Group）を拡張・強化した。高速の護衛駆逐艦から構成される支援群は、特定の船団を護衛せず、基本的には、Uボートの攻撃を受けた、あるいは受けそうになった船団に駆けつけて護衛し反撃するものであった。支援群はいわば陸戦の騎兵部隊として機動的に動き、自ら索敵して攻撃するので、大戦初期の攻撃重視の発想も受け継いでいた。支援群は、長距離爆撃機や護送空母と連携し、Uボート撃滅に大きな力を発揮することになる。

こうして、護送船団そのものの護衛戦力が向上したことに加えて、護送空母や長距離爆撃機と支援群の登場により、連合国海軍の対Uボート戦は機動的に実施されるようになったのである。

このような新兵器や新戦法を駆使するためには、十分な訓練を積まなければならなかった。ホートンが訓練にやかましかったのは、この意味で重要であった。そして実戦で効果を挙げるには時間が必要であった。また、しばらくの間は、大西洋の戦いに提供される長距離爆撃機の数も少なかった。ホートンが西部近接海域司令官に就任してから逆転が目に見えるようになるまで、やや時間がかかったのは、こうした理由のためである。

この逆転については、統計解析を戦術分野に応用したアメリカでのオペレーションズ・リサーチ（OR）の貢献も見逃せない。物理学、電気学、化学、生物学、遺伝学、経済学、統計学、数学などの科学者からなるORグループは、対Uボート戦法に統計解析を中心とした科学的方法を応用した。

たとえば、ORによって、航空機が投下する対潜爆雷の最適深度が求められた。海に深く沈んでから爆発する爆雷では急速潜航するUボートに追いつけないので、これは諦めて、すでにダメージを受けて急速潜航できないＵボートをターゲットとし、浅海で爆発する爆雷を投下することのほうが効果的であるとされた。

護送船団の最適規模も統計解析によって求められ、輸送船と護衛艦の隻数、Ｕボートによる被害などを分析した結果、大規模船団の編成が勧告された。一九四三年春まで護送船団の平均的な規模は四〇隻ほどであったが、四四年春以降は一〇〇隻を超える船団が普通になった。規模を大きくすることによって輸送量を増やすとともに航海回数を減らし、Ｕボートによる襲撃機会を減少させたのである（秦郁彦『実録　第二次世界大戦』）。

一九四三年三月に大西洋の戦いで連合軍がＵボートによって被った損害は、船舶八二隻、四七万六〇〇〇トンであったが、同年五月にはそれが三四隻、一三万四〇〇〇トンに減少した。より重要だったのは、連合軍が撃沈したＵボートの数である。大西洋でドイツが失ったＵボートは三月に一二隻だったのに、五月には三四隻となった。Ｕボートの建艦数がまだ増加していたとはいえ、これはドイツにとって重大な損失であった。

その後もＵボートの損失は激増する。一九四三年の一年間だけで、大西洋で二五八隻のＵボートが沈められた。うち一四一隻は沿岸航空軍団によるものとされているので、航空機の役割が大きかったことが分かる。

ドイツでは、海軍大将となっていたデーニッツが一九四三年一月、元帥に昇進し、潜水艦隊司令長官を兼任したまま、レーダーに代わって海軍総司令官に就任した。潜水艦隊司令部は一九四二年三月パリに戻っており、四三年三月ベルリンに移った。デーニッツはヒトラーに直接、意見を具申できる立場となり、Ｕボートのために予算と支援を訴えたが、結果はゲーリングから少数の航空機を回してもらっただけだった。

成功例としてのＯＮＳ５

逆転の事例を見てみよう（Dimbleby, *The Battle of the Atlantic*）。一九四三年四月二三日、四〇隻以上の輸送船からなる船団ＯＮＳ５が五隻の護衛艦に守られて、リバプールからノバスコシアのハリファックスに向けて出港した。四月二八日、船団はエアギャップに入り、Ｕボートの交信をキャッチして敵が待ち受けていることを覚悟した。事実、デーニッツはＯＮＳ５の進路に三九隻ものＵボートを展開していた。

悪天候にもかかわらずＯＮＳ５は、レーダーとハフダフを駆使して、Ｕボートの波状攻撃をかわした。五月一日、強風のために船団は動けなくなり、グリーンランド沖の流氷群の近くまで追いやられた。その日の昼、一〇〇〇マイル以上も離れたアイスランドの基地からリベレーターが飛来したが、Ｕボートの群は嵐を凌ぐため潜航しており、見つかることを免れた。

翌五月二日、嵐のために船団が散らばってしまったが、再びリベレーターが飛来し（この頃、エアギャップで常時哨戒任務に就いていた三〇機のうちの一機）、コースを外れた輸送船の位置を護衛艦部隊の指揮官に知らせた。こうしてＯＮＳ５は船団を組み直し、流氷との衝突を避けて目的地への針路をとった。その日の午後には、第三支援群から五隻の駆逐艦が駆けつけ、船団の護衛戦力は大きく強化された。しかし、嵐によって燃料タンクから油が漏れ出した

攻撃されるUボート
（写真提供）TopFoto／アフロ

護衛艦部隊の旗艦は船団を離脱せざるを得なくなり、五月四日午後には、燃料不足のため第三支援群の五隻の駆逐艦のうち三隻が離脱した。

事態の深刻さを憂慮したホートンは、ニューファンドランドのセント・ジョンズに碇泊《ていはく》中の第一支援群（フリゲート艦三隻、スループ艦二隻）に救援を命じたが、この救援部隊が船団に到着するには二日を要し、その間、ONS5は危機的状況に陥ることになった。そして、これを知ったデーニッツがこのチャンスを逃すはずはなかった。

その夜、ONS5はUボート狼群の反復攻撃を受けた。残っていた護衛艦は縦横無尽に動いて、様々な方角からやってくるUボートを撃退しようとしたが、輸送船五隻を失った。翌日も戦闘が続いた。レーダーやハフダフで確認したところ、ONS5の近辺には七隻のUボートがおり、そのうち一隻が撃破されたが、護送船団側の被害は前日の五隻に七隻を加え合計一二隻となった。

五月六日早朝、霧が濃くなり視界がとざされた。この自然条件の変化が戦いに変化をもたらした。船団の護衛艦はレーダーによって、Uボートが輸送船を見つける前にUボートを見つけることができた。その間に第一支援群も救援に駆けつけてきた。ONS5とUボートは攻守ところを変えることになった。この日、輸送船は一隻も失われず、Uボートは四隻撃沈された。

そのうちの一隻U125は、護衛駆逐艦「オリビ」から一〇〇ヤードしか離れていない海面に、それとは気づかずに浮上した。「オリビ」はただちに攻撃、U125の司令塔を破壊し、大きなダメージを与えた。そこに間もなくコルベット艦「スノウフレイク」が駆けつけ、砲撃を浴びせた。潜航できなくなったU125の艦長は部下に自沈を命じ、U125は内部の爆発で沈んだ。

三六時間に及ぶ戦闘でUボートは敵輸送船を一二隻沈めたが、自らの犠牲も大きく、デーニッツはこれを敗北と認めざるを得なかった。デーニッツは敗北の原因を、濃霧と敵の優秀なレーダーに求めた。ドイツのUボート建造数は増加していたが、明らかに大西洋の戦いの形勢は変わっていた。

ホートンもこの戦闘の結果を見て形勢逆転に気づきつつあった。それを確信させたのは、連合国商船の喪失量の変化である。危機的数値に達した三月に比べ、四月には半減していた。

Ｕボートの再逆転ならず

前述したように、逆転の原因は様々な要素の蓄積的効果にあったが、なかでも護衛艦に最新式のレーダーが搭載されたことが大きかった。また、三月の危機的状況にショックを受けたチャーチルを含むイギリスの政軍指導者が、護送船団の護衛艦の数を増やし、エアギャップを閉じるために、長距離爆撃機の本格的使用をようやく決断したことも、大西洋の戦いに逆転と勝利をもたらす主要な要因となったのである。

ドイツ海軍は、連合軍のハフダフに対抗して、Ｕボートにメトックス逆探知機を装備したが、被害を抑えるには至らなかった。一九四三年五月、Ｕボート損失の増大のために、デーニッツは、これまでの水上攻撃から水中攻撃への転換を指示せざるを得なかった。

その後、Ｕボートにはシュノーケルが取り付けられた。当時の潜水艦は、水上航行にはディーゼル・エンジンを用いて充電し、水中航行には充電した電気動力を用いていたのだが、シュノーケルを備えたことでディーゼル・エンジンによる水中航行が可能になり、水中でバッテリー充電ができるようになったのである。

しかし、この新技術も、Ｕボートによる攻撃能力をそれほど高めはしなかった。Ｕボートの損失を減らすこともできなかった。連合軍の新型護衛駆逐艦や護送空母、さらには長距離爆撃機に対抗するため、水中を高速で航行する潜水艦（ワルター潜水艦）の開発が急がれた。だが、実用化は間に合わなかった。

Uボートの損失が激増するのとは裏腹に、連合国では、商船の生産数が撃沈された数をようやく上回るようになる。デーニッツは、「長い目で見ると、最後の勝敗は撃沈と新造との競争によって決まる」と述べたとされるが、まさにそうした事態が生まれたのである。連合国商船は新造数が撃沈数を上回り、Uボートは新造数を撃沈数が上回っていった。

この点で注目されるのが、アメリカで建造された九〇〇〇トンのリバティー型輸送船である。いわゆる大量生産方式で建造されたこの輸送船は、どんな積み荷にも対応でき、月に一四〇〇隻建造という驚異的な記録を打ち立てた。一九四三年の春には、一隻建造するのに四五日しかかからなかったという。

大西洋の戦いは、戦術的にはUボートと護送船団との機動戦として展開されたが、戦略的にはデーニッツが指摘したように、消耗戦としての性質を有しており、消耗戦では、アメリカの軍需生産能力が抜きんでていたのである。

結局、一九四三年三月から五月の間に連合国の護送船団がUボートを逆転してから、ドイツのUボートは再逆転を演じることはできなかった。大西洋の戦いは、開戦以来三年半を経て、ようやく連合国の勝利に帰したのである。

一九四三年の一年間にドイツ海軍は二四三隻のUボートを失ったが、そのうち約一八〇隻は五月以降に沈められたものであった（161ページ表2－6参照）。これに対して、連合軍が失った船舶は一九四二年下半期に五七五隻を数えたが、四三年上半期には三三四隻、同年下半期には一二九隻、四四年上半期には七八隻、と激減していったのである（160ページ表2－

5参照)。

Uボートの作戦行動が終わったわけではないが、デーニッツは連合軍の輸送船を撃沈するよりも、その航行を妨害することに重点を置くようになった。そしてやがて、Uボートはビスケー湾を出るとき敵の爆撃機に攻撃され、事実上、湾内に封じ込められていった。

一九四三年一一月、Uボートは大西洋東部から撤退した。一九四四年六月のノルマンディ上陸の際、イギリス海峡にドイツ軍のUボートは現れなかった。もしUボートが自由に行動できたなら、上陸作戦のコストは実際よりもさらに大きくなっていただろう。

一九四五年四月末の段階でデーニッツは四三四隻のUボートを保持し、そのうち一六六隻が作戦に従事可能であった。しかし、ノルマンディ上陸作戦後から一一ヵ月の間に、Uボートが沈めた連合軍輸送船は一二一隻、そのうち北大西洋の輸送ルートで撃沈したのはわずか一三隻にすぎなかった(Dimbleby, *The Battle of the Atlantic*)。

大西洋の戦いで連合国が失った輸送船のうち、Uボートによるものが六九％、航空機によるものが一三％、水上艦および機雷によるものが七％、事故その他の原因によるものが四％であった(Deighton, *Blood, Tears and Folly*)。ドイツ空軍による損害も少なくなかったが、圧倒的多数はUボートによる損害であった。

このUボートの脅威を封じ込めたことが大西洋の戦いの意味であり、それが最終的勝利につながったのであった。

Ⅲ アナリシス

1 チャーチルのリーダーシップ

戦時「独裁」

チャーチルが首相に就任したのは一九四〇年五月一〇日、ドイツ軍が西部戦線で奇襲攻撃を開始したときである。そのとき彼は六五歳。「荒野の一〇年」といわれる、政権中枢から遠ざけられた時期を経て、前年チェンバレン内閣の海相に就任したばかりであった。

ネビル・チェンバレンはノルウェー作戦失敗の責任を取って辞任したが、実際にはこの作戦の責任はチェンバレンよりもチャーチルにあったといっても過言ではなかった。だが、チャーチルにはそれ以前のチェンバレンの対独宥和《ゆうわ》政策に責任がなかったことが、彼を首相の座に押し上げる大きな要因となった。

チャーチル内閣は挙国一致内閣である。前内閣と同様に少数の主要閣僚によって戦時内閣がつくられた。チャーチルは人も制度もあまり大きく変えなかったが、盟友ビーバーブルックを大臣とする航空機生産省を新設し、国防大臣というポストをつくって、自らそれに就任した。

法制上何も権限がなく、国防省という機関が存在したわけではない。しかし、国防相を兼任することによって、チャーチルは政治と軍事の最高指導者となった。陸相、海相、空相は戦時内閣のメンバーではなく、やがて陸海空三省はもっぱら兵器生産を主とする軍事行政に専念する官庁となった。

戦略問題は、帝国参謀総長（陸軍）、海軍軍令部長、空軍参謀長からなる三軍幕僚長委員会が担当し、チャーチルは同委員会に、首相の個人代表としてヘイスティングス・イズメイ将軍を常時出席させた。イズメイは、同委員会の事務局長も兼ねた。

要するに、チャーチルはイズメイを介して三軍幕僚長委員会をリードし、陸海空三軍の事実上の最高指揮官となったのである。正式の会議の場以外でも、チャーチルは三軍幕僚長たちとほぼ毎日会い、休日には彼らをチェッカーズ（首相官邸の別邸）に呼びつけることもあった。

チャーチルにより、イギリスの戦争指導体制はトップに強力な権力を集中させた。それは、デモクラシーのもとでの戦時「独裁」と呼ぶべき体制であり、しかも、この「独裁」者に対して、戦略問題について補佐するのは三軍幕僚長委員会であった。ただし、トップはシビリアンの首相であり、それによってシビリアン・コントロールが担保された。

また、「独裁」は戦時に限定される一時的・例外的なものと了解され、チャーチルは「憲法」（イギリスには成文憲法はないが）の枠内で権力を行使した。戦時内閣の閣議と三軍幕僚長委員会はほぼ毎日開かれた。危機的な状況下では一日に何度も開かれることがあった。そうした討議と補佐を受けるチャーチルの「独裁」は、独断とはならなかった。

戦争継続の決意

五月一三日、チャーチルは非常招集した下院で新内閣への信任投票を求め、「私は血と労役と涙と汗のほかに提供するものは、何ももち合わせません」と演説した（チャーチル『第二次世界大戦2』）。率直で力強い演説は好評を博したが、その後、戦況は悪化するばかりだった。五月一五日にはオランダが、二八日にはベルギーも降伏した。ドイツの機甲師団を主体とする電撃戦により、フランス軍・ベルギー軍・イギリス軍遠征部隊は一方的に追いまくられた。五月一六日と二二日にチャーチルはフランスに飛び、二二日にはフランス軍総司令部で今後の戦略方針を協議した。だが、「フランスの戦い」の展望は暗かった。

戦時内閣ではハリファックス外相が、ムッソリーニを仲介役としてドイツとの和平の可能性を探るべきであると主張した。チャーチルはそれをきっぱりと退けた。五月二六日夜、ダンケルクからの撤退が開始され、予想以上の成功を収めたが、多くの武器・弾薬を放棄せざるを得なかった。チャーチルは同盟国を支えるため、首相就任以来、五度もフランスに飛んだ。しかし、フランスの敗北を止めることはできなかった。六月一〇日にイタリアがドイツ側に立って参戦すると、六月一七日、ついにフランスはドイツに休戦を申し入れた。

チャーチルは、敗北寸前に追い込まれたように見えたイギリスの危機的なときに首相となり、ドイツからの和平の誘いかけに乗らず、敗北主義を徹底的に否定し、国民が士気沈滞と絶望に落ち込むことを防いだ。ただし、彼は空威張りと偽りを述べることによって士気高揚を図ったのではない。むしろチャーチルは、イギリスが陥った苦況を率直に告白し最悪な事態の可能性を語ることを通じて、人々に奮起を求めた。六月四日の議会演説で、彼は以下のように述べている。

「たとえヨーロッパの広い地域と多くの古い、名高い国がゲシュタポと憎むべきナチ支配機構の手中に落ち込み、あるいは落ち込むおそれがあるとしても、われわれはひるんだり、屈したりはしないでしょう。われわれは行きつくところまで行くでしょう。われわれはフランスで戦い、海や大洋で戦い、確信と力をもって空で戦うでしょう。われわれはいかなる犠牲を払っても、本土を守り抜くでしょう。われわれは海岸で戦い、上陸地点で戦い、野原や市街で戦い、山中で戦うでしょう。われわれは決して降伏しないでしょう。たとえ、私は一瞬たりともそのようになるとは信じませんが、本土あるいはその大部分が征服され、飢えに苦しむようになっても、海をへだてたわが帝国は、イギリス海軍を武器とし、それに守られて戦いを続け、いつか必ず、新大陸がその全力をあげて、旧大陸の救援と解放に立ち上がる日を迎えるでありましょう」（チャーチル『第二次世界大戦2』）

チャーチルの断固たる戦争継続の意志は、フランスの降伏後も変わらなかった。当時のイギリスに、そしてチャーチルに、戦争に勝ち抜くための順序だった戦略プランがあったかどうかは、よく分からない。チャーチルの目的はただ一つ、どんな手段を使ってでもドイツに勝つことであった。

イギリスの戦略はきわめて単純明快であり、戦争に勝つためには「新大陸がその全力をあげて、旧大陸の救援と解放に立ち上がる」こと、すなわちアメリカの参戦を引き出すことが必須の条件であり、そのために戦争を継続することであった。

チャーチルとアメリカ大統領フランクリン・ローズベルトとの間では、チャーチルの海相時代から両国大使館の暗号電文による書簡の往復が始まっており、戦争期間中、それは約二〇〇〇通に及んだという。この往復書簡を通じて、チャーチルは一九四一年一二月まで、アメリカの支援と参戦を訴え続けたのである。

歴史感覚と大義

チャーチルの公式伝記を書いたマーティン・ギルバートによれば、チャーチルのなかにはロマンティシズムとリアリズムが共存していた。彼のロマンティシズムを支えたのは、祖先マールボロ公爵以来の家系に根差したイギリスの「高貴な」歴史への信頼である（Gilbert, *Winston Churchill's War Leadership*)。若いときから学んできた歴史が彼を支え、自己の能力と自己の運命を信じさせたのである。

チャーチルとローズベルトはともに、歴史において自分が果たすべき役割を自覚していた指導者であった（Sainsbury, *Churchill and Roosevelt at War*)。首相に就任したときのことをチャーチルは、「私はあたかも運命とともに歩いているように感じた。そしてすべての私の過去の生活は、ただこの時、この試練のための準備にすぎなかったように感じた」と回想している（チャーチル『第二次世界大戦1』）。

A・J・P・テイラーは、次のようなエピソードを紹介している。ドイツの侵攻が差し迫ったように思われたある夜、チャーチルは側近たちに「侵攻の問題を討議したい」と言って延々と語り続けた。しかし、それは目前に迫っているドイツの侵攻ではなく、九世紀前、一〇六六年のノルマン人のイングランド島侵攻のことであった（『ウォー・ロード』）。

おそらく、こうした歴史についての理解と洞察が、戦局の見通し、敵の意図や行動、そして戦時指導者としてのあるべき言動などについて、チャーチルのセンスあるいは直観を磨いていたのだろう。彼は青少年期にE・ギボンの『ローマ帝国衰亡史』とT・マコーレーの『イギリス史』を暗誦できるまで読んだという。また、すでに二六歳のときには三つの戦争に従軍し、五冊の本を上梓していた。若年の頃から、体験と思索によって戦いの本質を見極めようとしていたのである。

チャーチルは戦争の目的が何であるかを明確に示し、この戦争が悪と戦う正義の戦いである、と繰り返し説いた。アメリカの歴史家ジョン・ルカーチの言葉を借りれば、チャーチルほど、ヒトラーの考えを深く洞察し知り抜いていた指導者はいなかったからである（『ヒトラー対チャーチル』）。イギリスは、単に自国の存続のためだけではなく、世界の文明と自由のために戦っていることをチャーチルは論じ、イギリス国民は、そこに戦争の意味と自らの誇りを見出すことができた（Best, *Churchill*）。

ロンドン空襲が激しくなった頃、防空壕が直撃を受け、数十人の死者とさらに多くの負傷者を出した場所をチャーチルが訪れた。そこは貧しい身なりの人が多かったが、彼が車から降りると、人々は、怨嗟《えんさ》の声をあげるどころか、「やあ、ウィニー（Good old Winnie）」と叫んで、チャーチルを取り囲んだ。チャーチルの目には涙が浮かんだという（Best, *Churchill*）。

彼らがチャーチルを感動させる親愛の情を示したのは、イギリスは自国のためだけでなく文明と自由のためにも戦い続ける、というチャーチルが掲げた戦争の大義に、多くの国民が共感と誇りを持っていたからであった。

部下への信頼

陸軍士官学校出身で海相も務めたチャーチルは、軍事に精通していることを自負していた。それだけに彼はしばしば戦術的レベルにまで口を出し、軍人たちの怒りを買った。彼の軍事的判断がつねに正しかったわけでもない。第一次世界大戦のとき、彼の推進したガリポリ上陸作戦が惨憺たる結果に終わったことはよく知られている。首相となる直前の海相時代に、ヒトラーの機先を制しようとして始めたノルウェー作戦も失敗した。

チャーチルはつねに攻勢（攻撃）を重視した。「可能であれば、いつでも、どこでも攻撃せよ」「攻撃されていても、攻撃せよ」というのが彼の口癖でもあった。それゆえ軍人たちの慎重さを臆病、弱気、不決断と批判するきらいがあった。チャーチルは、消極的と見えるものを嫌った。大西洋でのUボートとの戦いにチャーチルが不満であったのは、こうした彼の気質に一因があった。

チャーチルはまたロマンティシズムに傾斜したり、頑固な先入観にもとづいて決断したりすると、しばしば大きなしくじりを犯した。したがって、彼を補佐する幕僚は、彼と気心を合わせながら、遠慮なく批判することが必要であり、チャーチルもプロの意見には耳を傾けた。プロの意見に耳を傾けたのがチャーチルの偉大さといえるかもしれない。

A・J・P・テイラーによれば、「チャーチルは、極端な気の短さと新しい計画を試して見たいというはやる気持ちと、強固な克己心をあわせもっていた」（『ウォー・ロード』）。最終的に彼が海軍の対Uボート戦法を認めたのは、そうした「克己心」が発揮されたからだろう。そして多くの場合、チャーチルは部下を信頼して権限を委譲し、実際の仕事を一任した。と同時に、彼は部下の仕事ぶりと成果をつねに細かく確認した。

この点がはっきりと示されているのは、バトル・オブ・ブリテンのケースである。チャーチルは空戦に関して全面的にダウディングを支持し、作戦にほとんど口を出さなかった。フランスの敗色が濃厚となったとき、チャーチルはダウディングの進言にもとづきフランスへの戦闘機派遣を打ち切った。また、イギリス上空での戦闘が始まると、これに最大限の関心を払い、その帰趨を注視しながら、ダウディングを信頼し続けたのである。航空機生産相に起用したビーヴァーブルックを一貫して支持したのも、部下への信頼を示す好例といえよう。

2 戦略の実践

ヒュー・ダウディング

戦争指導のトップレベルがチャーチルの場合のように、いかに優れていたとしても、彼の構想を具体的な計画に変換し、さらにその計画を現場の情況に合わせて実行しなければ、生きた戦略とはなり得ない。この点で特筆されるのが、バトル・オブ・ブリテンでのヒュー・ダウディングである。

ダウディングは「気難し屋（Stuffy）」というあだ名を持つ異色の軍人であった。彼はまず空軍の技術開発部門の責任者として、早い段階から、ハリケーンとスピットファイアの開発・生産計画を支持した。さらに、いち早くレーダーの可能性を見抜き、その技術開発が完成する以前の段階で、その能力を最大限に生かした防空のための早期警戒・地上管制システムの構築に着手した。イギリスの防空システムは、核兵器以前の時代で最も成功を収めた軍事的イノベーションの一つであるとさえ評される。

次いでダウディングは、戦闘機軍団司令官として、戦闘機、レーダー基地をその指揮下に置いただけでなく、高射砲や対空探照灯の作戦統制も行い、防空システムを一元的に運用した。彼の一元的統合のもとで、早期警戒網による敵機探知から邀撃機出撃に至るプロセスが有機的に連繋し、システムとして作動したのである。

ダウディングが実際の戦闘の指揮をとったわけではない。彼は戦闘指揮をパークのような群司令に任せ、自らは戦略目的の達成に専念した。バトル・オブ・ブリテンの戦略目的はドイツ軍に上陸企図を断念させることであり、敵戦力を殲滅するという一般的な意味での勝利を勝ち取ることではなかった。

戦闘機軍団司令官としてのダウディングの任務は、敵の上陸企図を断念させるために、いかなる犠牲を払ってでも制空権を維持し続けることであった。制空権の確保は、必ずしもあらゆるものを敵の爆撃から守ることを意味しなかった。敵の誘いに乗らず、戦力（戦闘機とパイロット）を節約することが必要であり、ロンドンなどの都市よりも、レーダー基地、セクター基地、飛行場などの地上施設を敵の爆撃から守ることが優先されねばならなかった。

彼は、第一一戦闘機群が危機的状況に陥るまで、他の戦闘機群の熟練パイロットをそこに投入しようとはしなかった。他の戦闘機群の戦力を弱めることは、長期的に見て、全体的な制空権確保のためにマイナスだと判断したからである。彼はまた、ドイツの夜間爆撃が激しくなっても、昼間の戦闘で疲れた部隊を、あまり効果の挙がらない夜間戦闘に使おうとはしなかった。こうして彼はバトル・オブ・ブリテンを消耗戦に持ち込み、地の利を生かして、ドイツ空軍との激しい戦いを勝利に導いた。

バトル・オブ・ブリテンが始まったとき、ダウディングは五九歳、退役が間近で、すでに戦闘機軍団司令官の任期をオーバーしていた。後任予定者が事故にあったため、チャーチルの支持もあって留任したのであった。だが、以前から彼は空軍首脳と折り合いが悪く、夜間爆撃に十分に対処しなかったことで厳しい批判を受けた。ビッグ・ウイング方式をめぐるパークとリー＝マロリーとの論争も、空軍首脳部のダウディング批判を強めた。もはや彼の任期延長はなく、一一月にダウディングは戦闘機軍団を去ったのである。

ミドル・レベルのイノベーター

大西洋の戦いは、歴史家のポール・ケネディによれば、勝利に対するミドル・レベルの実務的改革者たちの貢献を示す典型的な例であった（『第二次世界大戦　影の主役』）。

ポール・ケネディのいう実務的改革者たちは、Uボートと戦うために、新兵器を含む新技術を開発・実用化し、改善を重ねた。実際に戦う将兵たちは、そうした新兵器・新技術を使いこなすために訓練を重ね、実戦を通じて戦い方を変え、新戦法を磨き上げていった。むろんドイツ側でもデーニッツが同じように、連合国側の新技術・新戦法に対応して戦い方の改革を怠らなかったので、連合国側の実務的改革者たちの努力には終わりがなかった。

Uボートに対する戦いでは、エアギャップを解消した航空機の貢献が大きかった。だが、Uボートに対する勝利は、航空機によってのみ勝ち取られたわけではない。航空機以外に、レーダー、ハフダフ、ウルトラ、ヘッジホッグ、コルヴェット艦、護衛空母、ORなど、様々の要素が組み合わされて勝利を導いたのである。

こうした技術革新による新兵器を、訓練を通じて実戦に生かすことに大きな役割を果たしたのが、西部近接海域司令官のマックス・ホートンである。ホートンは充実した訓練によって、技術革新の実用化・実戦化を図った。Uボートと戦う研究のなかから創出された支援群という組織を拡大・強化し、これを新技術のハフダフやレーダーと組み合わせて機動的に動かした。支援群は、これまた技術革新によって生まれた高速護衛駆逐艦を核とし、長距離爆撃機や護送空母と連携して、Uボートを撃滅したのである。

3 守りの戦い

防空戦

バトル・オブ・ブリテンは、防空戦という言葉に象徴されているように、本質的に守りの戦いであった。ただし、イギリスは単に守るだけで戦いに勝ったのではない。むしろ相手の攻撃を待ち受け、敵の勢いと動きを逆用して、勝利につなげたのである。

ドイツ空軍による本土爆撃はイギリスにとって危機的な状況であった。しかし、逆に、本土上空で戦うことは、有利な空間に敵を引きつけ、防空システムの効果を最大限に利用して敵と戦うことを可能にした。イギリスは、攻撃側が有する主導の利、つまり作戦のスピードに由来する敵の時間的な有利さを、レーダーによって相殺《そうさい》した。一方、航続距離の限界から発生する敵の時間的な不利、つまり滞空時間が短いという不利を、徹底的に突き、利用した。

そもそもバトル・オブ・ブリテンの目的は、戦略的持久にあった。つまり、自国の存続を図ると同時に、ドイツに対する抗戦の意志と能力を示すことによって、アメリカの全面的支援ないし参戦を勝ち取ることであった。そのためには、当面、敵の上陸作戦が困難になる時期まで、ドイツの攻撃を乗り切ることができればよかった。そしてイギリスは、バトル・オブ・ブリテンを持久消耗戦に持ち込んで、勝利を収めたのである。

ただし、持久消耗戦ではあっても、消極的に敵の攻撃を耐え忍んでばかりいたのではない。戦闘機の活躍に象徴されるように、敵の誘いに乗らず戦力を節約し、敵の自滅を待ちながら、敵を引きつけ、引きつけた敵を容赦なくたたく、というのがイギリスの戦い方であった。この点では、守りと攻めが融通無碍《むげ》に織りなされていた。

海上護衛戦

大西洋の戦いは、英独双方の技術開発や戦法の変革を背景とし、機動戦の反復として展開された。だが、このような機動戦に決着をつけたのは、デーニッツが鋭く指摘したように、消耗戦である。

連合国側でも、たとえばチャーチルのように、大西洋の戦いが本質的には消耗戦であることを十分に理解していたように思われる。ただし、イギリスの海上補給連絡を確保するためには、それを脅かすドイツの戦力をできるだけ多く破壊しなければならないと考えられた。開戦当初は、脅威とされたポケット戦艦の排除が優先された。Uボートの脅威が理解されるようになったときは、水上艦部隊によってUボートを見つけ出し、撃沈することが重視された。長距離爆撃機がアメリカから提供されるようになっても、それはドイツ本国に対する戦略爆撃に使うことが優先された。戦略爆撃優先には、チャーチルの攻勢主義が反映されている。ドイツを直接攻撃することによって勝利を獲得しようという発想から出発していたからである。ドイツのUボートに対して、それを水上艦艇で見つけ出して攻撃するという戦い方にも、同様の傾向が見られた。

こうした攻撃的な戦い方に比べれば、輸送船団を護送するというのは本質的に「守り」の戦いであった。極言すれば、Uボートとの戦いは、Uボートをどれだけ撃沈するかということに目的があるのではなく、できるだけ輸送船を沈められずに目的港に届けることが目的であった。

ただし、この本質的に「守り」の戦いでは、攻撃能力も必要不可欠であった。Uボートを攻撃する能力を具備すれば、敵はUボートによる攻撃を断念する、少なくともそれを控えるようになるからである。また、輸送船を沈められないためには、Uボートに襲われたとき、それに反撃し撃退する能力が必要だからでもある。この意味からすれば、イギリスの対潜水艦戦は、「守り」と「攻め」が巧みに織り成されて展開されたと考えることができよう。

こうしてイギリスは大西洋の戦いで試行錯誤を重ねながら、戦略的な消耗戦のなかで機動戦を戦い、「守り」を貫徹するためにUボートに対する攻撃能力を身につけ、実践したのであった。

▼参考文献

飯山幸伸『英独航空戦――バトル・オブ・ブリテンの全貌』光人社NF文庫、二〇〇三年

河合秀和『チャーチル――イギリス現代史と一人の人物』中公新書、一九七九年

冨田浩司『危機の指導者チャーチル』新潮選書、二〇一一年

秦郁彦『実録 第二次世界大戦――運命を変えた、六大決戦』光風社出版、一九九五年

広田厚司『Uボート入門――ドイツ潜水艦徹底研究』光人社NF文庫、二〇一二年

山﨑雅弘『詳解 西部戦線全史』学習研究社、二〇〇八年

ジョン・キーガン（並木均訳）『情報と戦争』中央公論新社、二〇一八年

マーティン・ギルバート編（浅岡政子訳）『チャーチルは語る』河出書房新社、二〇一八年

ポール・ケネディ（伏見威蕃訳）『第二次世界大戦 影の主役――勝利を実現した革新者たち』日本経済新聞出版社、二〇一三年

W・S・チャーチル（佐藤亮一訳）『第二次世界大戦（1〜3）』河出文庫、新装版、二〇〇一年

A・J・P・テイラー（都築忠七訳）『イギリス現代史Ⅱ』みすず書房、一九六八年

――（藤崎利和訳）『ウォー・ロード――戦争の指導者たち』新評論、一九八九年

カール・デーニッツ（山中静三訳）『デーニッツ回想録――10年と20日間』光和堂、一九八六年

リチャード・ハウ、デニス・リチャーズ（河合裕訳）『バトル・オブ・ブリテン――イギリスを守った空の決戦』新潮文庫、一九九四年

エドワード・ビショップ（山本親雄訳）『栄光のバトル・オブ・ブリテン 第二次世界大戦ブックス――英本土航空決戦』サンケイ新聞社出版局、一九七二年

バリー・ピット（高藤淳訳、堀元美監修）『ライフ 第二次世界大戦史 大西洋の戦い』タイムライフブックス、一九七九年

ジョン・ルカーチ（秋津信訳）『ヒトラー対チャーチル――80日間の激闘』共同通信社、一九九五年
テレンス・ロバートソン（並木均訳）『大西洋の脅威U99――トップエース・クレッチマー艦長の戦い』光人社NF文庫、二〇〇五年

Best, Geoffrey. *Churchill: A Study in Greatness*, Penguin Books, 2002.
Collier, Basil. *The Defence of the United Kingdom* (*History of the Second World War, United Kingdom Military Series*), HMSO, 1979.
Deighton, Len. *Blood, Tears and Folly: An Objective Look at World WarII*, William Collins, 2014; first published in 1996.
Dimbleby, Jonathan. *The Battle of the Atlantic: How the Allies Won the War*, Viking, 2015.
Gilbert, Martin. *Winston Churchill's War Leadership*, Vintage Books, 2004.
Ray, John. *The Battle of Britain: New Perspective—Behind the Scenes of the Great Air War*, Arms and Armour Press, 1994.
Roskill, S. W. *The War at Sea 1939-1945, Vol.I～Vol.III* (*History of the Second World War: United Kingdom Military Series*), HMSO, 1954～1961
Sainsbury, Keith. *Churchill and Roosevelt at War: The War They Fought and the Peace They Hoped to Make*, Macmillan, 1994.

第3章

インドシナ戦争——ゲリラ戦と正規戦のダイナミックス

第二次世界大戦の勝利者アメリカ合衆国は、ベトナムが倒れると将棋倒しで隣接するアジア諸国が共産化するという「ドミノ理論」にもとづき、フランスから引き継いだインドシナ戦争で、泥沼にはまり込む。一九六八年の最大時期で五四万人もの兵士、第二次世界大戦全体に匹敵する戦費と兵器を投入したが、最後には勝者たりえず撤退した。

アメリカ軍がその巨大軍事力をもってしても打ち破ることのできなかったベトナム軍は、一九四五年から一九五四年にわたる九年間の、フランスの植民地支配に反抗する第一次インドシナ戦争（抗仏救国戦争）を経験していた。それは、のちの第二次インドシナ戦争ともいわれるベトナム戦争（抗米救国戦争）に向けた大演習としての意味を持つ戦いでもあった。

フランスの植民地支配の終焉を決定づけた一九五四年の「ディエンビエンフーの戦い」に参加した若い戦闘員は、時を経て、ベトナム戦争で大部隊を率いることとなった。彼らは、師団や旅団の司令官としてアメリカ軍と戦い、ホー・チ・ミンのリーダーシップのもとベトナムを勝利へと導いた。

ホー・チ・ミンとボー・グエン・ザップは、毛沢東の遊撃戦略論を基本に、ゲリラ戦から正規戦へと転じていく戦いの筋（プロット）を持っていた。そして、第一に防衛戦、次にゲリラ戦による勢力の均衡、最後に正規軍による総反抗という三段階のダイナミックな戦略を実践した。

この章では、長期間にわたる混沌としたベトナム戦争の経過を、フランス軍と戦った第一次インドシナ戦争と、アメリカ軍と戦ったベトナム戦争に分けて考察するが、ベトナム戦争全体

地図3-1　ベトナム全土

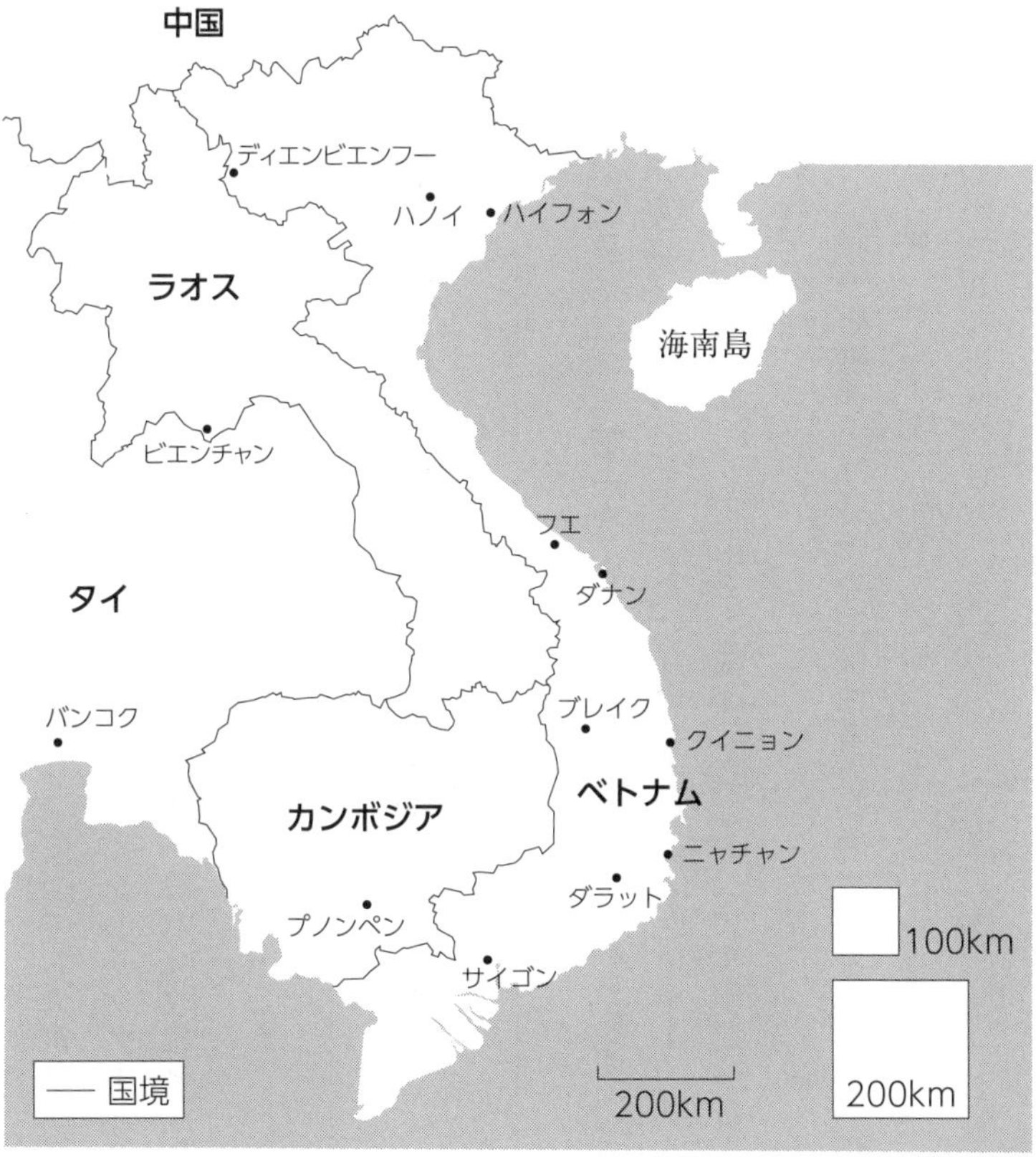
中国
ディエンビエンフー
ハノイ
ハイフォン
ラオス
海南島
ビエンチャン
フエ
ダナン
タイ
ブレイク
バンコク
クイニョン
ベトナム
カンボジア
ニャチャン
ダラット
プノンペン
100km
サイゴン
200km
200km
国境

を俯瞰する立場から、両者を連続体としてとらえている。さらに、ホー・チ・ミンの描いた筋に沿って、二つの戦争を三段階のプロセスで概観し、祖国ベトナムを独立に導き、そして、生涯をかけて南北ベトナムの統一を指導したホー・チ・ミンのリーダーシップをアメリカの指導者と比較・分析するとともに、インドシナ戦争の勝利あるいは敗北をもたらした指導者陣のリーダーシップを比較・考察する。

I 第一次インドシナ戦争——三段階の戦略設計

一九四六年一二月二二日、第一次インドシナ戦争の開戦からわずか三日後、ベトナム政府は、今後の紛争は三つの段階をとる、という声明を発表した。ホー・チ・ミンは、毛沢東の人民戦争論をベースにして、刻々と変化する戦況に応じて、ゲリラ戦から正規戦へと変換する戦略を構想していた。

第一段階は、抗戦力を築き上げるため山岳地帯の砦内にとどまった「防衛戦」である。第二段階は、「ゲリラ戦」による勢力の均衡と奇襲であり、山岳地帯に隠れ、抗戦力を築き上げ、フランス軍との戦力がほぼ同等になった段階で、ベトミン（ベトナム独立同盟の略称）軍は、山岳地帯の砦から現れ、むき出しとなっている敵の軍事施設に奇襲を仕掛ける。第三段階は、正規軍による総反抗であり、ベトミン軍が敵軍を海に押し返すまでの最終総攻撃という筋立てである。

1　第一段階——防衛戦

フランス軍との戦い

一九四五年八月一五日、日本軍の敗北により第二次世界大戦は終結した。ホー・チ・ミンは、日本が敗北し、連合国軍がベトナムに上陸してくる前の「権力の真空」を逃さなかった。ホーは、ベトナム人民の蜂起を組織し政権を奪取するため、絶妙なタイミングで行動を起こした。ベトナム全土で、ホーに呼応した数千万のベトナム人民が蜂起した。八月一九日には首都ハノイで、二三日は王都があったフエで、二五日はサイゴン（現ホーチミン）で蜂起が起こった。

日本軍の敗戦を受けて、ホー・チ・ミンがタンチャオからハノイに到着したのは、八月二五日であった。その三日後の二八日に、臨時政府の閣僚名簿が公表され、翌二九日には、ベトナム解放軍の最初の連隊がハノイに進駐した。九月二日、ハノイに入ったベトミン軍は、ベトナム民主共和国の独立宣言を発し、ベトナム人民の総蜂起をベトナム全土に呼びかけた。ハノイのバーディン広場に集まった数十万の民衆を前に、ホーは、ベトナム民主共和国の独立宣言を読み上げた。

ホー・チ・ミンの独立宣言から間もない九月二三日、ベトナム南部のサイゴンでは、イギリス軍の支援を得たフランス軍が戦端を開いた。フランス軍はインドシナの権益を手放す気はなく、同日、サイゴンを占領した。

一九四六年三月六日、ホー・チ・ミンの独立宣言から半年後、ベトナム民主共和国政府はフランス政府との間に、停戦のための予備協約をパリで結んだ。この予備協約では、フランス連邦内での一つの自由国家として、ベトナム民主共和国が認められる一方で、一万五〇〇〇人のフランス軍がベトナム北部に駐屯することも認められることになった。

ベトナム国民は、これは一時的な妥協であるとし、総選挙によって、真の独立がもたらされることを望んでいた。ホー・チ・ミンは、外交交渉によってフランス軍との衝突を最後まで避けようと精力を注いだが、フランス軍はベトナムを再び植民地とするため、ベトナム各地域を次々と占拠していった。

一九四六年を通じて、パリ郊外のフォンテンブローで、フランスとハノイによる話し合いが何度か行われた。ハノイは、何度も譲歩を重ねつつも独立を手放さない覚悟であり、フランスはあくまで植民地に固執した。同年一一月、フランスは一方的に停戦ラインの北緯一六度線を無視して北に部隊を進めた。海上からは、北における最大の国際港ハイフォンを接収するという挙に出て、ハノイへ向かった。フランス軍の企図は、ハノイ占領後、ハノイから南下する部隊と南ベトナムから北上する部隊とで残余のベトミン軍を挟撃、殲滅し、ベトナム全土を占領することだった。

この時点でのベトミン軍の実力は、近代的な装備で固めたフランス軍に真正面から立ち向かうにはほど遠かった。それでも、ベトミン軍は、寄せ集めの小銃を頼りに、ハイフォン市内でゲリラ戦を展開し、フランス軍がたたき潰すと豪語した一週間を守り抜いた。

ハノイ侵攻vsゲリラ戦

フランス軍は、引き続きハノイに侵攻した。フランス軍は、ハノイ政府は簡単に降伏すると読んでいたが、ハノイで起きたのは、市民による一斉蜂起であった。一二月一九日の夜ハノイ市内の発電所が爆破され暗黒と化した市内で、ベトミン軍はもちろんのこと、市民がありあわせの武器を持ち一斉に蜂起した。二〇日、ホー・チ・ミンは間一髪、ボー・グエン・ザップに助けられ、ハノイの南西七キロのハドンまで逃れた。同日の夕方、ホーは、ラジオを通じて「全国抗戦」の決意をベトナム国民に呼びかけた。

ハノイのベトミン兵と一般市民らの抵抗は、粘り強く続けられた。彼らは、強力なフランス軍との正面切った戦闘を避け、ゲリラ戦に徹し、昼夜を問わず執拗な市街戦を繰り広げた。このためフランス軍はハノイ制圧に三ヵ月近くを費やし、目論見は大きく狂っていった。

ハノイ市の中心部にあるドンスアン市場をめぐる戦いは、ベトミン軍のゲリラ戦の典型的な戦闘であった。ベトミン軍はこの市場一帯を意図的に手薄にしておき、フランス軍を誘導して攻撃する作戦を立てた。フランス軍は、市場に指揮所を開設し、通信施設を置き、ハノイ市制圧の拠点とした。対するベトミン軍は、あらゆる手段で時間稼ぎの徹底したゲリラ戦を展開した。ドンスアン市場のフランス軍拠点では、夜が明けると、装甲車はパンクし、戦車の無限軌道のピンが抜かれていた。市場を、爆弾を背負った犬が走り回り、人気のないところから手榴弾が転げ落ちてきた（岩堂憲人『兵器とベトナム戦争』）。

こうしたゲリラ戦術に対して、フランス軍拠点はますます要塞化していったが、これもベトミンの思うツボであった。要塞化はフランス軍の機動力を削ぎ、ベトミン軍のゲリラ戦の展開を支援したのだ。一方、このハノイにおける対仏抵抗戦で、ベトミンの得たものはさらに大きかった。ホー・チ・ミンがベトミンを結成し、独立への戦いを呼びかけたとはいえ、国民はまだまだ立場を決めかねていた。このフランス軍のハノイ侵攻は、そうした感情を一挙に雲散霧消させ、対フランスへと国民を団結させた。ベトミン軍にとっては、いまや首都ハノイは、広大なトンキン・デルタや険しい山岳地帯と等しくなった。

ベトミン軍は、国土地形の特性を知悉《ちしつ》し、最大限に活用していった。ベトナムの国土は中国のように広大ではない。さらに、都市のほとんどは平野部にあり、都市とジャングルや山間部との距離はそれほど遠くなかった。トンキン・デルタやメコン・デルタは、水路が迷路のように走っていて敵の機動力を減殺する。このような地形は、ヒット・エンド・ランのゲリラ戦には絶好である。しかも、亜熱帯から熱帯に位置するベトナムには、ゲリラ兵士に最も過酷な季節となる冬がなく、これは中国大陸の抗日ゲリラ戦にはない利点であった。

一九四九年から翌年にかけて、フランス軍は増強されていた。ハノイ制圧の頃は約一万六〇〇〇であったフランス軍は、本国からの増強によって、翌年中頃には一二万を超えるまでになっていた。

一方のベトミンにとって、この時期はいわば雌伏の時期であった。ひたすら耐え、地下での戦力増強に全力をあげなくてはならなかった。しかし、ゲリラ戦を放棄したということではなかった。都市の一戸一戸は、進攻するフランス軍への砦となり、市街との境界では執拗なゲリラ戦が繰り返された。また、占拠された都市へは、絶え間なく小ゲリラ部隊が送り込まれ、フランス軍は見えざる敵への応戦に焦りの色を濃くしていった。

2　第二段階――ゲリラ戦による勢力の均衡

近代化進むベトミン軍

一九四八年末、アジアでは中国人民解放軍が北京に入り、以後、敗走する国民党軍を追って南下を続け、一九四九年一〇月一日、毛沢東は中華人民共和国の樹立を宣言した。同年一二月、さらに南下した中国人民解放軍がベトナム国境に達し、ついに、ベトミン軍と中国軍が連携した。一九五〇年一月一八日、中国はベトナム民主共和国を承認、三〇日にはソ連もこれに続いた。

これを契機としてベトミン軍には、質的にも量的にも、またその装備にも大転換期が訪れた。中国を後方支援基地として兵員訓練や武器援助の支援体制が得られることになり、ベトミン軍は、それまでのゲリラ戦組織から、大隊、連隊、師団という正規軍組織に急速に近代化されていった。

一九五〇年、フランス軍は約一一万五〇〇〇に達し、同時に頭打ちとなった。マダガスカルやアルジェで緊張が高まるなか、それ以上の余裕がなくなっていった。これに対して、ベトミン軍は着実に力をつけていった。都市にフランス軍を引きつけておき、間断のないゲリラ戦を展開することで兵士の練度は向上し、フランス軍がベトナムに持ち込む兵器が増すのに応じて、それを奪うベトミン軍の兵器も増えていった。

ベトミン軍は、フランス軍が車輌移動に頼るのを見抜いて、攻撃をフランス軍の交通網の遮断に注入した。これは、ボディー・ブローのように着実に効果を表し始めた。交通網遮断作戦は、兵器奪取にも有効な一石二鳥の作戦であった。

ベトバック攻勢の挫折

力をつけたベトミン軍の象徴となったのが、フランス軍の「ベトバック」作戦の失敗だった。この作戦ではフランス軍の三個師団が参加し、北部山岳地帯のベトミン軍の根拠地と考えられていたベトバックに向けて攻撃が開始された。しかし、ベトミン軍には西欧的な軍事拠点の概念などなかったので、進攻作戦は前提からして間違っており、空振りに終わった。さらにベトミン軍は、ゲリラ戦と機動戦を巧みに組み合わせ、いたるところでフランス軍を翻弄し、その作戦企図をくじいた。

このような結果は、ベトミン軍の力の成長を内外に示すことになった。フランス軍のベトバック攻勢の挫折は、ベトミン軍との戦いが、初期の段階を脱し、第二段階である一種の拮抗状態に入ったことを意味した。西欧型の近代軍であるフランス軍は強力であったが、そのような軍隊と戦術にどう対抗すべきかをベトミン軍が実証したことで、戦場にある種のバランスを生み出した時期であった。

この拮抗状態は、次第にフランス軍にとっては不利に、ベトミン軍にとっては有利に作用していく。フランス軍は、限りある兵力を多くの都市防衛のために分散させ、しかも交通網の要所を守らなくてはならなくなった。気がついたときには、フランス軍は点と線、それも途切れがちの線を守っているにすぎなくなっていた。

この間、ベトミン軍は、農村部や山岳民族の間に着実に地歩を固めていった。さらに人民の支援を受けて、教育宣伝活動を広く進め、ベトミン戦士の数もそれに応じて増大した。そのうえ、南のメコン・デルタ地帯を拠点とする、いわゆる南起勢力とも勢力範囲を結合させていったのである。

軍の装備品について、第一段階では、ベトミン軍の軍需品の大部分は戦利品であった。日本軍は、フランス軍から没収した武器保管所を解錠したまま撤収したので、ベトミン軍は労せずして大量の武器を入手できた。

3 第三段階——正規戦による総反撃

「ナバール」計画

一九五三年五月、アンリ・ナバール中将が、インドシナにおけるフランス植民地軍の最終段階の戦いの総指揮をとるべく送り込まれた。この頃、アメリカからの援助で友軍である南ベトナム軍はすでに二〇万となり、また、ベトミンに対する絶対有利なアメリカ支援によって航空戦力が充実してきていた。航空優勢の確保は、第二次世界大戦を通じて得られた戦訓であったが、頭上をジャングルに守られて戦うベトミン軍に対して制空権の確保の有効性には疑問があった。

しかし、当時のフランス軍内部では、制空権の有効性に疑問を示すことはなかった。さらに、フランス軍本部を支配していた空気は、ベトミン軍はしょせん軽武装のゲリラ部隊であり、敵を勝負の土俵に引き出しさえすれば、十分な兵力と装備を持ったフランス軍が容易に殲滅できるというものだった。フランス軍首脳は、力をつけてきていたベトミン軍の実力を過小評価していた。

こうした背景のなかで、新フランス総司令官によって新たな作戦が動き出した。「ナバール」計画である。これは、ゲリラ小部隊の掃討はベトナム、ラオス、カンボジアの各国政府軍にゆだねて、フランス軍はベトミン軍を主力とする共産軍中核の攻撃に専念するという計画であった。

フランス軍の過小評価とは異なり、当時のベトミン軍の兵力は、すでに北ベトナム軍の呼称がふさわしいほどに内容、実力ともに充実していた。その勢力は正規軍約一四万、地方軍が約七万、さらに初期のベトミン部隊に匹敵するゲリラ戦線構成員が約一五万、これらを合計して三五万程度と見られていた。また、これらの戦闘員の装備内容も、中ソからの支援によって急速に充実した。歩兵の機関銃・小銃装備では、ベトミン軍はフランス軍と互角になっていた。

さらに、対空火器についても充実しつつあった。とりわけ著しいのが、砲迫火力の充実だった。フランス軍はベトミン軍に火砲があるのは知っていたものの、それらは日本軍の残置した旧式火砲程度と見ており、同時に砲術レベルも幼稚で直接照準による各個射撃の域を脱しておらず、高度なテクニックを要する間接照準射撃や複雑な火力調整などは到底できないと考えていたのである。これは、ベトミン軍の秘匿が徹底していたからであった。

ベトミン軍は、国内では小規模の砲撃を散発的に行うだけで、砲兵の存在する兆候をまったく見せず、砲兵の訓練も中国国内で行うなど徹底して秘匿した。実際は、ベトミン軍は火砲として一〇五ミリ榴弾砲、一二二ミリカノン砲、一五五ミリ榴弾砲を装備し、一九五二年中には最初の独立砲兵が創設され、間もなく師団規模に拡充されていった。さらに驚くべきことに、八二ミリ迫撃砲、ＲＰＧ（ロケット推進擲弾《てきだん》）系対戦車ロケット、ソ連製の多連装ロケットカチューシャまで装備されていた。兵器以外の装備も充実しつつあり、当時、すでに一〇〇〇輛に近いソ連製トラックも保有していたのだ。

フランス軍は、ベトミン軍は近代砲兵能力を欠いた敵であるという前提のもとに、ナバール作戦構想として立体要塞構想を打ち立てた。それは、敵がどうしても出てこなければならない要地に、複合要塞を相互に補完しあうように構築し、複数の滑走路も設置し、拠点防衛の主力は砲兵火力とする、という考え方である。

ベトミン軍が包囲攻撃を仕掛けてくるときを攻勢転移への好機とし、味方砲兵の全力砲撃下、各要塞から出撃して、動揺する敵部隊を捕捉・撃滅する。このためには戦車や装甲車といった機動力を確保する。拠点設営と以後の作戦に必要な補給は、すべて空輸で行い、その保全は必要な期間を限度に恒久的なものとする、という筋書きであった。

このナバール作戦構想に選ばれた地が、ディエンビエンフーであった。

ディエンビエンフー

ラオス国境から一五キロに位置するディエンビエンフーは、南北に約一八キロ、東西に約六〜八キロの広大な盆地である。ディエンビエンフーは幹線道路が交わる交通の要所でもあり、ハノイからは陸路で西北西に約四四〇キロの距離であった。

ベトナムとラオスの国境のこの地で、一九五四年三月から五月にかけて繰り広げられた五六日間にわたる戦いが、インドシナ独立戦争の大きな転機となった。ディエンビエンフーの戦いは、負けるはずがないといわれた難攻不落の要塞と最先端の近代兵器を備えたフランス軍に、

現在のディエンビエンフー
（写真提供）Roland Neveu／Getty Images

ベトナム人民が勝利し、九年間にわたる植民地支配を終わらせた戦いであった。

ディエンビエンフーは、近代兵器が装備され強固な防御陣地で難攻不落とされていたが、その最大の弱点は兵站だった。そこは、近隣のどの基地からも数百キロ離れ、陸の補給路はなく、完全に孤立しており、唯一の方法は空輸だけだった。また地形から見ても、ジャングルにおおわれた山岳地帯の盆地に建設された要塞陣地は、周囲の高地から容易に俯瞰できる位置関係にあった。日露戦争の旅順要塞にたとえるならば、周りに二〇三高地が多数あるという配置だった。この致命的な弱点を有する配備となったのは、ベトミン軍に本格的な砲兵が欠けていることを前提にしたからだった。

さらに陣地の土質は、岩盤などではな

地図3-2　ディエンビエンフー要塞主要防御配置図

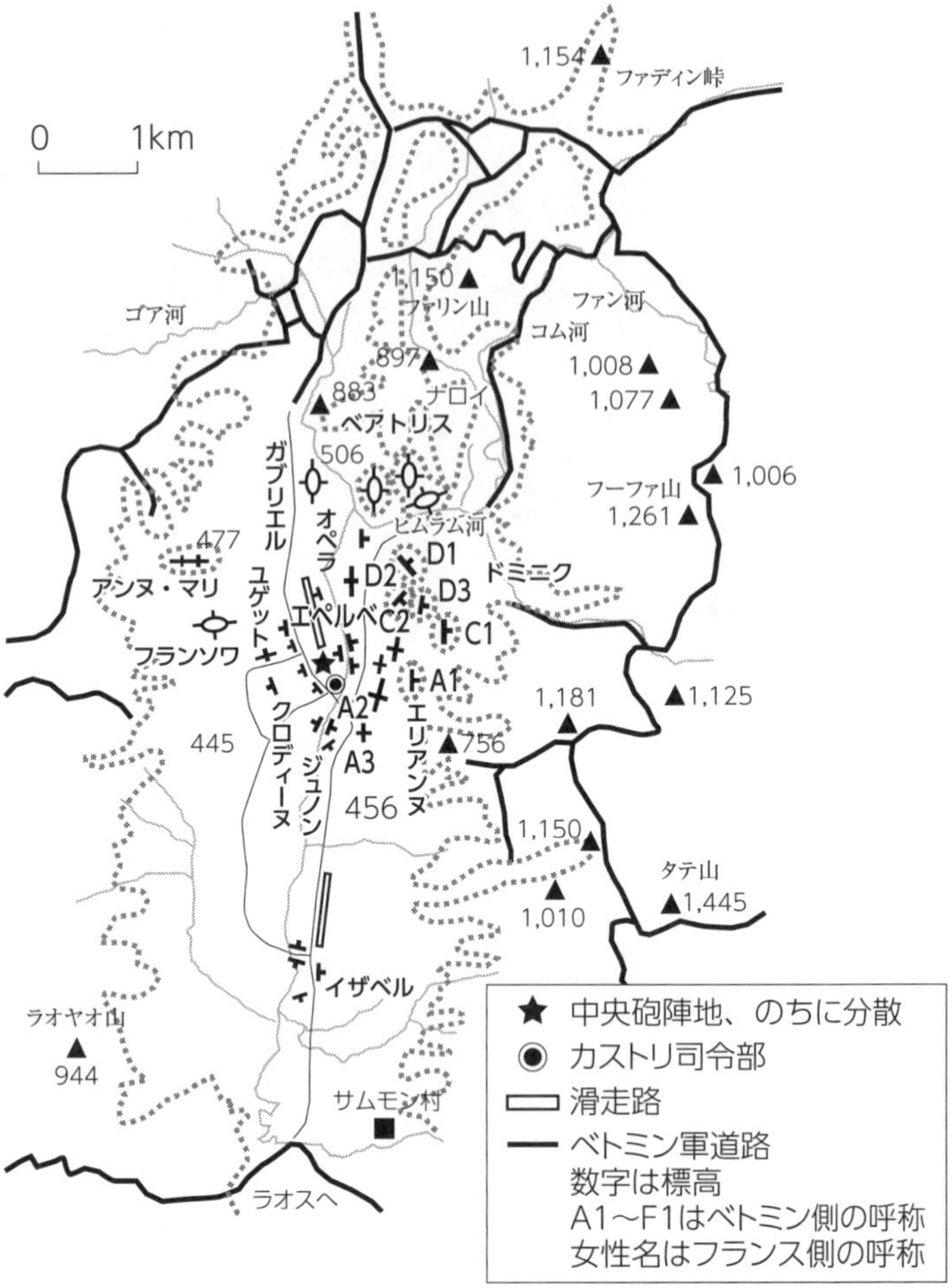

（出所）岩堂憲人『兵器とベトナム戦争』（朝日ソノラマ、1992年）掲載要図にもとづいて三原光明作成

く、軟らかく脆弱だった。その土質を補強するのに必要なセメントも空輸のみのため、十分な量を運べなかった。現在の写真を見ても、陸上自衛隊の簡易掩蓋《えんがい》（強度ではその上に、軽掩蓋、中掩蓋、重掩蓋がある）レベルであり、フランス軍の火砲陣地は、露天陣地が多く、要塞とはいえないものだった。また、ここに送り込まれたフランス軍の一万六〇〇〇という大兵力も、補給・兵站面で見ると、要塞の致命的な弱点となる。大兵力であることは、大量の補給が常時必要であり、空輸を絶たれると一挙に自壊作用を加速させてしまうからだ。

こうしたことを知ったベトミン軍は、これまでのゲリラ戦から、一気に正規戦に転換することを決断した。これまでの機動戦からフランス軍の望む消耗戦に転換するには、大きなリスクを伴うが、あえて、急速に充実してきたベトミン軍の実力をもって、敵の土俵上で雌雄を決しようとしたのである。

ベトミン軍は、その正規軍の約八〇％をディエンビエンフー包囲戦に投入した。フランス軍も、ベトミン軍の兵力規模に関してはほぼ正確にとらえてはいたが、その保有する六個師団のうち四個師団、五万を超える兵士をディエンビエンフーに集結させるとは夢想だにしなかった。大規模な兵士をハノイから直線で三〇〇キロ、実際には山道を優に五〇〇キロ移動させることと、そのための補給が必要だからである。

一九五三年一一月二〇日、フランス軍は、旧日本軍がディエンビエンフーに設営した飛行場跡に三〇〇〇人の落下傘部隊を投下した。ベトナム人民軍との戦闘らしい戦闘もなく、フランス軍は瞬く間にディエンビエンフーを占領した。増援のフランス軍兵士も続々と動員され、計画した要塞の建設が開始された。

フランス軍司令官クリスティアン・ド・カストリ大佐の指揮所は、東西七キロ、南北一〇キロの範囲に、司令部を幾重にも取り巻くように、四九の堅固な陣地が築かれた。フランス軍はここに、歩兵一七個大隊、砲兵三グループ、工兵部隊、戦車部隊、飛行部隊、輜重《しちょう》（糧食・被服・武器・弾薬など軍需品）隊からなる一万六〇〇〇人の強力な軍隊を配備した。その大部分は、インドシナに駐屯するフランス遠征軍の百戦錬磨の精鋭部隊であった。中央扇形戦区の中心には、機動グループ群、砲兵数個中隊、戦車部隊、それに司令部があった。その付近に主要飛行場があり、これら巨大な防御体制のすべてが地下要塞と地下塹壕のなかに設置されていた。

この巨大要塞は盆地を囲む高い山岳に守られていたので、山岳地帯に火砲を運び上げ、そこから攻撃してくることなどありえないとフランス軍は見ていた。カストリ大佐は、完成したディエンビエンフー要塞を「難攻不落の要塞」と豪語した。

総軍司令ボー・グエン・ザップ

一九五三年一二月末、フランス軍がディエンビエンフー要塞を構築している頃、ホー・チ・ミンとベトナム労働党幹部は、北ベトナム北東部の山間の少数民族地区につくられたベトバック解放区で、情勢分析を急いでいた。党常任委員会のメンバーは熟考を重ね、ディエンビエンフーを決戦地と決定した。

一九五四年一月一日、ベトナム労働党中央委員会はボー・グエン・ザップを作戦総軍司令に任命した。これに合わせて、五万あまりの兵が北西部への展開を命じられた。作戦の全権を委任されたザップが、ディエンビエンフーに旅立つ直前、ホー・チ・ミンを訪れたとき、ホーは、「勝利のために攻撃する、勝利の確信あるときのみ攻撃する（only fight successful battles）」という作戦の行動指針をあらためてザップに伝えた（ザップ『人民の戦争・人民の軍隊』）。その本質は、タイミングの意味を考えよ、いいタイミングをつかめということだ。

同年一月一二日、ザップは、ディエンビエンフー市街地から北東へ約八〇キロ離れたトゥアンシャオのジャングルにあるベトナム人民軍の司令本部に到着した。このときすでにフランス軍は、一〇個大隊の守備隊をディエンビエンフーに配置していた。

ベトミン軍の戦闘員は、ディエンビエンフーを囲む山腹を切り開いて、大砲を運ぶための新たな道を整備した。道なきところは、大砲に幾本ものロープを縛りつけ人力で引き上げた。フランス軍が配備不可能としていたディエンビエンフーの山岳地帯に大砲は配備され、ベトミン軍の士気は高揚していた。

このとき、ボー・グエン・ザップは、彼自身が総軍司令を務めた戦いのなかで最も困難な決断に直面することになった。

ザップは、それまでの戦いの経験から、一万六〇〇〇の兵士と近代兵器と自然の地形に守られた難攻不落の要塞を破壊するため、二つの戦略を考えていた。〝速攻速勝（Swift attack, swift victory）〟の「迅速的攻撃」と、〝確実な攻撃、確実な前進（Steady attack, steady advance）〟の

「漸進的攻撃」の二つであった。

「迅速的攻撃」は、全力をもって敵の司令部や弱点を同時に、かつ迅速に攻撃する短期決戦である。一方の「漸進的攻撃」は、敵の孤立した部隊を一つひとつ、より確実かつ段階的に攻撃し、最後に機動的な連続攻撃を総合して、敵を殲滅する長期決戦であった。

ベトナム人民軍首脳部では、「迅速的攻撃」である短期決戦を主張する声が大勢を占めていた。しかし、短期決戦に疑問を抱いたボー・グエン・ザップは、ディエンビエンフーの偵察を重ね、自らも現地を視察した。ディエンビエンフーには、すでに飛行場がつくられ、大砲や戦車が次々と運び込まれていた。ザップは、この強大なフランス軍に対し、このままでは、いたずらに犠牲者を増やすだけで、勝つことはできないのではないかと直感した。

同年一月二五日一七時。ベトナム人民軍は、その時刻をフランス軍への攻撃開始と予定し、「迅速的攻撃」短期決戦を目論んでいた。しかし、その直前、人民軍の兵士の一人がフランス軍に捕らえられたため、攻撃開始のタイミングがフランス軍に知られてしまったと思われた。これによって、ザップは、攻撃開始を二四時間延期することを全軍に伝えた。

ボー・グエン・ザップがディエンビエンフーに到着して以来、フランス軍は一〇個大隊から一三個大隊に増強され、防御体制は整っていた。強力な空軍と戦車に防御された要塞に対して、ベトナム人民軍はいかに戦うべきか。「迅速的攻撃」短期決戦で勝利は獲得できるのか。ザップはこの難題に取り組み、代替案を一睡もせずに考え抜いた。結果、夜間戦闘には慣れていても、白昼平地で、空陸総合の要塞陣地を攻撃する経験が不足しているベトミン軍では、

「今・ここ」での迅速な決戦に「必ずしも勝てない」と確信するに至った。

　翌一月二六日の早朝、党委員会によるミーティングが開かれた。ザップは、招集されたメンバーに「このまま戦闘を開始すれば、失敗は避けられない。攻撃を延期し、軍を以前の状態に再編成する。そして、『漸進的攻撃』戦略に沿って、新たに戦闘の準備を進める」と伝えた。

　一瞬の沈黙の後、様々な反論があがったが、彼は、「勝利の確信あるときのみ攻撃する」との行動指針に沿って考え、敵軍を一掃する攻撃の指針を「迅速的攻撃」から「漸進的攻撃」に転換することが不可欠であり、攻撃開始は機が熟するのを待つ、と宣言した（ザップ『人民の戦争・人民の軍隊』、Giap, *Dien Bien Phu*）。

　ボー・グエン・ザップは、ホー・チ・ミンから贈られた言葉によって、この作戦の本質が「要塞化した一つの陣地に、短時間で大規模な攻撃を遂行」するという作戦ではなく、「多くの要塞拠点に対し、長期にわたり連続した機動攻撃を行い、敵を殲滅するまで継続する大規模な作戦」であるという認識を、ホー・チ・ミンと共有することができた。ザップ自身が、総軍司令を務めるなかで最も困難であったという決断の結果、ベトナム人民軍の攻撃開始はギリギリのところで延期された。

　同年一月三一日、ザップは、ディエンビエンフーの北東一〇キロにある山間の村、ムンファンに作戦司令部を設置した。そこからは、フランス軍との戦いに備え、勝利を確実なものにするため、周到な準備を徹底して進めていった。

作戦準備

フランス軍は、ディエンビエンフーを取り囲むベトミン軍と後方支援部隊を隔てる四〇〇キロを超える距離そのものが、食料補給上、ベトミン軍にとって大きな障害になると考えていた。遠く離れた後方支援部隊からの補給は、悪路のうえ、輸送手段が不十分であった。フランス軍から見ると、ベトミン軍の兵站は戦地で戦うこと以上に困難が多いと思われた。

しかし、ベトナム人民軍を支える多くの農民と山岳民族は、フランス軍が不可能だと考えたことをやり遂げ、ベトナム人民軍を勝利に導いた。彼らは、四〇〇キロ離れた後方部隊から弾薬や食料を戦場に届け、ディエンビエンフーを囲む山岳地帯に大量の大砲を引き上げた。

攻撃開始の直前で、適時適切な意思決定によって戦略を転換したザップが新たにとった作戦は、密かに大量の武器を運び込み、敵を奇襲することだった。そのため、四〇〇キロ後方の補給基地から、五〇〇台のトラックによる大輸送作戦が開始された。山を切り開き、輸送路が建設された。フランス軍は、山間を縫って走る補給ルートを激しく空爆した。しかし、道を破壊されても破壊されても、ベトナム人民軍と民衆はすぐに修復していった。トラックが通れない山道は、一台で三五〇キログラム運べるように改造された自転車部隊が活躍した。

トラック輸送隊は、河を渡り山岳や森林を越え、何十日も夜を徹して走り続け、前線へ武器や弾薬を送った。何千もの自転車部隊は、補強した自転車に米袋を縛りつけ、都市の中心から前線へ向かって食料を届けた。自転車のタイヤチューブに包帯を巻き、ハンドルとブレーキが

肩に荷物を担いで峠を越えるベトナム人民軍
（写真提供）SeM／Getty Images

操作しやすいように、木の棒を縛って押して歩いた。このようにすると、一台の自転車で一五〇キログラム程度の米が運べた。何百隻もの小船、輸送船、何万隻もの筏《いかだ》が急流や滝を渡った。荷駄馬輸送隊があらゆる省からやってきて、前線へと向かった。そして、何万人もの人民が、肩に天秤棒《てんびん》を担ぎ、峠を越え、ジャングルを抜け、フランス空軍の機銃掃射を避け、ディエンビエンフーに向かって歩き続けた。

ザップがとくに重視したのは、一〇五ミリ砲だった。当時ベトナム人民軍には、中国から譲り受けたり、フランス軍から奪ったりした一〇五ミリ砲が、合わせて二四門あった。ベトナム人民軍は、これらの一〇五ミリ砲をディエンビエンフーに運び入れたのである。

この作業は困難を極めた。一門二トンを超す大砲を、山や谷を越えてフランス軍に気づかれないように運ばなければならない。山越えには一〇〇人を超える人々が動員され、大砲に綱を掛け、急斜面を引っ張り上げた。ディエンビエンフーを囲む山々に大量の火砲を配備するために、山腹を切り開いて道をつくった。道路をつくるため岩盤を砕く際、一人の少女が五メートル間隔で豆ランプを並べ、フランス軍機に爆破させたというエピソードも残っている。

大砲を山に引き上げる人々の苦難は文字通り筆舌に尽くしがたいものだった。大砲に、一門ずつ太い綱をつけて、何十人、何百人の力で引き上げた。太綱が切れると、大砲はまっさかさまに転落し、後ろから砲を押し上げてきた老人や女性が巻き込まれ死んでいった。ある青年は、死を賭して大砲の車輪に飛び込み、砲の転落を食い止めた。ザップは、このようなベトナム人民軍の崇高な団結精神と行動を「集団的英雄主義の現象」と称えた。こうして、フランス軍の要塞を望む丘の上に一〇五ミリ砲は密かに配置されていった。

反射面陣地（敵方からは隠蔽された味方側の斜面を使った陣地）に設置された大砲は、さらに、穴に隠され偽装された。この動きにフランス軍はまったく気づいていなかった。ボー・グエン・ザップが考えた輸送作戦には、長い時間がかかったが、すべての輸送が完了するまで、ザップは絶対に動こうとしなかった。カストリ司令官は、いくら待ってもベトナム人民軍が攻めてこないので、ザップの攻撃を挑発するビラを上空から撒いた。ザップは、「敵に言われて戦うことはしない」と、ビラを見て笑った。

同年三月八日、すべての一〇五ミリ砲は、フランス軍の要塞を取り囲むように配置を完了した。そして、最初の標的である、ヒムラム河を見下ろす丘にまたがるヒムラム要塞にねらいを定めた。その五日後、フランス軍がもうベトナム人民軍は来ないだろうと思い始めた頃、ボー・グエン・ザップは、全部隊にディエンビエンフー攻撃を命じた。

ディエンビエンフーの戦闘

一九五四年三月一三日、午後五時、一〇五ミリ砲は一斉に火を噴いた。フランス軍は、突然の砲撃に驚かされた。フランス軍の反撃を一〇五ミリ砲が封じ込めるなか、人民軍の歩兵部隊がヒムラム要塞に突撃した。それから、およそ五時間後、ヒムラム要塞は陥落した。この日から五六日間にわたる激戦が始まった。

三月一四日、ヒムラム要塞を陥落させたその翌日、ベトナム人民軍はフランス軍司令部の北西にあるドクラック要塞を攻撃した。七時間に及ぶ激戦の末、このドクラック要塞も攻め落とした。戦闘機も戦車も一つも持たない人民軍の作戦の勝利であった。

「勝利のために攻撃する、勝利の確信あるときのみ攻撃する」という〝確実な攻撃、確実な前進〟の戦闘ガイドラインに沿って、ベトナム人民軍は勢いに乗り、ディエンビエンフー要塞にさらに激しい攻撃を加えていった。人民軍は要塞の北側からフランス軍陣地を攻め落とし、フランス軍司令部に徐々に近づいていった。フランス軍の補給の要である飛行場にも攻撃を進めた。

しかし、フランス軍の東側には、Ａ１と呼ばれる強固な要塞が残っていた。Ａ１要塞は高さ四九メートルの小高い丘に築かれていた。ベトナム人民軍は、Ａ１要塞の約五〇〇メートルの南に位置する丘、ドイ・チャイに攻撃の拠点を築き、そこに大砲を配置した。三月三〇日、A１要塞の攻防戦が始まった。

A１要塞の攻略は容易ではなかった。要塞は三重四重に張り巡らされた総延長七キロを超える鉄条網に囲まれ、その内側には、縦横に走る塹壕が掘られていた。深さ一・七メートル、幅八〇センチの塹壕から、フランス軍は激しい攻撃を人民軍に仕掛けた。さらに、いくつもの半地下の掩蔽壕《えんぺいごう》も設けられ、そこに多数のフランス軍兵士が潜み、丘を攻め上がる人民軍兵士に銃弾を浴びせた。鉄壁の守りの前に、ベトナム人民軍はなかなか要塞を攻略できず、犠牲者ばかりが増えた。一人が倒れると、次の兵士が丘を上った。A１要塞をなかなか攻略できない人民軍と、陣地を挽回することのできないフランス軍との間で、ディエンビエンフーの戦いは膠着状態が続いた。

死傷者は増え続けた。ザップは、戦術を見直し、新たな塹壕を掘り始めた。まず、補給用に深さ一・七メートル、幅七〇センチの長大な塹壕を掘ることから始めた。食料など、物資の補給に万全の態勢を整え、味方の犠牲をできるだけ少なくするというねらいであった。

そして、補給路とともに、要塞に接近する塹壕も掘り進められた。ベトミン軍兵士は、深夜から夜明け前まで、攻撃の合間を縫って塹壕を掘り続けた。塹壕は兵士たちの生活の場となった。兵士たちはその塹壕のなかで戦い、眠り、食事もした。こうして塹壕の要所要所に、兵士が休んだり、負傷者を収容したりする空間ができあがった。犠牲者を少なくするため、塹壕の掘り方も工夫した。戦闘用の塹壕はジグザグに掘り進めた。まっすぐに掘ると、一発の銃弾が何人も貫通してしまうからである。

このような人海戦術によって掘り進んだベトナム人民軍の塹壕は、総延長四〇〇キロにも及び、フランス軍の要塞を完全に包囲する形が完成しつつあった。

四月後半、ベトナム人民軍は塹壕をたって敵の要塞に迫った。敵の顔が見えるほどの距離での戦闘が続いた。次第に塹壕からの攻撃が大きな威力を発揮し始めた。ベトミン軍は塹壕を掘って徐々に近づき、フランス軍を圧迫していった。ベトミン軍の攻撃は、フランス軍にとっては休むことを知らない働きアリのように見えた。途絶えることのないベトミンの攻撃は続き、フランス軍は絶体絶命の窮地に陥った。

その頃、フランス国内では長引く戦況に厭戦気分が高まっていた。ベトナムからの撤退を求めるデモが行われるようになった。そのような情況下で、四月二四日、アメリカのジョン・フォスター・ダレス国務長官がフランスを訪問、ジョルジュ・ビドー外相と会見した。当時、フランス軍の戦費の八〇%をアメリカが肩代わりして負担するようになっていた。ダレスはディエンビエンフーを救うために、原爆二発の使用を提言した。ビドーは、ベトミン兵士のみならず、フランス軍兵士をも破滅させると反対した。

ディエンビエンフーの勝利

五月二日、中国の周恩来外相、アメリカのダレス国務長官、フランスのビドー外相ら、関係各国の首脳はスイスのジュネーブに集まり、ベトナムの運命を決める国際会議「ジュネーブ会議」が開始された。フランスがこの会議を有利に進めるためには、何としてもディエンビエンフーの要塞を持ちこたえ、休戦に持ち込みたいと考えていた。一方、ファン・バン・ドン外相が率いるベトナム代表団はジュネーブ入りを遅らせた。ディエンビエンフーのザップ将軍たちの勝利を待って、交渉を有利に運ぶねらいがあった。

五月一日、ベトミン軍はA1要塞への集中攻撃を開始した。ザップには秘策があった。ベトミン軍は塹壕のさらに先、A1要塞の真下に向けて密かにトンネルを掘り進めていた。地上で戦いが続くなか、トンネルは二三日間かけて完成、そして、地中深く大量の爆薬を仕掛けた。五月六日午後八時三〇分、A1要塞の目前で突然、大爆発が起こった。約一トンの爆薬の爆破によって、直径十数メートルの陥没ができた。ベトナム人民軍は爆破と同時にA1要塞めがけて突入し、八時間の戦いののち、ついにA1要塞を陥落させた。こうしてフランス軍は、最大の防衛拠点を失った。A1要塞からカストリ大佐の司令部までは、川を挟んでおよそ四〇〇メートル、人民軍は一気にフランス軍司令部に迫った。

七日午後五時三〇分、ベトナム人民軍はフランス軍司令部を占領した。人民軍の兵士は、フランス軍司令部の屋根に駆け上がり、赤地に金の星一つのベトナム国旗を掲げた。ディエンビエンフーは陥落した。カストリ司令官らフランス軍の将校はベトミン軍に降伏し、五六日間のディエンビエンフーの戦いは終わった。

フランス軍の戦死者・行方不明者は二七〇〇人、負傷者は四四〇〇人、一万人近くの兵士が捕虜となった。一方、ベトナム人民軍の戦死者は七九〇〇人、負傷者は一万五〇〇〇人であっ

ディエンビエンフー陥落
（写真提供）Apic／Getty Images

た。

ボー・グエン・ザップは、ディエンビエンフーの戦いをこのように振り返った。

「革命戦争を行った他の多くの国々とは異なって、ベトナムは国内の闘争の最初の数年間は正規軍同士の会戦をしなかったし、またすることもできず、ゲリラ戦に留めておかねばならなかった。このゲリラ戦は、多くの困難と数限りない犠牲を払って次第に発展していき、機動戦の形に至った。機動戦は日々その規模を拡大し、一定のゲリラ戦の特徴を維持しながらも、一部の要塞陣地攻撃の規模をますます拡大させながら、既に正規作戦というものを包含していた。わが軍は、敵兵士数人または敵一グループを殲滅するために、小隊または中隊程度の少人数による兵力の投入から出発し、後に一個または数個の敵中隊を粉砕するため、大隊から連隊の規模で一層重要な戦闘に移行していった。最終的にわが軍は、数個の連隊、次いで数個の師団を用いて、常に規模がますます拡大する大作戦に至ったのである。そして、フランス遠征軍が自らの精鋭部隊のうち一万六千人の兵士を失った戦場であるディエンビエンフーへと至ったのである。わが軍を勝利の道へと確かな足取りで前進せしめたものは、この発展過程であった」(ザップ『人民の戦争・人民の軍隊』)

ザップは、毛沢東遊撃戦論の信奉者であったが、ベトナムは中国に比べて小さな戦略空間なので、毛の第三段階がゲリラ戦から正規戦への転換点であったが、実戦の情況に応じて両者の柔軟な順序で展開した点に特色があった。

ザップがホー・チ・ミンに勝利の報告に行ったとき、ホー・チ・ミンはザップの手を握り、ディエンビエンフーの勝利を祝った後、ザップの肩を抱いて言った。「次はアメリカだよ」と。ホー・チ・ミンは、その次に来ることを予測していた。

同年七月一日、再び開かれたジュネーブ会議で、ベトナムは、インドシナ休戦協定に調印した。フランスの植民地支配は終わりを告げ、ホー・チ・ミン率いるベトナム民主共和国が樹立された。

Ⅱ　ベトナム戦争（第二次インドシナ戦争）――歴史上最も複雑な戦争

カール・フォン・クラウゼヴィッツは、戦争は「他の手段をもってする政治的交渉の遂行である」と定義した。暴力を行使するのは、政治的目的を達成するためである。このような視点に立ったときに、第一次インドシナ戦争とベトナム戦争の目的には、根本的な違いがあった。第一次インドシナ戦争は、ゲリラ戦に始まる、一貫してフランス植民地支配からの独立戦争であった。これに対してベトナム戦争は、北ベトナムの正規軍を主体とする、社会主義革命による統一を目的とした南部武力解放戦争であった。

一方、アメリカ軍にとってベトナム戦争は、「歴史上最も複雑な戦争」といわれる。その理由は、友軍の南ベトナムの無能や政府の腐敗、対する敵の北ベトナム軍や政府の強靭な意志と訓練された組織だけではなく、不慣れなゲリラ戦、戦場の地形と気象など、様々な要因がアメリカ軍を混乱させたからであった。しかし、最も重要な点は、ベトナム戦争の本質は何かについて、アメリカ軍は明確な洞察と戦争目的を定義できなかったことである。

ベトナム戦争は、一九六〇年一二月の「南ベトナム解放民族戦線（ＮＬＦ、蔑称ベトコン）」結成から七五年四月の南ベトナム政府崩壊までの戦いである。第一次インドシナ戦争でフランス軍を破り、開戦当初に比べ格段に強くなったベトミン軍であったが、ベトナム戦争での北ベトナム軍は、フランス軍より格段に強い世界最強のアメリカ軍を相手にすることになった。

ベトナム戦争を戦況の推移から区分すると、四段階に分けることができる。

最初の段階は、アメリカからの軍事支援を受けた南ベトナム政府軍と、北ベトナムの支援を受けた南ベトナム解放民族戦線との戦いである。この戦いは、アメリカ軍も北ベトナム軍も表面には出ない特殊な戦争であった。第二段階は、アメリカ軍が前面に出た本格的な戦争の段階である。第三段階は、ケサン基地への攻撃と各主要都市への一斉攻撃であるテト攻勢で始まった、北ベトナム軍の本格的介入の段階である。最後の段階は、アメリカ軍の撤兵と、その後の南ベトナム軍の崩壊、サイゴン陥落へと続く。

ここでは、ベトナム戦争全体をベトナム側から俯瞰する立場で、第一次インドシナ戦争の段階区分に合わせて、ホー・チ・ミンの描いたシナリオに沿い、北ベトナム軍の戦いを三段階に区分した。

第一段階として、戦況区分での第一・第二段階であるアメリカ軍との戦い。第二段階は、戦況区分では第三段階にあたる、ケサン攻防戦からテト攻勢に始まる北ベトナムの本格攻勢。第三段階は、アメリカ軍全面撤退から南ベトナム崩壊までとした。

1　第一段階――アメリカの消耗戦とその行き詰まり

ベトナム戦争は、アジアの小国の北ベトナムが、世界の超大国アメリカに勝利した戦争である。ディエンビエンフーの戦いの後、ホー・チ・ミン率いるベトナム民主共和国とフランスは交渉を開始し、一九五四年七月二一日、関係国の間でジュネーブ協定が結ばれた。その内容の骨子は、①北緯一七度線を暫定軍事境界線としてベトナムを南北に分割する、②南北統一政府を樹立するための総選挙を一九五六年までに実施する、というものであった。

ジュネーブ協定によって、北ベトナムは植民地支配から解放されたが、南ベトナムでは、アメリカの支援に依存したゴ・ジン・ジエム政権が一九五五年に登場した。反共親米のカトリック教徒であるジエム大統領は、同協定にもとづく南北統一総選挙を拒否し、アジアにおける反共防波堤の性格を持つベトナム共和国を建国した。

南北統一拒否に強く憤ったホー・チ・ミンは、一九五九年一月一三日、ハノイで開かれた第一五回ベトナム労働党中央委員会拡大総会で、南部政権を転覆するための武力解放戦争を決議した。ただし、この点は、これまでの党の平和的政治闘争路線からの大きな転換となるので極秘とされた。

ゴ・ジン・ジエム大統領は一族による独裁体制をとり、社会改革よりは、アメリカからの援助物資のばらまきで政権維持を図る指導者であった。メコン・デルタ地方の土地改革を行うが、これがベトミン時代に取り上げられた地主制を復活させ、人口の八五%を占める農民の反発を買い、共産主義者や反対勢力、さらには、国民の大多数を占める仏教徒までを弾圧した。

このような政治的混乱のなかで、一九六〇年一二月二〇日、南ベトナム解放民族戦線(South Vietnam National Liberation Front：NLF、以下、解放戦線と略記)が結成され、南ベトナム軍と戦闘状態に入った。これがベトナム戦争の始まりとされている。「一二月二〇日」は、第二次世界大戦後フランス軍に対して「全国抗戦」をベトナム国民に呼びかけた、意味ある日である。

こうして、アメリカからの軍事支援を受けた南ベトナム政府軍と、北ベトナムの支援を受けた解放戦線との戦いである第一段階が開始された。解放戦線は、すべてが共産主義者ではなく、知識人、農民、企業家、女性などで構成される民族統一戦線であるが、上級幹部は北ベトナム労働党と直結していた。この点もサイゴン陥落後まで秘匿された。北からは、多くの対仏歴戦の兵士が南に潜入して解放戦線の育成にあたり、その実力を強化させていった。

一九六二年になると、新しく誕生したケネディ政権が、南ベトナム援助軍司令部(MACV)を設立。軍事顧問団という名目の特殊作戦部隊を事実上の正規軍に格上げし、さらに積極的にベトナムに介入していく。

南ベトナム軍は、アメリカ顧問団の指導のもとに、イギリスがマラヤでゲリラ鎮圧に成功した、農民と解放戦線のゲリラを切断する「戦略村計画」を展開した。これに対して、解放戦線は戦略村を攻撃し、村の責任者を殺し、村に参加する人々に恐怖感を植えつけた。

戦略村は、もともと自然と共生する農民の自治を奪い、政府軍兵士がゲリラ攻撃の名目で農民の資産を略奪するようになると、逆に農民とゲリラの連帯を強化することになり、一九六四年に中止に追い込まれた。

一九六三年一一月、ゴ・ジン・ジエム政権の独裁と腐敗に民心は離反し、反ジエム・クーデターが起こり、政権が倒れた。その三週間後、アメリカでは、ベトナムへの本格介入の決意を固めていたケネディ大統領が暗殺された。ケネディ大統領の後を継いだリンドン・ジョンソン大統領は、南ベトナムへの軍事・経済援助の継続を言明した。

一九六四年八月、北ベトナムのトンキン湾でアメリカ駆逐艦が北ベトナムの魚雷艇に砲撃されたことへの報復として、北ベトナムへの限定爆撃をジョンソン大統領は命じた。一九六五年、アメリカ軍による北ベトナムへの本格的な爆撃が開始された。同年三月には、北ベトナム爆撃を強化し、同月、アメリカ海兵隊三〇〇〇人がベトナム中部のダナンに上陸した。こうしてベトナム戦争の規模は急速に拡大していったが、アメリカ軍にとって、南ベトナムの情況は少しも好転しなかった。

ゲリラ戦vs正規戦

アメリカ軍は、最小の犠牲で敵の戦闘遂行能力を破壊する方法として、人命の観点から先端技術ベースの爆撃と砲撃を優先した。北ベトナムの首都ハノイなどの軍事施設や、ホー・チ・ミン・ルートに対する爆撃回数は、一九六五年には二万五〇〇〇回、六万三〇〇〇トン、六六年には七万九〇〇〇回、一三万六〇〇〇トン、六七年には一〇万八〇〇〇回、二二万六〇〇〇トンに及んだ。

アメリカは、爆撃により北ベトナムのインフラを破壊すればその政治経済体制が弱体化し、北ベトナムの指導者は南ベトナムを侵略しようとする野心を放棄すると考えた。しかし、国家の統一を悲願とするホー・チ・ミンの率いる北ベトナムに対しては屈服させる効果を上げることができず、「ローラーでは蟻は潰せない」ことが証明され、北ベトナムに対する爆撃は、非効率かつ不道徳だと非難されるようになっていった。

南ベトナム援助軍司令官ウィリアム・ウエストモーランドは、アメリカ軍の最小の犠牲で敵を捕捉・撃滅するために、大規模な砲爆撃に大きな期待を寄せ、同時に圧倒的な技術的優位を活用しようとした。携帯小型レーダー、人間体臭探知機、光増幅式暗視装置、枯葉剤、ＩＢＭコンピュータなどが戦場に持ち込まれた。とくに、大量に持ち込まれたヘリコプターによる索敵掃討作戦（サーチ＆デストロイ）は、戦略的機動力（strategic mobility）の概念として、ベトナム戦争の代名詞にまでなった。

実際、ヘリコプターによって地上軍の移動速度は一〇倍となり、機関砲やロケット砲を搭載したヘリコプターは、輸送主体から戦車に匹敵する戦闘装備を持つことになった。一九六五年一一月一四日のイア・ドラン渓谷一帯の正規軍同士の正面対決では、ヘリ装備のアメリカ軍第七騎兵隊第一大隊は、北ベトナム軍に対して機動力を駆使して圧倒的な勝利を収めたと公表された。

アメリカ軍のヘリコプターによる索敵掃討作戦
（写真提供）GRANGER.COM／アフロ

しかし、地の利を有する解放戦線は、やがて発着時に弱いヘリを突き、接近戦に持ち込んで、アメリカ軍の激しい間接照準射撃を封じ込めるようになった。これは、一九四三年にソビエト軍がスターリングラードでドイツ軍に対して実行したのと同じ戦術であった。

こうして解放戦線は、ウエストモーランドのとった索敵掃討作戦に対して着々と効果的な戦術で対抗していった。こうした陸軍のウエストモーランドの消耗戦に疑問を抱いたのが、海兵隊であった。ベトナムでは、海兵隊に与えられていた任務の一つが民生協力への参加であった。それは基本的に、解放戦線からベトナムの村落を保護・防衛するという性格の平定作戦（pacification-centered strategy）である。

ビクター・クルーラク海兵中将は、ベト

ナム戦争の初期段階で何度となく戦線を視察するうちに、ベトナム戦争の本質は人民戦争にあることを見抜いた。南ベトナム援助軍司令官ウエストモーランドの主張する、北ベトナム軍を見つけ出して一掃する索敵掃討作戦は、消耗戦を信奉するアメリカ陸軍の戦法として理解できるが、ベトナム戦争では人民の信頼を勝ち取ることが最も重要なのではないか。クルーラクには、海兵隊の仕事は、軍隊であると同時に外交でもあり、人民を守らなければならないという哲学があった（Krulak, *First to Fight*）。

最初の反ゲリラ作戦は、人口七〇〇人の村ムメイでの実験であった。カウンティフェア作戦と呼んだクルーラクの概念は、ベトナム人民の心をつかむ一村ごとの平定作戦であった。

平定作戦にはＣＡＰｓ（Combined Action Platoons）と呼ばれる共同作戦小隊が活躍した。ＣＡＰｓの隊員はボランティアで募集し、戦闘経験を持ち、懲戒記録などない、成熟し精神的に安定したエリート海兵隊員が選ばれた。ＣＡＰｓには、さらに海軍の衛生兵も加わり、ベトナム人からなる民間軍とともに平定作戦を行った。

ムメイでは、海兵隊はＣＡＰｓをもって南ベトナム軍と共同で解放戦線を村から一掃して、家を再建し、井戸を掘り、医療援助を行い、民兵を組織化した。このような、一村ごとに領地を漸次拡大し、敵から分離した領地に平和、繁栄、健康を実現しようとする、労多くときに血を流す作戦は、インクのシミがゆっくり広がるプロセスにたとえて、拡大する「インク・プロット方式」と呼ばれた。

しかし、この効果的な海兵隊の平定作戦にもいくつかの問題があった。一つは、ＣＡＰｓの質の問題である。ＣＡＰｓは、戦闘経験があり人間的にも成熟したオープンマインドなエリート海兵隊員で構成していたが、このような高邁な基準を維持することは難しかった。

さらにＣＡＰｓの量の問題である。ある研究では、占領していない地域の村落をＣＡＰｓのやり方で警護するためには、二万二〇〇〇人以上の民間軍、一六万七〇〇〇人以上のアメリカ軍人が必要であり、そのためには年間一・八億ドルの費用が必要であった（Manus, *GRUNTS*）。

ウエストモーランド司令官は、そのような平定作戦は論理的には理解できるが、正規戦の概念からすると非軍事的に過ぎるとして許可しなかった。ロバート・マクナマラ国防長官は、インク・プロット方式は良いアイディアだが、時間がかかりすぎると言った。指揮官の多くは、第二次世界大戦で近代装備と火力とに勝る消耗戦を経験した人々であったし、平定作戦を提案した海兵隊さえも結局、ゲリラ戦なのにガダルカナルか沖縄の戦いを反復しようとしていると批判された。

アメリカ軍はつねに動き回っていたが、南ベトナム領内のジャングルにおける地上戦闘では、機動力と装備において劣っていた北ベトナム軍が戦闘のテンポをコントロールし、好きなときに戦場を離脱し、戦場の主導権を握って戦う時と場所を決定していた。こうして、アメリカ軍の犠牲は、次第に大きくなっていった。

北ベトナム軍は、さらに、南ベトナムの国境を越えて撤退することができ、危機となれば緊急避難場所としてカンボジアやラオス領内へ移動することもできた。

こうして北ベトナム軍は、南ベトナム国境外で、アメリカ軍との戦闘と消耗を避けて再編成と再訓練を行い、十分な戦闘準備を整えて再び南ベトナムへ侵入してきた。南ベトナム国内においても、南ベトナム人口の相当部分から支持されており、兵力を隠蔽し、アメリカ軍の目を逃れて行動できる広大なジャングルを積極的に利用した。

北ベトナム軍を攻撃するためには、ヘリコプターの降着地もないジャングルの奥深くへ入らねばならず、そこにアメリカ兵が持ち込める武器は、M16自動小銃や手榴弾、M79グレネード・ランチャーやM60機関銃、八一ミリ迫撃砲程度であった。これに対して、北ベトナム軍兵士が携行する武器も同様にAK47自動小銃や手榴弾、RPGロケットランチャーや迫撃砲であり、装備はほとんど同レベルであった。

このように装備にほとんど差がない以上、地形を熟知し、民族解放に動機づけられたゲリラ戦に慣れた北ベトナム軍のほうが有利だった。現地からの支援要請に対応して支援射撃や近接戦闘支援が始まると、戦闘力のバランスはアメリカ軍に傾いたが、その頃には北ベトナム軍はすでに戦場を離脱し、ジャングル内の地下道や抜け道を通って別の地域に移動していた。

アメリカ軍兵士と北ベトナム軍兵士を比較すると、装備、士気、訓練の点でアメリカ軍が優れているとはいえなかった。北ベトナム軍兵士には、自分たちの国土で戦っているという優位性と、ナショナリズムのエネルギーがあるのはもちろんのこと、彼らは、初めて銃を握った若いベトナム農民ではなく、成年の大半を戦場で過ごした、経験豊かで非情な歴戦のベテラン兵士だった。

また、個人装備を見ても、アメリカ軍のM16が北ベトナム軍のAK47より優れているとはいえなかった。むしろ、木とスチールでつくられ、構造が単純で頑丈なＡＫ47のほうが、合金とプラスチックでつくられ、精巧で高性能だがデリケートで故障しやすいＭ16よりも、ジャングルでの白兵戦の武器としては優れていた。

戦略面では、フランス軍にもましてアメリカ軍は、戦いを自ら得意とする正規戦の土俵に乗せる「消耗戦」の戦略をとろうとした。ウエストモーランド司令官は、敵に勝ち目がないことを悟らせるため、アメリカ軍が圧倒的な優位性を持つ機動力と火力によって、北ベトナム軍に対する索敵掃討作戦を展開し、引き続き北ベトナム側にその修復能力を超える損失を与える消耗戦を追求しようとした。

アメリカ軍にとって重要な目標は、敵の基地を奪取することではなく、一人でも多くの敵を殺すことであった。このため、敵の死体の数が唯一の戦果を測る指標となり、最も根源的な質的指標としての愛国心を洞察できず、敵のベトナム人の死体はすべて戦果と見なされた。これをもとにベトナム戦争を指導したのが、マクナマラ国防長官だった。

マクナマラの分析主義

ロバート・マクナマラは、フォード・モーター時代に計量分析を駆使して高い実績をあげたことで、創業家以外で初めてとなる社長に就任したが、そのわずか数週間後、ジョン・Ｆ・ケネディに請われ、国防長官に転身する。マクナマラは、十分な数のコンピュータがあって十分な数のハーバード経営学修士（ＭＢＡ）がいれば、前線から遠く離れていても戦争における最適戦略を計算できると考えた。

ジョン・F・ケネディの暗殺を受けて急遽大統領に昇格したリンドン・ジョンソンは、開かれた議論を嫌った。ジョンソンは毎週火曜日に、マクナマラを含む三人の上級顧問と昼食をとりながら意見交換した。軍事の専門家は出席せず、統合参謀本部議長さえ呼ばれなかった。マクナマラもジョンソンも陸軍を信用していなかった。ジョンソンは、就任直後に三人の軍事補佐官を「目障りだ」との理由で解任している。

統合参謀本部は、非公式の別ルートを使ってジョンソンに進言しようとしたが、大統領は「マクナマラ・チャンネルを通して」報告するよう厳命した。このような戦争指導体制下でマクナマラに報告されたベトナム戦争の重要な指標は、敵のベトナム人の死体数や捕虜《ろかく》数、鹵獲兵器や破壊トンネル数などであり、敵の士気への打撃などの質的側面は無視された。マクナマラの支援したコンピュータの「村落評価システム」も、家畜を略奪された農民の怒り、家を焼かれた婦人の悲しみ、ナパーム弾で腕を焼かれた子どもの痛みまでは数値化できなかった。

ジャングルのなかで強力な北ベトナム軍と対決することを強いられたアメリカ軍にとって、味方の死傷者数を最小限に抑えるには、敵との直接対決はできるだけ避け、圧倒的火力に頼らざるを得なかった。したがって、北ベトナム軍の基地攻撃の場合、歩兵の任務は敵の基地を発見することであり、その後の攻撃は砲兵と航空機に任せた。

敵の基地が破壊された後、歩兵の攻撃が行われたが、砲迫火力攻撃が主で、戦果は発射した砲弾の数から確率上殺傷したと思われる敵兵数を目分量で計算し、確認することなく上級司令部へ報告された。

このように、マクナマラに報告された成果はつねに誇張され、低く見積もって三〇％は水増しされていた。またアメリカ軍の各部隊の指揮官が個人的名誉のために、過大な戦果を報告することもしばしば見られた。

マクナマラの信頼するワシントンのコンピュータは、こうした信頼性の低い数字を根拠に、北ベトナム軍と解放戦線の残存兵力を綿密に計算していた。その結果、アメリカ軍の公式発表によれば一九六七年末までに敵に与えた損害は二二万人に上り、アメリカ国内では北ベトナム軍の主力部隊はほぼ全滅し、解放戦線組織は崩壊したと見なされるようになった。

こうしてサイゴンのアメリカ軍スポークスマンは、テト攻勢の直前の一九六七年末に「戦争は勝ったも同然」と発表したのである。

2　第二段階――テト攻勢とホー・チ・ミンの死去

テト攻勢を決断

一九六七年の初夏、ベトナム労働党は、アメリカの消耗戦略に限界が見え始めたとして、敵を守勢に追い込み、行き詰まりを認識させるための最も衝撃的な方法を模索した。

そして、都市に対する軍事的な総攻撃と都市住民の総蜂起を結合して、アメリカ軍の意志を砕き、「決定的な勝利」を勝ち取ることを目標とする計画をたてる。そして第一波の攻撃を、ベトナム人にとっては年間を通じて最大の祝日で、「不意打ち」の効果が最も期待できる旧正月＝テトに行うと決断した。

ホー・チ・ミンは何年もの間、テト攻勢のような戦闘を仕掛けるタイミングは、北ベトナムがアメリカの政治的場面に最も大きな圧力をかけることができるときだと考え、最適なタイミングは、アメリカ大統領選挙の行われるときであると主張していた。

ホー・チ・ミンの体調は悪化していたが、一九六八年のテト攻勢の頃には、北ベトナムではレ・ズアン労働党総書記を中心とする集団指導体制ができあがっていた。政治的にも戦略的にも、ホー・チ・ミンに代わる能力と働きをレ・ズアンは発揮しつつあり、ホー・チ・ミンからレ・ズアンへのリーダーシップの継承は、着実に進行していた。ズアンの注目すべき概念は、「集団的知性（collective intellect）」であった。

ズアンはこう述べている。「党の指導性は、つねに集団指導の原則に依拠する。人的横暴は、党の指導性の本性とはまったく無縁である。いかなる個人も、ずばぬけた素質を持っているものでも、すべてのものごとやあらゆる出来事を、そのすべての側面と休みない変化の中で、完全に理解し完全に把握することはできぬ。ここから集団的知性の必要が生まれる。集団的な心にもとづいておこなわれた集団的な決定だけが、主観主義を避けることができる」（レ・ズアン『ベトナム革命』）

ズアンは、一九六四年以来南部地区軍事委員としてメコン・デルタを中心に解放闘争の指揮にあたり、ホー・チ・ミンやボー・グエン・ザップなど一九五四年のジュネーブ協定後の総選挙に期待をかける「擁護派」に対し、「武装闘争」の発動を見通していた。

ズアンは親中派でありながら、中ソ対立という国際状況の変化に応じてソ連からも巧みに武器援助を獲得し、「一斉攻撃」のテト攻勢は、「長期抵抗戦略」を主張してきた親ソ派のホー・チ・ミンとボー・グエン・ザップを外した集団指導へ方向づけられた（Lien Nguyen, *Hanoi's War*)。

ケサン攻略戦

一九六八年一月中旬から、テト攻勢に連携してケサンの攻略が開始された。もともとケサン基地の東は、北ベトナム軍の支配下にあった。砲撃開始と同時に北ベトナムの正規軍第三〇四師団が基地の西方から、第三二五師団が基地の北方から、アメリカ海兵隊二個連隊五八〇〇と南ベトナム政府軍レンジャー部隊四〇〇が守るケサン基地に迫った。二万の北ベトナム軍の兵力で西と北を圧迫されたアメリカ軍は補給路を断たれ、ディエンビエンフーの戦いと同じように空路での補給を余儀なくされた。

一月三一日からのテト攻勢開始以降、守りが後手に回ったアメリカ軍に対して、北ベトナム軍は人的被害をかえりみず積極的に攻撃を加え、二月の中旬には北方に控えていた師団予備兵力三〇〇〇の投入も行われ、一時は四倍の兵力を投入した。

これに対しアメリカ軍は、七七日間の戦闘期間中にフランス軍にはできなかった一一二〇回にも及ぶ物資の空輸を行い、兵力投入がままならないなかで空軍、海軍、海兵隊の各航空部隊が協力し、延べ二七〇〇ソーティーにも及ぶボーイングB-52戦略爆撃機による航空作戦「ナイアガラ」を実施。約一一万四〇〇〇トンの爆弾を投下し、攻める北ベトナム軍に出血を強いた。また、四月に入りようやく戦力に余裕の出てきたアメリカ軍は、地上からのケサン基地解放作戦「ペガサス」を開始した。

ケサンでは、アメリカ軍は徹底した集中砲火を包囲軍に浴びせた。アメリカ軍の推計では、北ベトナム軍の戦死者一万〜一万五〇〇〇人、それに対して海兵隊員の戦死者二〇五人だった。しかし、北ベトナム軍のねらいは、実はケサンの占領ではなかった。

一九六八年一月三〇日から三月三一日にかけて、解放戦線八万人以上は、北ベトナム正規軍の支援のもとに突如南ベトナム全土で一斉都市攻撃に打って出た。テト（旧正月）攻勢である。テト攻勢の目的は、サイゴンを中心とした民衆の総蜂起にあった。そして一斉都市攻撃に入る前にアメリカ軍を都市防衛線から引き離すのが、ケサン攻撃の目的であったといわれている。実際、アメリカ軍九個師団の約半数、四個師団三万人が北方に吸引され、牽制抑留されたのである。

多大な犠牲を強いた都市攻撃

一九六八年一月三一日、サイゴン、フエをはじめとして南ベトナムの主要都市に対する一斉攻撃が開始された。しかし、都市攻撃は北ベトナム側にも多大な犠牲を強いることになった。

少数の特別攻撃隊に続いて都市に入る予定であった北ベトナムの主力部隊は、多くの戦場でアメリカ軍や南ベトナム軍に阻止され、古都フエを三週間確保したことを例外として都市の制圧はできなかった。北ベトナム側は、フエでは少なくとも二八〇〇人の反革命派市民を虐殺した。

このような情況では、期待していた都市の総蜂起は発生しなかった。さらに、体勢を立て直したアメリカ軍による反攻が始まると、北ベトナム側が占拠した都市は次々に奪回され、北ベトナム軍および解放戦線は大打撃を受けて都市部から撤退した。

テト攻勢の結果、総攻撃の先頭に立った土着の解放戦線の主要な戦闘部隊は大損害を被り、都市における武装蜂起によって姿を現した多くの政治人民委員、工作員、活動家は、その後数ヵ月にわたって行われた大規模な警察活動によって逮捕・殺害された。そのため、南ベトナムの都市部におけるゲリラ組織はほぼ壊滅状態に陥った。

ジャングルでのゲリラ戦と異なり、都市総攻撃となると、戦闘のタイプは見える空間での火力による消耗戦となる。解放戦線の特別決死隊二〇人がサイゴンのアメリカ大使館を六時間にわたって占拠したが、やがて全滅した。

テト攻勢中で最も激しかったのは、中部の古都フエ攻防戦であった。第一海兵師団一個連隊と第五海兵師団二個大隊の指揮官スタンリー・ヒューーズ大佐は、第二次世界大戦で太平洋諸島の戦闘体験があったが、フエでの戦闘は、これまでのゲリラ戦というよりは日本軍との戦いに似ていた。北ベトナム軍と解放戦線は、ヒット・エンド・ラン戦法からフエの死守に回ったので、戦闘は太平洋諸島での一陣地ごとの攻防戦のような奪い合いとなった。海兵隊は、戦車、装甲車、近接戦闘支援、艦砲射撃支援を受けながら猛攻し、北ベトナム軍と解放戦線に大きな損害を与えて撃退した。アメリカ側発表によるテト攻勢での彼我の損害（戦死者）は、北ベトナム軍と解放戦線の五万八三七三人に対し、アメリカ軍三八九五人、南ベトナム政府軍四九四五人であった。

テト攻勢の思わぬ衝撃

しかし、このテト攻勢の情況は、当時普及しつつあったテレビを通じて全世界に伝えられた。アメリカ国民は、衛星中継で送られた生々しいリアルな戦闘場面にテレビを通じて初めて触れることになった。

テト攻撃の衝撃は、アメリカ側でさらに深刻であった。アメリカ大使館の一時的占拠に加えて二月一日、南ベトナム政府軍海兵隊が、解放戦線軍集結地アンクアン寺から後ろ手に縛った一人の幹部を連行してきた。国家警察本部長官グエン・ゴック・ロアンは、この男が目の前に立つといきなり腰のピストルを引き抜き、男の右頭部にあてがい引き金を引いた。この男が倒れた決定的瞬間の写真が全世界の新聞に掲載され、テレビでも放映された。

ウエストモーランド司令官は、テト攻勢は北ベトナム軍と解放戦線の軍事的敗北に終わったと主張したが、二月二七日放映のＣＢＳテレビの特別番組でニュースキャスターのウォルター・クロンカイトは、戦線は膠着状態に陥っており、和平交渉に入ることが合理的だと主張した。

やがて、ジョンソン大統領とウエストモーランド司令官は議会から集中砲火を浴び、国内に反戦機運が湧き上がっていった。一九六八年三月三一日、ジョンソン大統領は全米向けのテレビ演説を行い、「私は次期大統領選挙では、大統領候補としての指名を求めないし、受諾もしない」と発表した。

南北戦争以降、国内における戦争を経験していない一般のアメリカ国民にとって、テレビ中継によって家庭に持ち込まれた戦争の実態はあまりに苛酷であり、戦争の厳しさとアメリカ軍兵士の苦痛はアメリカ国内の反戦的感情を大きく刺激し、ベトナム戦争に対する抗議運動の高まりを加速させていった。

テレビは、戦争のきわめて断片的な情報を放映し、視聴者の感情的反応を喚起する。テト攻勢では戦況がその後逆転したことも、解放戦線によるフエの虐殺も報道されず、個々の戦闘結果の大局的判断は欠落していた。こうして、アメリカのメディアは、国民の戦意喪失という戦略的な後退を引き起こしたのである。

軍事的には完敗、政治的には勝利

テト攻勢は軍事的に完敗した側が、意図せざるメディア作戦で政治的勝利を獲得した、歴史的に稀有な戦闘であった。軍事的には、北ベトナム正規軍の大規模攻撃にアメリカ軍が敗退したわけではないが、アメリカ軍が実施していた索敵掃討作戦では、北ベトナム軍と解放戦線ゲリラを弱体化させることができなかったことは事実であった。テト攻勢は、アメリカ軍が行ってきた対ゲリラ作戦の有効性に対して内外に深刻な疑問を投げかけ、アメリカ軍に対ゲリラ作戦の根本的な再検討を余儀なくさせた。

ホー・チ・ミンは、テト攻勢の結果を療養中の北京で聞いた。ベトナム労働党政治局員のレ・ドク・トからテト攻勢の勝利を伝えられ、ホー・チ・ミンは喜んだ。その翌年、一九六九年九月二日、ホー・チ・ミンは七九歳の生涯を閉じた。午前九時四七分、心臓麻痺で眠るがごとく死去した。

一九六九年六月に二万五〇〇〇の兵士の撤退を発表して以来、戦争の「ベトナム化」を掲げたリチャード・ニクソン政権は、「名誉ある撤退（exit with honor）」に向かって、段階的に南ベトナムからのアメリカ軍撤退を進めていった。南ベトナムのアメリカ軍の兵員数は一九七〇年七月に四〇万、七一年七月に二二万五〇〇〇、七二年七月には五万弱と減少していった。

他方において、ニクソン&キッシンジャー政権は、攻撃強化によりハノイを直接和平交渉に引っ張り出すために、北爆停止で待機していたB-52その他の航空機をラオス、カンボジア内のホー・チ・ミン・ルート攻撃に向かわせた。一九六九年には、出撃機数延べ二四万二〇〇〇機に達し、投下爆弾一六万トンに及んだ。北ベトナム軍は、アメリカ政府の交戦規定に縛られた制限攻撃の弱点を突いて、ソ連や中国の支援を受けた小火器、機関銃、地対空ミサイル高射砲の防空ネットワークを構築し、アメリカ爆撃機に損害を与えた。

アメリカは一九七〇年にはカンボジア侵攻作戦、翌七一年にはラオス侵攻作戦を敢行し、作

地図3-3　ホー・チ・ミンルート

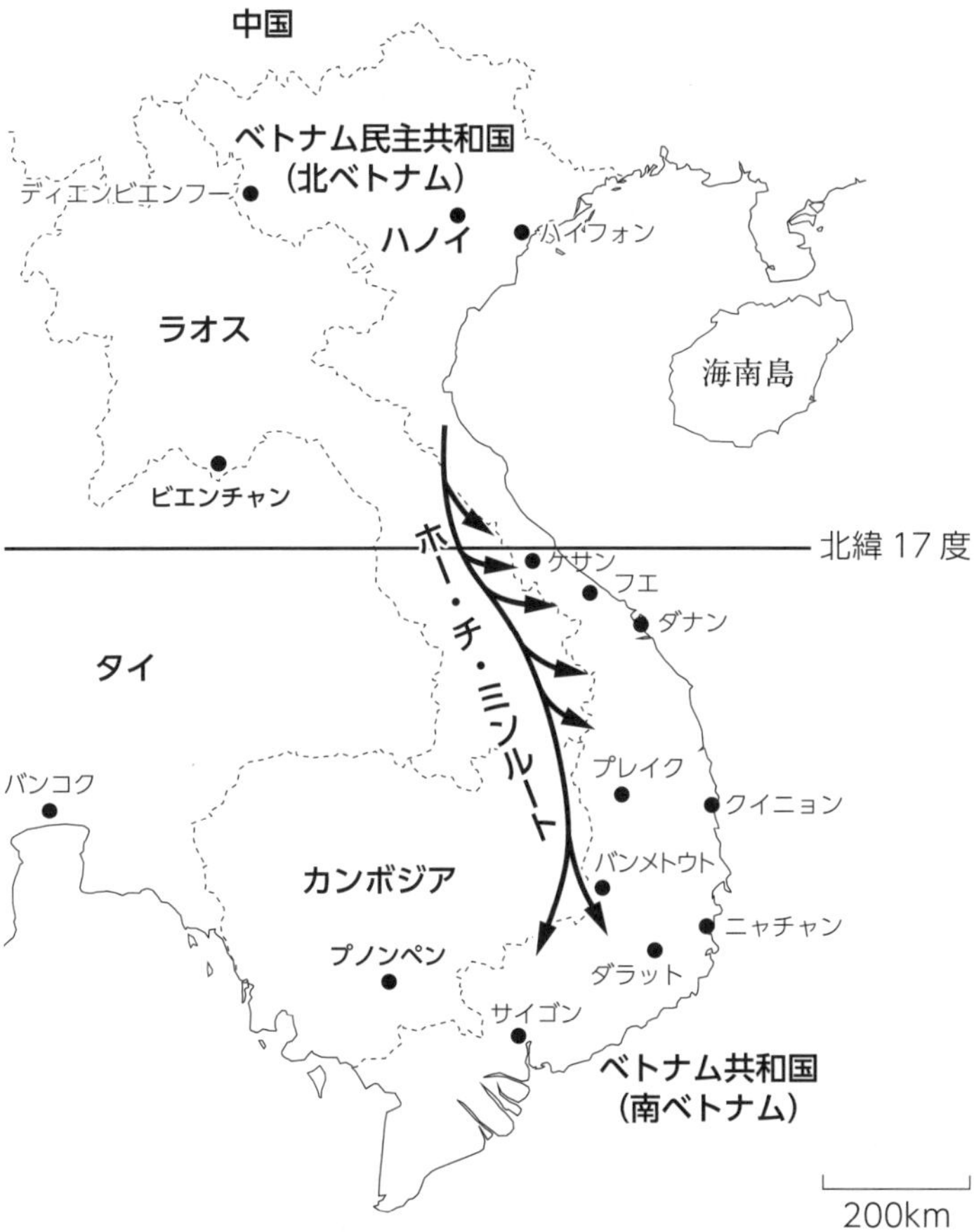

（出所）ベトナム人民軍資料にもとづいて三原光明作成

戦的に一定の成功を収めたが、アメリカ国内の反戦運動を加速させ、政治的成功につながらなかった。

3 第三段階——パリ協定とアメリカ軍の全面撤退

一九七三年一月二七日に「ベトナムにおける戦争終結と平和回復に関する協定」、パリ和平協定が調印された。パリ和平協定の調印により、北ベトナムとアメリカの間に、「ベトナムの独立、主権、統一、領土保全の尊重」「アメリカ軍の全面撤退」「南ベトナム政府解体」「連合政権の樹立」などについて合意が成立し、一九七三年一月二九日にニクソン大統領はアメリカ国民に「ベトナム戦争の終結」を宣言した。

その後、パリ和平協定にもとづき、協定締結時点で南ベトナムに残っていたアメリカ軍は撤退を開始し、あわせて有名な「ハノイ・ヒルトン」などの北ベトナムの戦争捕虜収容所からアメリカ軍人捕虜の解放が次々に行われた。

ベトナム戦争が激化していた一九六八年には、アメリカ軍は南ベトナムに五四万人を派遣していたが、六九年以後は撤退計画にもとづいて派遣軍の撤退と削減が続けられ、七三年一月の協定締結時にはベトナムへの派遣軍は二万四〇〇〇人まで削減されていたので、「終結宣言」から二ヵ月後の三月二九日には撤退が完了した。

北ベトナム軍の全面攻撃

一九七二年二月、突然、米中国交が回復し、ニクソン大統領の北京訪問が行われた。アメリカにとっては中ソ対立が高まるほど、南ベトナムへの関与よりは中国との友好関係の構築が重視されたのだと観測された。一九七四年八月には、ニクソン大統領がウォーターゲート事件で辞任した。

このようなアメリカ政治の激変のなかで、一九七五年三月一〇日、北ベトナム軍は「アメリカの再介入はない」と判断し、中央高原地帯の要地バンメトートを目標に「ホー・チ・ミン作戦」を開始した。

当初、ボー・グエン・ザップは、サイゴン解放には二年はかかると計画していた。だがこのときは、ディエンビエンフーの戦い以来のホー・チ・ミンの「いいタイミングをつかむ」という指針にもとづき、適時適切なきっかけをつかむ即断を下した。この戦闘は、戦車で重装備された師団レベルの攻撃で、一九四〇年のドイツ軍によるランス陥落時のような電撃戦となり、わずか三二時間でバンメトートを陥落させた。

この攻勢に対して、アメリカ政府からの大規模な軍事援助が途絶え弱体化していた南ベトナム軍は、パニックに陥った。その後三月末に古都フエと、南ベトナム最大の空軍基地があり貿易港であるダナンが、南ベトナム軍の同士討ちや、港あるいは空港に避難民が押し寄せるなどの混乱のもと陥落すると、南ベトナム政府軍はなだれを打って敗走を始めた。

一九七五年四月中旬には南ベトナム政府軍が「首都であるサイゴンの防御に集中するため」として、これまで持ちこたえていた戦線も含め主な戦線から撤退を開始した。南ベトナム政府軍は、アメリカからの軍事援助も途絶え装備も疲弊していたうえに戦意をまったく喪失し、進撃の勢いを増した北ベトナム軍を抑えられず総崩れになり、北ベトナム軍はサイゴンに迫った。

サイゴン陥落と南ベトナム崩壊

一九七五年四月二六日、北ベトナム正規軍による、サイゴン総攻撃が開始された。四月三〇日の早朝には、最後までサイゴンに残ったグエン・バン・チュー元大統領ら、南ベトナム政府の要人や軍の上層部とその家族、アメリカのグレアム・アンダーソン・マーチン駐南ベトナム特命全権大使や大使館員、アメリカ人報道関係者など、南ベトナムに住んでいたアメリカ人の多くが、サイゴン市内の各所からアメリカ陸軍や海兵隊のヘリコプターで、南シナ海上に待機するアメリカ海軍の空母に向けて脱出した。

同日午前には、前日に就任したばかりのズオン・バン・ミン大統領が、大統領官邸から南ベトナム国営テレビとラジオで、戦闘の終結と無条件降伏を宣言した。その後、残留南ベトナム軍と北ベトナム軍との間で小規模な衝突があったものの、午前一一時三〇分に北ベトナム軍の戦車が大統領官邸に突入し、ミン大統領らサイゴンに残った南ベトナム政府の閣僚は、全員北ベトナム軍に拘束された。

表3-1　ベトナム戦争死傷者

第一次インドシナ戦争

	ベトナム民主共和国	フランス連合側
死者・行方不明	175,000～300,000人 (欧米の歴史研究資料) 191,605人 (ベトナム政府資料)	フランス連合 75,581 (フランス人20,524人) ベトナム国 58,877人 合計　～134,500人
その他		フランス連合 負傷者：64,127人 捕　虜：40,000人
死者の総数	400,000～842,707人	
民間人死者	125,000～400,000人	

（出所）フランスおよびベトナムの公刊資料より

ベトナム戦争（第二次インドシナ戦争）

	北ベトナム（ベトナム民主共和国）	南ベトナム（ベトナム共和国）およびアメリカ
軍の死者	北ベトナムおよび解放戦線 849.018人 (ベトナム側の資料) 666,000～950,765人 (アメリカの推定資料)	南ベトナム 254,256～313,000人 アメリカ 58,318人
民間人死者	2,000,000人（推定）	南ベトナム 195,000～430,000人
死者の総数	1,326,494～4,249,494人	
民間人総死者	627,000～2,000,000人	

（出所）アメリカおよびベトナムの公刊資料より算出

サイゴン攻略作戦の戦闘は、わずか五五日間で終了した。ディエンビエンフー攻撃作戦と同様に短期決戦だった。一九四五年九月二日、ホー・チ・ミンが「ベトナム民主共和国」の独立を宣言してから、三〇年が経とうとしていた。ここに、ベトナムの独立の戦いは終わり、「独立と自由ほど尊いものはない」と語ったホー・チ・ミンの想いが現実となった。

レ・ズアンは、ホー・チ・ミンの戦争終了後の国土再建の希望に対して、全ベトナムの社会主義化を加速化させた。この過程で、解放戦線を母体とする南ベトナム共和国臨時革命政府が樹立されたが、首相をはじめ新国家の主要ポストはいずれも労働党の古参幹部が握った。南北統一は、北部による南部の社会主義化として完結した。

それから一年、一九七六年四月二五日、南北全土で国会議員選挙が実施され、新たに四九二人の議員が選出された。その二ヵ月後、新しい国会は第一回会議を開いて国家の統一を宣言し、国名を「ベトナム社会主義共和国」に変更した。

Ⅲ　アナリシス

1　国家戦略のビジョン

ホー・チ・ミン思想

ホー・チ・ミン思想は、「マルクス・レーニン主義の創造的適用」といわれる。ホー・チ・ミンは概念創造的な毛沢東とは異なり、体系的な著作を残していない。ホー・チ・ミンは、「祖国独立」のために情況に応じて利用できる資源は活用するプラグマティストであったが、独自の哲学的思考は持っていた。

東洋思想のみならず、西洋思想や宗教にも幅広く精通し、それらが彼自身の教養を深める基盤となっていた。たとえば、個人的倫理における自己改革については儒教、慈悲についてはカトリック、弁証法についてはマルクス主義、それらの独自の条件適合については孫文の教養などである。ベトナムには哲学的伝統はないけれども、伝記文学の歴史的教訓や中国の侵略に対して不屈の抵抗を示した人物の生き方や戦い方を熟知していた。

さらに、一九一一年から四一年までの三〇年間に及ぶ海外経験、キッチン・ボーイ、コック、雪かき、写真家、ジャーナリスト、国際共産党スタッフなどの多彩な実践知が、マルクス・レーニン主義をベトナムという国の個別具体の文脈に創造的に適応させる基盤となった。「ホー・チ・ミン思想とは、ベトナムの民族思想と新しい社会建設の事業の実践に、創造的にマルクス・レーニン主義を適用し、その新たな発展を画したものであり、アジア諸国およびより広い範囲の発展の道に貢献する可能性を持ったものである」とボー・グエン・ザップは定義した（古田元夫『ホー・チ・ミン』）。

一九四五年の独立宣言では、「すべての人間は平等につくられている。そのなかには、生命、自由、幸福を追求する権利が含まれている」というアメリカの独立宣言や、「すべての人間は生まれながらに自由で平等な権利を持っていて、つねに権利として自由で平等に留まる」というフランスの人権宣言の一節も含まれている。

他方において、ホー・チ・ミンは、アメリカとフランスでの生活における格差社会の実体験から、自由と幸福を平等に実現できる「ベトナム民主共和国」の独立を構想した。そのための「今、ここ」の課題は、「階級闘争至上」の歴史的唯物論の重要性を認識しつつも、民族独立の重要性と共和主義を強調することであった（古田元夫『ホー・チ・ミン』、坪井善明『ヴェトナム新時代』、Giap, *Ho Chi Minh Thought and the Revolutionary Path of Vietnam*）。

そして、ベトナム戦争におけるホー・チ・ミン思想の具体的実践としては、機動戦と消耗戦への弁証法的展開であった。

ホー・チ・ミン戦略

ホー・チ・ミンは、ゲリラ戦だけでは勝ちきれず、最後に勝利を得るには、毛沢東が理論づけ実践したように、消耗戦になることをよく理解していた。

毛の『実践論』『矛盾論』によれば、現実は対立物の均衡が一時的状態であって、不均衡が常態である。対立物の統一された均衡状態が崩れて矛盾を生み、新たな均衡状態へ向かうことが、事物の発展過程なのである。

毛沢東は戦略的ゲリラ戦ともいうべき「遊撃戦」の概念を生み出し、資源の質・量ともに圧倒的に格差があるにもかかわらず、蔣介石の指揮する強力な国民党政府軍に勝利した。

ゲリラ戦の本質は、決して負けないが、決して勝てないという矛盾にある。正規戦とゲリラ戦の二項対立、「正」と「反」を止揚する、「戦略的に組織化されたゲリラ戦」が「合」なのである。その戦い方は、通常のゲリラ戦と異なり、明確な指揮・命令のもとに集中、統一、規律をもって行われる戦闘形式である。

絶対的兵力数では「一をもって十にあたる」では、量的に勝てないが、あるコンテクスト（情況・文脈）に引き込むと、「十をもって一にあたる」という時空間が創造でき、そこでは逆転勝利を収めることができる。敵を根拠地に深く誘い入れ、固定した戦線という兵站を持たず、必ず緒戦は勝つという原則を持つ。

毛沢東は「敵進我退（進めば退き）敵駐我攪（駐まれば乱し）敵疲我打（疲れたら打ち）敵退我追（退けば追う）」という一六字の憲法を掲げたが、それは、たえず矛盾が生成される現実のただなかで、コンテクストに応じて好機をとらえてそのギャップを止揚していく弁証法的方法論であった。

こうした毛沢東の「遊撃戦」の概念をよく理解したホー・チ・ミンの軍事戦略の特徴は、①「先手（initiative）」をとる、②パワー、配置（空間）、タイミング（時間）、策略を総合する、③人民の総力をあげてゲリラ戦と消耗戦を組み合わせる、④敵のハートとマインドを攻撃し味方につけ「戦わずして勝つ」、⑤戦争の始めと終わりを知る、という点にある。

強烈なカリスマ型のリーダー像に対して、ホー・チ・ミンのリーダー像は真逆であった。国民から距離感のない、どこにでもいる「田舎っぺ」の「ホーおじさん（Uncle Ho）」であり続けた。だが指導者としてのホーは、「独立と自由ほど尊いものはない」を実現する鉄の意志を持った組織的リーダーであった。とりわけ優れていたのは、たえず変化する事象のただなかで、タイムリーに本質を見抜く直観的な「戦略眼」にあった。

ナポレオン戦争の本質を明らかにしたクラウゼヴィッツは、『戦争論』の第6章「戦争の天才」のなかで、「coup d'oeil（クー・ドゥイユ）」という文字通り「一瞥」を意味するフランス語が天才ナポレオンの秘密であり、それは「長い試みと熟考の末にのみ得ることのできるような、瞬時に真実を見抜く直観」だと論じた。

のちにテト攻勢を主導することになるレ・ズアンは、革命成功の条件として、政治勢力、軍事勢力の準備のほかに、きわめて重要な問題は、適時適切な瞬間をとらえることだと主張した。それはただ一つ、指導者の特殊な明敏さと政治的眼力にかかる、と指摘している。

革命の歴史は、変化に富み、多様であり、生き生きとし、独創的である。だからこそ、指導者が基本的方向づけと基本的要因・条件を握り、あえて行動を起こすこと、これだけで十分なことが多い。行動が進展すれば、大衆の限りない創造力がその発展の可能性と動向を明らかにし、歴史をつくっていくのである。レ・ズアンは、ホー・チ・ミンの一九四五年の「八月革命」は、典型的なタイムリー・ジャッジメントの事例であったと指摘した。

さらに、ホー・チ・ミンの人に対する本質直観のすごさについて、次のような指摘がある。

「三〇年以上に及ぶ海外生活をしていても、ベトナム人らしさを失うことはなかった。かつ、その幅広い知識で、イデオロギーの色眼鏡で物を見ずに、何が大切なものかをすぐに見分けた。また、人物を見分けるのが得意で、肌の色や国籍に関係せずに、その人の本質をかぎ分ける才能を磨いていた。人物が一流か二流かどうかをかぎ分けたが、それらの人物に接するときには非常に戦略的で、その基準は自分の選択した路線にとって有用かどうかであった」（坪井善明『ヴェトナム新時代』）

ホー・チ・ミンは、詩人であり、ジャーナリストであり、作家であった。彼は、七ヵ国語を流暢に話し、本質直観を物語化する能力にも長けていた。

ホー・チ・ミンが、マルクス・レーニン主義をベトナムに広く紹介・普及させるために執筆し、一九二七年に発行された『革命の道』は、ベトナムの民族解放と独立までの筋（プロット）を持つ物語であった。この九〇ページのパンフレットではマルクス・レーニン主義とベトナムの関係性が説明されており、革命への道がシンプルに、読み手に分かりやすいように描かれている。それはさらに、革命の筋書きを実践するために、「いざ」というときの行動規範となる台本（スクリプト）となり、「勝利の確信が持てるときのみ攻撃しよう」ということまでがベトミン軍に徹底されていったのである。

ジョンソンとマクナマラ戦略

ホー・チ・ミンとボー・グエン・ザップの指導者ペアに対して、アメリカの戦争指導者リンドン・ジョンソンとロバート・マクナマラのペアについては、厳しい指摘がある。陸軍の将軍かつ歴史学者であるH・R・マクマスターは自著のなかで、彼らのリーダーシップを痛烈に批判した。

「ベトナムの惨事は、人間的な力によるのではなく、他に類を見ない人的失敗の結果である。その責任は、ジョンソン大統領と彼を取り巻く軍事と文民のアドバイザーにある。その多くの失敗は、彼らの傲慢さ、弱さ、私欲の追求、そして何よりも、彼らがアメリカ国民への義務を放棄したことに起因する」（McMaster, *Dereliction of Duty*）

一九六四年、ジョンソンが最も恐れていたのは、大統領選挙に勝つチャンスを失うことだった。彼は、情況が悪化するベトナムへのアメリカ軍事介入は、彼が提唱する「偉大な社会（Great Society）」政策の議会通過を危うくすると恐れた。これを踏まえ、マクナマラは、低コストに見え、国民と議会を刺激しないで実施できる段階的な圧力戦略によって、「偉大な社会」政策が議会を通るよう支援した。

マクナマラ自身は、アメリカ軍の最小の犠牲で敵の戦闘遂行能力を破壊する、という戦術レベルの効率性追求の戦争指導は、ベトナム人民の民族独立戦争の本質を見誤っていた。ホー・チ・ミンには、いかなるコストを負ってでも、戦争を遂行する大義があり、それを成し遂げる不屈の意志と実行力があることを洞察できなかった。

「結局のところ、南ベトナム国民が救われるとしたら、彼ら自身が戦争に勝たねばならないのだ、という基本原則に固執しなかったのでした。この中心的な原則からそれたわれわれは、本質的に安定を欠いた基礎の上に、段々と大掛かりな努力を注ぎ込んでいったのです。外部の軍事力は、民衆が民衆自身のために造り上げる政治的な秩序と安定の代わりをすることはできません」と反省している（『マクナマラ回顧録』）。

実際、アメリカ軍は戦場で一度も敗れていないし、敗れたのは南ベトナム軍である。撤退するまではアメリカ軍がつねに前面に出ており、南ベトナム軍が単独で北ベトナム軍と戦ったことはなかった。しかしアメリカ軍は、朝鮮戦争におけるような中国軍の介入を恐れて、自ら限定攻撃と戦力の逐次投入の自縄自縛《じじょうじばく》に陥った。したがって、五〇万を超える軍隊を出兵させながら限定的消耗戦を展開せざるを得なかった。一方、南ベトナム軍は、サイゴンに潰走したごとく、北ベトナム軍のように人民のために命をかけて挙国一致の戦闘をしたことはなかった。

日中戦争の日本陸軍とベトナム戦争のアメリカ軍との類似性は、「戦闘で勝って戦略で負けた」点にあるという指摘がある。日本陸軍は毛沢東の人民戦争の大海に溺れ、個々の戦闘で勝っても、六割以上が中国戦場でくぎづけにされ、戦略で負けた。「ベトナム戦争における米軍事戦略もただ近代合理主義の上に成り立ったもので、人民戦争の根幹をなす大衆動員とナショナリズムといった要素を計算に入れなかった。米国はまさにこの計算できない部分に負けたのである」（朱建栄『毛沢東のベトナム戦争』）

アメリカ軍の戦争の分析至上主義は、戦闘で勝っても人民戦争におけるベトナム人の愛国心という本質を洞察できずに、戦略的に敗退したのである。

2 戦略的動員システム——社会主義対資本主義

ジョンソン政権は、「偉大な社会」政策の実現のためにも、また朝鮮戦争のような中国軍のベトナム戦争直接介入を避けるためにも、北緯一七度線を越える地上軍の侵攻は計画せず、ベトナム戦争をあくまで局地戦にとどめようとした。局地戦略の基本として、敵の兵員補給能力を上回る損害を与える「消耗戦」を志向した。最大時五四万人を投入しながらも、この消耗戦略は、薄切りサラミソーセージといわれた「こま切れ」の、戦力の逐次投入であった。対する北の人民軍の兵員動員能力は、南の革命兵力をたえず補強したために、アメリカ軍の戦力投入は一向に機能しなかった。

戦略を社会システム面からとらえると、北の人民軍の人的資源補給力と、南で解放戦線が形成した組織網が、北ベトナム側の勝利の基本的要因であり、それを可能にしたのが社会主義システムだと指摘されている（古田元夫『ベトナムの世界史』）。

ベトナム戦争の時代背景には、自分たちが生きている時代を「階層社会」の資本主義から「平等社会」の社会主義への移行期ととらえる普遍的な史的ロマンがあった。

このモデルの要は農業の集団化にあったが、それは多くの農民に社会主義という「夢」を与え、「今日」は貧しさを分かち合って自己犠牲的に奮闘することを求める北ベトナムの挙国一致の戦争努力を支援するシステムとして機能した。農地の共有に基礎を置く集団労働と保育所などの建設によって、成年男子を戦争に投入しても、残った女性、老人、子どもらが生産を維持し、前線を支援することができた。

こうして、本来南ベトナム内部の内戦であったものが、アメリカの介入によって北ベトナムの公然たる介入を招き、結果的には、中国・ソ連のブロックが支援する社会主義国家vsサイゴン政権に象徴される悪しき資本主義アメリカの戦いに象徴されて進んでいった。

ベトナム戦争の本質は、人民戦争であった。ゲリラ戦からの村落の保護や防衛という点で、広範囲の政治的・民生的政策との連携が不可欠であったが、正規戦を信奉するウエストモーランドは非軍事的すぎる、軍事作戦の効率化を進めたマクナマラは時間がかかりすぎるという論理で、さらには強圧的なサイゴン政権への農民の反感によって、「戦略村」構想は挫折した。

農村を焼かれサイゴンに流れ込んできた農民は、その日からアメリカの援助金がなければ生活できなかった。最前線で戦う一兵卒の妻子は、インフレの亢進《こうしん》で生活できない場合は、何らかの金銭収入の手段がなければ軍隊にくっついて、前線に行ったのであった。アメリカもサイゴン政権も時間のかかる「戦略村」計画に失敗し、農民に対する政治経済戦略を欠いていた。

3　二項対立の作戦——消耗戦か機動戦か

軍事作戦的には、一九六五年から六八年初期のウエストモーランド在任中に、決定的な勝ち目がなかったわけではない。それに関して、次のような指摘がある。

ウエストモーランドは戦略的機動の攻撃的精神を持っていた。六八年のテト攻勢で、北ベトナム軍・解放戦線がジャングルの基地から全面的な都市攻撃の消耗戦を仕掛けてきたことは、アメリカ・南ベトナム連合軍にとって当初は混乱したものの、やがて、索敵掃討の絶好のチャンスとなった。こうして、アメリカ側は北ベトナム側に決定的な打撃を与えることになった。

一九六五年にアメリカ軍が上陸したときに、南ベトナムの主要都市と農村を選別し、平和村構想と索敵掃討を組み合わせ、巧みに「ベトナム化」を進めていれば、優れた作戦となる可能性があった。海兵隊の意図はそこにあったが、ウエストモーランドは理解を示しつつも、索敵掃討作戦を優先させたのである（Haponski, *Autopsy of An Unwinnable War*）。

アメリカ軍のベトナム戦争は、陸軍の消耗戦と、中南米における国内安定への支援経験を持つ海兵隊の平定作戦との二項対立が止揚されないまま、「不名誉なる」撤退に向かっていったのである。

4　ベトナム戦略文化のしたたかさ

一九六三年の第三期第九回中央委員会で、レ・ズアンは、第一書記を中心とする戦争拡大派が権力を握った。これは、ホー・チ・ミン、ボー・グエン・ザップら、それまで政治局多数派であった慎重派に対する「クーデター」に等しい出来事だったとされている。レ・ズアンは集団指導制を唱えつつも、ズアンとレ・ドクトを中心とする権力構造を確立し、平和のための妥協よりは、不安定なサイゴン政権打倒という統一目標を追求し続けた。

こうして、一九六八年、中ソ両国からの圧力から、独立を維持するために、レ・ズアンはテト攻撃を発動した。テト攻勢は、どちらが勝者ともいえないが、結果的に、最終的な勝利として得たものは、総攻撃の勝利や南ベトナムの人々の人心掌握でもなく、世界の反戦運動の高まりとアメリカ国内の厭戦機運の湧き上がりであった（Nguyuen,Lien-Hang T., *Haoi's War*）。

最終的に一九七五年の勝利につながった長年の闘争から、ベトナムには、人民との関係や、外交や軍事、そして苦い現実主義に彩られた包括的で独自の特徴を持った戦略文化という「遺産」が生み出された。

インドシナ戦争の死線をくぐり、生き抜き、鍛えられてきたベトナムの指導者たちは、バランス・オブ・パワーの現実を冷静に見つめ、「力の現実」が求める宥和や譲歩が展開できるようになっていた。ホー・チ・ミンは、独裁者ではなく、指導部の中心にいながらレ・ズアンらの武力闘争派を統制できなかったが、かつての「ハイ・バ・チュン」という救国の二人姉妹に次いでベトナム国民の団結と独立に巧みなリーダーシップを発揮した。

ボー・グエン・ザップは、人民と軍との相互関係は、「水魚の交わり」であるといった。人民は軍にとっての水であった。このように、ベトナム人民軍は、創設以来、つねに人民との良好な関係を築き、維持し、配慮してきた。対照的に、「水」を省みることのなかったアメリカ軍は、ベトナム戦争において全ベトナム民族、全ベトナム人民による抵抗にあったのである。

▼参考文献

生井英考『空の帝国 アメリカの20世紀』講談社、二〇〇六年
岩堂憲人『兵器とベトナム戦争』朝日ソノラマ、一九九二年
小倉貞男『ドキュメント ヴェトナム戦争全史』岩波書店、一九九二年
――『物語ヴェトナムの歴史』中公新書、一九九七年
大嶽秀夫『ニクソンとキッシンジャー――現実主義外交とは何か』中公新書、二〇一三年
朱建栄『毛沢東のベトナム戦争――中国外交の大転換と文化大革命の起源』東京大学出版会、二〇〇一年
坪井善明『ヴェトナム新時代――「豊かさ」への模索』岩波新書、二〇〇八年
野中郁次郎、戸部良一、鎌田伸一、寺本義也、杉之尾宜生、村井友秀『戦略の本質――戦史に学ぶ逆転のリーダーシップ』日本経済新聞出版社、二〇〇五年
古田元夫『ホー・チ・ミン――民族解放とドイモイ』岩波書店、一九九六年
――『ベトナムの世界史――中華世界から東南アジア世界へ』東京大学出版会、二〇一五年
松岡完『ベトナム戦争――誤算と誤解の戦場』中公新書、二〇〇一年

三野正洋『ベトナム戦争——アメリカはなぜ勝てなかったか』ワック、一九九九年
——『わかりやすいベトナム戦争——超大国を揺るがせた15年戦争の全貌』光人社NF文庫、二〇〇八年
油井大三郎、古田元夫『第二次世界大戦から米ソ対立へ』中公文庫、二〇一〇年
コリン・グレイ（奥山真司訳）『現代の戦略』中央公論新社、二〇一五年
マーチン・ファン・クレフェルト（石津朋之監訳、江戸伸禎訳）『新時代「戦争論」』原書房、二〇一八年
ヴォー・グエン・ザップ（眞保潤一郎、三宅蕗子訳）『人民の戦争・人民の軍隊——ヴェトナム人民軍の戦略・戦術』中公文庫、二〇一四年
レ・ズアン（長尾正良訳）『ベトナム革命——その基本問題と主要課題』新日本新書、一九七二年
チャールズ・フェン（陸井三郎訳）『ホー・チ・ミン伝（下）』岩波書店、一九七四年
ローレンス・フリードマン（貫井佳子訳）『戦略の世界史——戦争・政治・ビジネス（上下）』日本経済新聞出版社、二〇一八年
ベトナム労働党中央党史研究委員会（真保潤一郎訳）『正伝ホー・チ・ミン』毎日新聞社、一九七〇年
ロバート・S・マクナマラ（仲晃訳）『マクナマラ回顧録——ベトナムの悲劇と教訓』共同通信社、一九九七年
デレク・ユアン（奥山真司訳）『真説孫子』中央公論新社、二〇一八年
ジャン・ラクチュール（吉田康彦・伴野文夫訳）『ベトナムの星——ホー・チ・ミンと指導者たち』サイマル出版会、一九六八年
「ベトナム　ザップ将軍をしのんで」NHK BSドキュメンタリー、二〇一三年一二月二〇日放送
Duiker, W. J., *Ho Chi Minh*, Hyperion , 2000.
Giap V.N., *Dien Bien Phu*, Gioi Publishers, 2011.

—— (Chief Editor), *Ho Chi Minh Thought and the Revolutionary Path of Vietnam*, Gioi Publishers , 2011.

Haponski,W.C., *Autopsy of An Unwinnable War:Vietnam*, Casemate, 2019.

Krulak,V.H., *First to Fight : An Inside View of the U.S. Marine Corps,* U. S. Naval Institute, 1984.

Nguyen, Lien-Hang T.Nguyen, *Hanoi's War*, The University of North Carolina Press, 2012.

Manus,J.C., *GRUNTS: Inside the American Infantry Combat Experience, World War II through IRAQ*, 2011.

McMaster,H.R., *Dereliction of Duty: Johnson, McNamara, the Joint Chiefs of Staff,and the Lies that Led to Vietnam*, Harper Rerennial, 1997.

Ministry of National Defence, *Ho Chi Minn Thought on the Military,* Gioi Publishers, 2008.

Summers, Jr , *On Strategy,* Presidio , 1995.

第4章

イラク戦争と対反乱（COIN）作戦
――パラダイム・シフトと増派（サージ）戦略

ベトナム戦争の敗北後、約二〇年を経て、アメリカは湾岸戦争で華々しい勝利を収めた。そのおよそ一〇年後の二〇〇三年、湾岸戦争での成功体験はイラク戦争でも繰り返され、アメリカは再び勝利を手にしたかに見えた。

ところが、イラク戦争における最大の問題は、正規軍間の戦闘がほぼ終結した後に生じた。いわゆる「フェーズ4」と呼ばれる占領期に、イラク国内では各種反乱勢力による活動が活発化して治安状況が悪化し、それに対処するアメリカ軍側の作戦は効果を上げることができなかった。ベトナム戦争の轍を踏む敗北を回避し、勝利をつかむために採用されたのは、イラク駐留アメリカ軍兵力を一時的に増強し、対反乱作戦の戦略を劇的に転換する「増派戦略」だった。「対反乱（counterinsurgency）作戦」（以下、COIN作戦と略記）とは、政府もしくは占領当局の政治的支配の正統性を弱体化させ政権を打倒しようとする様々な反乱武装勢力（insurgents）の活動を鎮圧するための、正規軍による作戦をさす。反乱武装勢力には、反政府ゲリラやテロリストも含まれ、ゲリラ戦、対テロ戦と呼ばれることもある。

また、これらの武装集団が正規軍ではないことから、「非正規戦（irregular warfare）」と呼ばれたり、近年では大規模正規軍と小規模反乱勢力との兵力、装備、戦略、戦術などの量的・質的相違に着眼した「非対称戦（asymmetric warfare）」という呼称が用いられることもある。

以下では、イラク戦争の前史として湾岸戦争を振り返ったのちに、イラク戦争での初期侵攻作戦を考察する。次に、「フェーズ4」での失敗の理由を明らかにし、その失敗からの逆転を図ったCOIN作戦の転換のねらいを解明して、アメリカ軍駐留兵力の「一時増派（surge）」

をめぐる戦略転換の過程を分析する。

Ⅰ　湾岸戦争――ベトナム戦争から学んだこと

ワインバーガー・ドクトリン

一九九〇年八月、イラクのフセイン政権は一四万の兵力と一〇〇〇輌以上の戦車を含む圧倒的な武力によってクウェートに侵攻した。イラクはその二年前に、八年間にわたるイラン・イラク戦争の停戦を迎えたばかりだった。イラン侵攻失敗による膨大な債務が、クウェート侵攻の直接的な引き金となったが、イラン・イラク戦争時にフセイン政権を支持していたアメリカが武力介入することはないという「確信」にもとづいてのことだった。

サダム・フセインの予測に反して、アメリカやソ連をはじめ各国はこの侵攻を激しく非難し、国連安全保障理事会は即座にイラクに対してクウェートからの「迅速かつ無条件の撤退」を求める決議を全会一致で採択、アメリカは国連多国籍軍による武力行使に備えてサウジアラビアに陸海空軍を派遣した。同年一一月末の安保理決議により、イラクが翌年一月一五日までにクウェートから撤退しない場合、「必要とされるあらゆる手段」を行使する権限が国連多国籍軍に与えられた。アメリカ主導の国連多国籍軍の総兵力は、開戦直前に九〇万以上となった。

湾岸戦争の開戦に至る過程でアメリカは、ベトナム戦争の失敗を繰り返さないために一九八四年につくられた「ワインバーガー・ドクトリン」に則して準備を進めた。それは、武力介入をする場合、①アメリカまたは同盟国の死活的な国益が存在すること、②軍の投入は全力で、明確な勝利の意思を持って実施すること、③明確な政治・軍事目的を設定し、目的達成のために必要十分な兵力を派遣すること、④目的と派遣兵力との関係を継続的に見直すこと、⑤国民と議会の支持を確保すること、⑥武力行使は最終手段とすること、の六つの要件を充足する必要があるという原則である。

一九九一年一月一七日未明、多国籍軍による空爆開始を皮切りに、湾岸戦争の火ぶたが切られた。ジョージ・H・W・ブッシュ大統領は、全国放送で「砂漠の嵐」作戦の開始を宣言し、戦争目的は「イラクの占領」ではなく、「クウェートの解放」であることを明言した。

軍事作戦は四つの段階からなっていた。第一から第三段階までは、主として航空作戦によるイラク国内の戦略的攻撃目標の破壊と、航空優勢の確保および地上戦の準備である。第四段階は、クウェートのイラク軍に対する「砂漠の剣」作戦と呼ばれる地上攻撃であった。結局、航空作戦に三八日、地上戦に四日強（約一〇〇時間）、二月二八日早朝までの計四三日間でアメリカ軍主体の多国籍軍はクウェートとイラク南部を占領し、イラク軍を敗走させて湾岸戦争は終結した。

「砂漠の嵐」作戦

航空作戦が統一した指揮によって実施されなかったベトナム戦争時の教訓をもとに、湾岸戦争では、空軍、海軍、海兵隊の各航空部隊は、中央軍司令部所属の航空部隊司令官（チャールズ・ホーナー空軍中将）により一元的に統合運用された。

多国籍軍による航空作戦の第一段階は、イラクに対する戦略爆撃である。主な爆撃目標は、敵の重心である指揮・統制施設、発電施設、電子通信・指揮・統制・通信組織、戦略防空システム、レーダー・システム、対空ミサイル・火器、航空基地・航空機、生物・化学・核兵器関連施設などであり、イラク軍の指揮中枢システムを叩き、まず航空優勢を確保することを目的としていた。

第二段階は、防空システムの制圧と制空権の確保、第三段階は、イラク国内やクウェート戦域内のイラク軍の兵站基地や橋梁・道路などの補給線の破壊により、共和国防衛隊を含むイラク軍地上部隊の孤立化・無力化と兵力の半減、および第四段階の地上戦準備を目的としていた（The U.S. DoD, *Conduct of the Persian Gulf War*）。

航空作戦の立案段階では、航空戦力の決定力と戦略爆撃を重視する空軍側と、それだけでは戦勝は得られないと考えるノーマン・シュワルツコフ中央軍司令官との間に、やや確執もあった。

ベトナム戦争期に航空戦力の運用に制約条件を付けたままで実施した「ローリング・サンダ

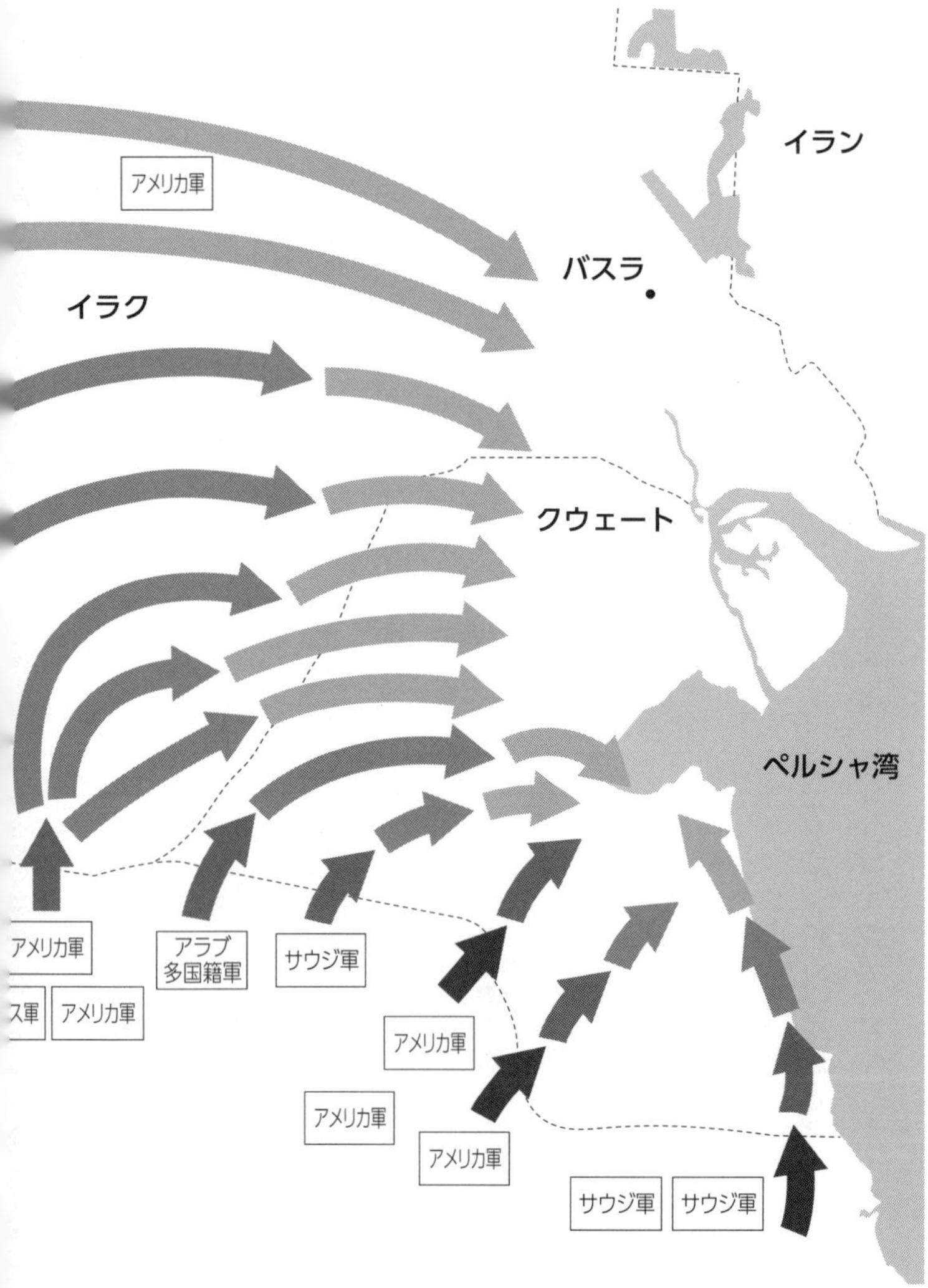
イラン
アメリカ軍
バスラ
イラク
クウェート
ペルシャ湾
アメリカ軍
アラブ
多国籍軍
サウジ軍
ス軍
アメリカ軍
アメリカ軍
アメリカ軍
アメリカ軍
サウジ軍
サウジ軍

地図4-1　湾岸戦争における砂漠の嵐作戦

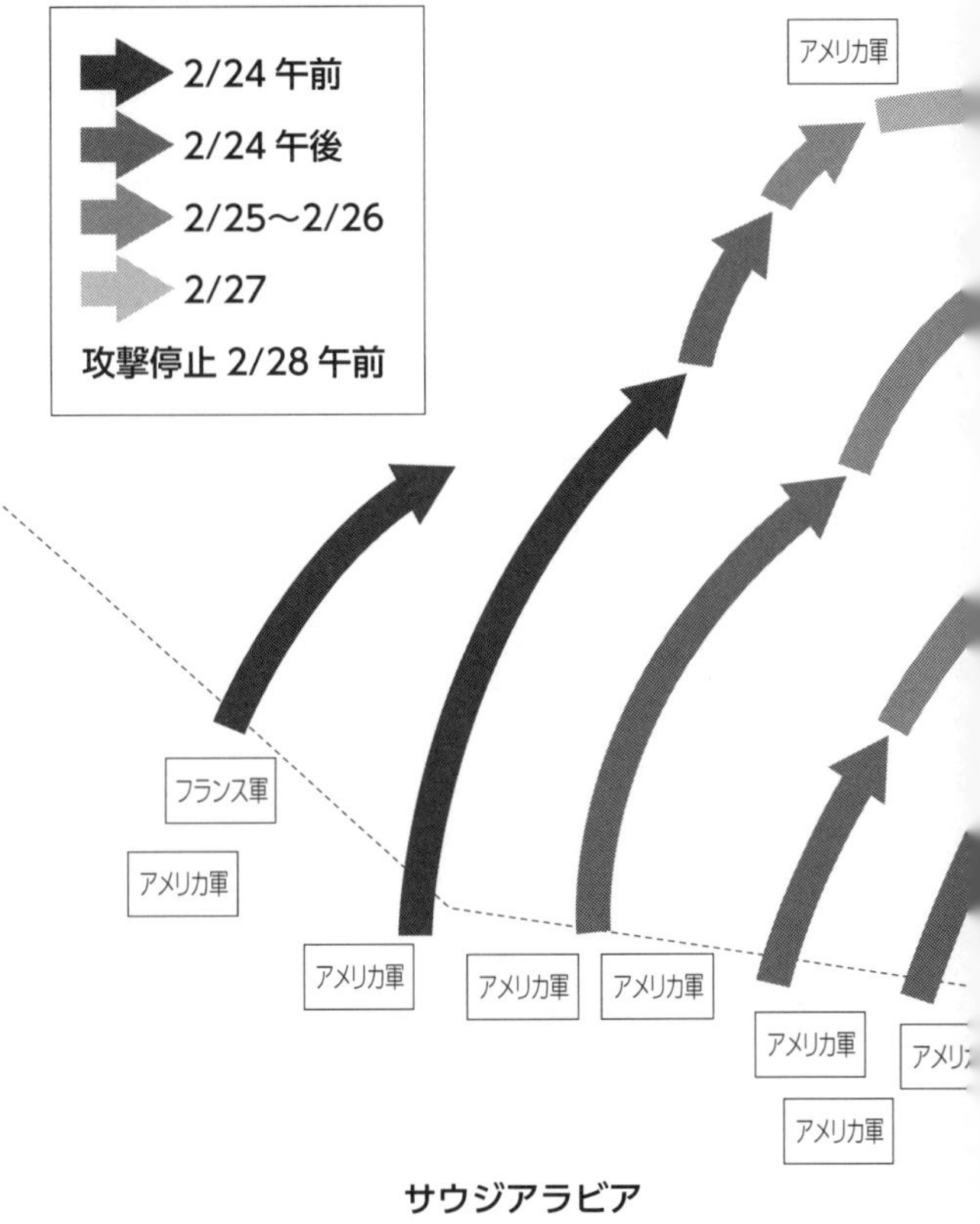

（出所）Otto Friedrich ed., *Desert Storm*, 1991にもとづいて作成

ー作戦」の失敗を教訓に、「インスタント・サンダー」と当初名づけられていた第一段階の戦略爆撃計画は、「ファイブ・リング」という独自の航空戦略理論で知られたジョン・ワーデン大佐らアメリカ空軍参謀部の発案によるものだった。航空優勢を確保するための戦略爆撃に力点を置くワーデン大佐に、シュワルツコフは「共和国防衛隊こそイラク陸軍の重心だ。初日から毎日、共和国防衛隊を攻撃せよ」と釘を刺した（Schwartzkopf, *It Doesn't Take A Hero*）。

実際の航空作戦は、戦略爆撃、戦術爆撃、戦域航空阻止、近接航空支援が重なり合う形で行われ、地上戦が近づくにつれて、後者の比重が大きくなっていった。事実、戦略爆撃が全体に占める割合は限定的であり、ある統計では、多国籍軍の航空攻撃のうち約七割が陸上兵力に対する攻撃であったとされている。湾岸戦争時に実施された陸空軍共同作戦の多くは、空軍と陸軍が共同で組織した「統合軍開発班」が一九八四年に公表した三一項目の勧告や、後述する「エアランド・バトル」の航空支援作戦ドクトリンによっていた。

さらに、この航空作戦において、決定的に重要な役割を果たしたのがアメリカ軍の精密誘導兵器や最新鋭のステルス戦闘機、F－15E戦闘機、夜間攻撃用ヘリ、無人偵察機、空中給油機、早期警戒管制機、統合監視目標攻撃レーダー・システム（J－STARS）、全地球測位システム（GPS）などに代表される「ハイテク兵器」システムである。

これらの近代的兵器は、すべて冷戦期の一九七〇年代後半から八〇年代にかけて開発され、湾岸戦争で初めて実戦に使用されたものも少なくなかった。

たとえばヘリコプターは、ベトナム戦争時の一九六〇年代後半から、夜間や悪天候下に敵地で遭難した航空機搭乗員を救助する目的を持って開発・改良が続けられてきたが、地形追随レーダー、赤外線前方監視装置、地形表示装置、慣性航法装置、ＧＰＳ受信装置などのデータをコンピュータ処理するシステムを搭載することで、八七年になって最新型の夜間攻撃可能なヘリが実用可能となった（ハリオン『現代の航空戦　湾岸戦争』）。

これらの革新的軍事技術の活用は、実際には限定的であったとはいえ、その後のアメリカ軍の軍事技術革新の方向性を示唆するものであり、一〇年後のイラク戦争時に最大限活用されることとなった。

攻撃開始から四時間でイラクを攻撃した多国籍軍の航空機は四〇〇機、支援と艦隊防空に二〇〇機あまり、最初の二四時間の合計では一三〇〇機が出撃した。また、アメリカ海軍艦隊からはトマホーク巡航ミサイルも一〇〇発以上が発射された。「緒戦の一〇分でイラクのC^3Ｉ（コマンド・コントロール・コミュニケーション・インテリジェンス）はめちゃめちゃになっていた」（ハリオン『現代の航空戦　湾岸戦争』）と極論されるほどに、初日の第一撃から航空作戦は当初の予想以上に順調に推移した。

とくに、開戦劈頭のＦ117ステルス戦闘機のみによって行った、バグダッド市内のイラク軍の指揮中枢に対する夜間精密爆撃の効果は絶大だった。当時、アメリカ空軍部隊に四二機配備されていたＦ117戦闘機は、多国籍軍機による全出撃回数のうち約二％を占めていたにすぎないが、約四〇％の戦略目標を破壊したと評価されるほどであった（The US DoD, *Conduct of the Persian Gulf War*）。

一月二七日には、早くもシュワルツコフ中央軍司令官が航空優勢を確保したと発表し、同三〇日には絶対航空優勢の確保が宣言された。多国籍軍は連日延べ一五〇〇回以上、最大で三〇〇〇回、停戦までに合計一一万回を超える航空攻撃を実施した。そのうち、約七万回がアメリカ空軍機、三万回がアメリカ海軍・海兵隊機によるものである。

地上戦開始時には、イラク陸軍の損害は、戦車一八〇〇輛、装甲車一〇〇〇輛、火砲一五〇〇門に上り、地上戦力は「半減」とまではいかないものの、四〇％以上が破壊されたとシュワルツコフらの中央軍は判断していた。また、イラク軍捕虜の尋問からは、一万人規模の共和国防衛隊師団のうち戦死者一〇〇人、戦傷者三〇〇人、脱走兵五〇〇〇人を数えた事例もあったことが示唆されている。空爆の結果として、補給線の途絶による武器・弾薬・水・食料などの不足が兵士の士気に与えた影響も相当大きなものであったことが推測される。

開戦時には約七〇〇機と推測されたイラク空軍機は、終戦までに一一〇機以上の航空機が撃墜もしくは破壊され、一〇〇機以上がイラン領内に退避した。一方、アメリカ軍機のイラク軍機による被撃墜数は一機のみで、対空ミサイルと火砲による損耗は三八機と非常に軽微な損耗にとどまった（Keany and Cohen, *Revolution in Warfare?*; Cordesman and Wagner, *The Lesson of Modern War*)。

この航空作戦は当初の予想以上の成果を収めた。イラクとクウェート戦域における制空権の確保と、統合監視目標攻撃レーダー・システムの導入による地上攻撃目標の正確な把握、および「戦車たたき（tank plinking)」とも呼ばれる戦術爆撃による敵戦車の大量個別破壊が相まって、地上戦が開始されるまでに陸上戦力に対して有形無形の打撃を与えていた。これが湾岸戦争の勝利の最大の要因であり、「エアランド・バトル」を実践する地上戦が始まるまでには、ほぼ勝敗が決していたとも評価される所以である（石津朋之他『エア・パワー』）。

「エアランド・バトル」

湾岸戦争は典型的な機動戦であった。ハイテク兵器と圧倒的な火力を用いて、自軍の犠牲者の極小化を図りつつ、敵兵力を殲滅するという戦い方は、まさしく「アメリカ流の戦争方法（American way of war）」そのものであり、アメリカの戦略文化を象徴的に示す軍事戦略の実践であった。

当時、アメリカ陸軍が確立していた軍事戦略は「エアランド・バトル（AirLand Battle）」と呼ばれるもので、一九八〇年代を通じて開発され、八二年にＮＡＴＯの軍事戦略として正式に採用されるとともに、八四年にはアメリカ空軍の基本教義となった。

湾岸戦争時には一九八六年の陸軍教範が用いられた。その目的は、ヨーロッパに展開するソ連の地上軍に対して数的に劣勢なアメリカ軍が、大胆な機動による側面移動、包囲、空挺攻撃などによって、敵の主力部隊ではなく予備部隊に対して機先を制して攻撃を仕掛け、最終的に敵を殲滅することとされている。

この戦略では、航空戦力は「空飛ぶ砲兵」と位置づけられ、陸軍の支援が航空戦力の主任務とされた。エアランド・バトルの成功には、主導・縦深・敏捷・同期化（initiative, depth, agility, synchronization）が重要とされ（Scales, *Certain Victory*）、教範では「協同一致の確保」「戦場での不測事態の予期」「敵の脆弱部に対する戦闘力の集中」「速攻即離脱」「断固たる攻撃」「地形・天候・欺騙《ぎへん》・秘匿」など、具体的な作戦要件も明記された。

「砂漠の剣」作戦

どんな戦争も空爆だけでは決して最後の勝利は得られない、とコリン・パウエルやシュワルツコフは考えていた。約一ヵ月間かけた「砂漠の嵐」作戦の後、一九九一年二月二四日（日曜日）午前四時（現地時間）、地上戦が開始された。「砂漠の剣」作戦の幕開けである。続く一〇〇時間に展開された地上戦は、第二次世界大戦以降で最大規模の機甲部隊による機動戦となった。

結果的に大成功を収めた攻勢作戦だったが、地上作戦の計画立案段階では、紆余曲折があった。

そもそも一九九〇年一〇月の時点では、アメリカ軍総勢二〇万の現有戦力で戦うという前提のもとに、クウェートの南部に位置する敵の正面を突破してクウェート市が所在する北方に向かって攻め込む計画が、中央軍司令部で作成されていた。

しかしながら、これはディック・チェイニー国防長官やブレント・スコウクロフト国家安全保障担当大統領補佐官、ロバート・ゲーツ同次席補佐官らの不興を買い、コリン・パウエル統合参謀本部議長とノーマン・シュワルツコフ中央軍司令官は作戦計画の見直しを迫られた。チェイニー国防長官は、パウエル統参議長に対し、敵正面への中央突破攻撃の代わりに、戦術核兵器の使用も考慮するよう促したが、この案も結局非現実的と判断された。

最終的には、約二〇万の追加兵力を前提に、アメリカ海兵隊部隊と多国籍軍による陽動作戦をペルシャ湾岸沿いやサウジアラビアとクウェート国境南西部で実施しつつ、アメリカ陸軍の第一八空挺軍団と第七軍団の主力部隊がイラク軍の西側にある弱点に攻勢を仕掛け、イラク国内の西方を大きく迂回してクウェート国内に布陣する敵戦力の重心たる共和国防衛隊を撃滅するという、いわゆる「左フック」作戦が採用された。

「砂漠の剣」作戦開始とともに、東部海岸沿いからクウェート領内への侵攻を開始し、海兵隊の二個師団が同じくやや西方からクウェート領内に向かって北上する一方で、多国籍軍の左翼に位置する第一八空挺軍団はサウジ＝イラク国境から空軍基地をはじめとする戦略目標に向かって進撃した。イラク軍側の歩兵部隊は、空爆による戦死者こそ多くはなかったものの、食料・水・弾薬・装備品などの補給不足と空爆の精神的恐怖により、士気が著しく低下していた。一個師団の九割以上が脱走するほどの大量脱走が発生し、多国籍軍の攻撃に対しても頑強な抵抗は見られず、多数の将兵が捕虜となった。

第一八空挺軍団のうち、第八二空挺師団と第一〇一空挺（空中強襲）師団による作戦は、第二次世界大戦以降、最大の空中機動作戦となった。最左翼部隊のフランス第六軽機甲師団の北進を掩護するため、第一〇一空挺師団の三〇〇機以上のヘリコプター部隊は、地上部隊の進撃に先駆けてイラク領内に進出し、燃料・弾薬などの補給物資を輸送するとともに、砂漠地帯のなかに前進補給基地を設営して、地上部隊の進撃を助けた。侵攻作戦初日の第一八空挺軍団の攻撃は予想以上に順調に推移し、翌日にはフランス軍部隊が空軍基地を占領した（陸戦学会『湾岸戦争』）。

多国籍軍の中央部隊は第七軍団であり、アメリカ第一機甲師団、第三機甲師団、第一機械化歩兵師団、イギリス第一機甲師団が主力であった。この主力部隊の攻撃を成功させるため欺騙を企図して、多国籍軍はあえてイラク西部地域への空爆は行わず、サウジ＝クウェート国境のイラク軍陣地に空爆・砲撃を加えた。また第一海兵遠征軍は、サウジ＝クウェート国境南東部のイラク軍陣地に対して連続的な砲爆撃を仕掛け、水陸両用作戦を実施すると見せかけるため着上陸演習を事前に実施した。

航空作戦による通信インフラの破壊により、イラク軍側は多国籍軍の大規模な機動作戦の動向をまったく察知できなかった。多国籍軍の主攻撃はクウェート西南部からと想定していたイラク軍の防御布陣は、西方においては手薄となり、第一八空挺軍団の二個空挺師団や第二四機械化師団の進撃を止めるには無力だった。

地上作戦二日目、多国籍軍はイラク領内奥深くにさらに進撃するとともに、東に転進してクウェートに向かおうとした。しかしながら、イラク領内奥深くに快進撃を続けた第一八空挺軍団とは対照的に、フレデリック・フランクス中将が率いる第七軍団は、ほとんど前進していなかった。シュワルツコフ中央軍司令官は、当日早朝のブリーフィングで第七軍団の進撃速度の遅さに「激怒」したが、イラク軍の共和国親衛隊に対する「接敵移動」を指揮していたフランクスは、大部隊による攻撃を最小限度の兵力損耗で成功させるべく、慎重に歩を進めていた。ベトナム戦争時にフランクスは片足を失っており、湾岸戦争では義足をつけていた。フランクスは約一六万人の兵員、約一七〇〇輌の戦車、二〇〇〇輌の装甲車、五〇〇門以上の火砲からなる大部隊とイギリス第一機甲師団の将兵を、折からの悪天候のなかで「サダム・ライン」と呼ばれる防御線を突破してイラク領内に進出させ、再び攻撃態勢を整えるという作業を徹夜で行わなければならなかった。

73イースティングの戦い

最前線の現場では、戦闘部隊指揮官の独自判断による主体的作戦指揮、いわゆる「ミッション・コマンド」が実践され、第二次世界大戦以来の戦車戦が繰り広げられようとしていた。二月二六日早朝、進撃目標の南部に達していた第七軍団隷下の第二装甲騎兵連隊は、午後になって九〇度ターンし、東方に向けてイラク軍の精強部隊である共和国防衛隊「タワカルナ師団」（第三機械化歩兵師団）を探しながら「接敵移動」を続けた。午後から曇天となり、秒速三〇メートルを超える暴風と砂嵐で視界は極度に悪化し、天候悪化のため、ヘリは飛べなかった。

Ｍ１Ａ１エイブラムズ戦車に乗ったＨ・Ｒ・マクマスター大佐の指揮するＥ騎兵中隊は、Ｆ中隊・Ｇ中隊とともに、連隊の偵察のための前衛を務めていた。午後四時頃、マクマスターの部隊は、前方の小村から敵火砲の攻撃を受けたため応戦し、沈黙させた。「70イースティング（東経線）」までの前進許可を得たマクマスターの戦車の砲手が、その少し手前でタワカルナ師団のT‐72戦車八輌を発見した。アメリカ軍戦車は熱線画像装置により敵戦車を見ることができたが、通常の望遠鏡しか装備していなかったT‐72戦車は敵戦車を視認できず、不意を突かれた。距離が一四二〇メートルの地点でマクマスターは、砲弾の発射を命令した。

M1A1エイブラムズ戦車の一二〇ミリ滑腔砲から発射された劣化ウラン弾芯の装弾筒付翼安定高速徹甲弾（サボ弾）は六〇〇ミリの装甲貫通力を持っており、耐弾能力が四五〇ミリのT‐72戦車の装甲を、まるで「熱したナイフでバターをえぐるように」貫通したという。一方、T‐72戦車の徹甲弾の貫通力は四五〇ミリであり、M1A1エイブラムズ戦車の装甲の耐弾能力が六〇〇ミリであったため、貫通することはできなかった。

さらに、M1A1エイブラムズ戦車には最新式の射撃統制装置が搭載されており、デジタル弾道計算コンピュータ、熱線映像照準装置、レーザー測遠機を装備するとともに、ディーゼル・エンジンよりも静粛性や加速性能に数段優れたガスタービン・エンジンを採用するなど、アメリカ陸軍の技術革新の粋を集めていた（河津幸英『湾岸戦争大戦車戦（上）』）。

この戦闘を皮切りに、湾岸戦争で最初の大規模な戦車戦が繰り広げられた。敵戦車を撃破しながら東進していたマクマスターは、「73イースティング」付近で、さらに一八輌のT‐72戦車を撃滅し、最終的には「74イースティング」の地点まで進んだ。二三分間の戦車戦の結果、E中隊は三〇輌の戦車、一六輌の歩兵戦闘車輌、三九台の輸送トラックを破壊し、自軍の損耗ゼロと、機動力と装備の基本性能に勝るアメリカ軍戦車部隊側の圧勝に終わった（Atkinson, *Crusade*; Clancy, *Armored Cav*）。

悪天候のなかで、敵の不意を突き、速攻と断固たる攻撃によって、火力・兵力の面で上回る敵を撃破した「73イースティングの戦い（Battle of 73 Easting）」は、湾岸戦争において最も広く知られた戦闘の一つとなった。この戦いを契機に、アメリカ陸軍史上最大の戦車戦が繰り広げられたからである。

ただし、「73イースティングの戦い」が繰り広げられたときには、共和国防衛隊の精鋭部隊の主力はすでにクウェートからの撤退を開始しており、アメリカの戦車部隊を待ち受けていたのは、いわば「捨て駒」の部隊だった。イラク軍は、クウェートを占領している部隊に対して撤退命令を出していたのである。フランクスの第七軍団が「殲滅」するはずの部隊の多くは、停戦時にはバスラを通ってイラク領内に退却していた。

湾岸戦争の逆説——戦術的勝利と戦略的失策

二月二七日の朝、アラブ諸国軍の部隊がクウェート市内に入り、市民の熱狂的な歓迎を受けた。その夜（ワシントン時間の午後一時）には、シュワルツコフ中央軍司令官がテレビ放送で、機甲部隊の戦闘が続行中であることを認めながらも、事実上の勝利宣言をした。ブッシュ大統領が停戦を決意したのは、ワシントン時間午後六時である。

停戦の時間については、当初の案では現地時間二八日午前五時だったが、開戦からちょうど一〇〇時間になるという理由で、現地時間午前八時（ワシントン時間深夜零時）に決定された。その後、シュワルツコフから、まだイラク軍部隊の敗走路は完全に封鎖されていないとの連絡が入ったが、大統領の決心は変わらなかった。パウエルも、攻撃を続行しなかったことに対する批判が戦後に出ることは予想しながら、停戦の決定を支持した（パウエル『マイ・アメリカン・ジャーニー　統合参謀本部議長時代編』）。

湾岸戦争はアメリカ軍の圧倒的勝利であった。ソ連軍との戦いを想定したエアランド・バトル・ドクトリンの有効性が実証されたと考えられた。「砂漠の嵐」「砂漠の剣」両作戦に動員された約六〇万人のアメリカ軍兵士のうち、交戦による戦死者は一四八人、事故死などを含む合計でも約三〇〇人、多国籍軍全体の死者もせいぜい数百人にすぎず、イラク軍側の数万人ともいわれる戦死者数と比較すれば、完勝であった。アメリカは最新のハイテク兵器と、圧倒的な戦力を投入し、最小の犠牲で戦術的勝利を収めることに成功した。

戦略研究家のエドワード・ルトワックによれば、湾岸戦争は「攻撃的エア・パワー」の飛躍的な質的向上にもとづく「歴史上前例のない空中からの『断頭』攻撃の即時的な成功」がもたらした一方的な戦局の展開によって特徴づけられるという（『エドワード・ルトワックの戦略論』）。地上戦においても、ソ連軍の大戦車部隊と戦うための作戦や装備・兵器の有効性が、「73イースティングの戦い」に代表される砂漠の戦車戦によって証明されたと見なされた。

湾岸戦争は究極的には、アメリカの豊かな国力と先進的な科学に裏づけられた「アメリカ流の戦争」の勝利であった。最新ハイテク兵器に裏打ちされた「エア・パワー」を中核として、開戦劈頭から敵の指揮統制中枢の「重心」をたたくと同時に、敵防空網を制圧して戦域の航空優勢を確保し、戦略攻撃から航空阻止に移行し、さらに地上戦の準備を進めるなかで近接航空支援へと次第に重点を移しながら、航空戦力と地上戦力をフルに活用して戦勝を獲得する。それはアメリカの戦略文化に合致する戦い方であり、それゆえ将来の戦いのモデルとなったのである。

だが、この圧倒的な「戦術的勝利」は、そのまま「戦略的勝利」につながったのだろうか。湾岸戦争の停戦は早すぎたのではないか、早すぎた停戦こそが、その後二〇年以上にわたるアメリカとイラクとの敵対行為の連鎖の始まりだったのではないか、と指摘する声がある。

湾岸戦争ではアメリカ軍機は一一万回の出撃を記録したが、その後の一〇年間には、年間平均で三万四〇〇〇回の出撃を記録した（Ricks, *The Generals*）。そうした帰結をもたらした原因の一つは、一九九一年三月三日、イラク軍側との停戦協議においてシュワルツコフが、イラク軍のヘリコプター飛行を一定の条件付きで、あっさりと認めてしまったことにある。

圧倒的武力によりイラク南部を占領し、六万人にも上る数の捕虜を捕捉したアメリカ軍側は、戦術的勝利をもとに、もっと厳しい政治的要求を突きつけることも可能であったはずである。だが、ブッシュ政権の文民リーダーも、パウエルやシュワルツコフら軍リーダーも、戦略的勝利を得るための最後の詰めが甘かった。シュワルツコフの回想録によれば、ブッシュ大統領から停戦条件についての指示はなく、逆にシュワルツコフ自身が提案した停戦条件がワシントンによりほぼそのままの形で承認されたのだという。

イラク軍ヘリコプターの飛行許可については、完全にシュワルツコフの独断であった。数週間後、バスラなどいくつかの都市で反政府分子による反乱を弾圧するためにイラクが対地攻撃ヘリを使ったことをアメリカは知ることになるが、すでに手遅れであった（『シュワーツコフ回想録』）。

結果的に、その後イラク国内で拡大したシーア派やクルド人らの反乱分子に対するフセイン政権の武力弾圧や虐殺を目のあたりにしながらも、ブッシュ政権は傍観するしかなかった。シュワルツコフが戦術的勝利を確信した後に打った何気ない「一手」が、「意図せざる帰結」としての「イラク戦争」への布石となってしまった。

Ⅱ　9・11以後

湾岸戦争の「意図せざる帰結」

湾岸戦争でアメリカが振るった鉄槌は、たしかにイラク軍をクウェートから追い出すことに成功した。しかしながら、サダム・フセイン大統領は依然として独裁的権力者の座にとどまり、北部のクルド人や南部のシーア派による政権転覆の動きを弾圧し、三万人以上に上る市民を殺害した。

湾岸戦争後の一〇年間、アメリカに対する様々な「戦い」が世界各地で続いた。

一九九三年一〇月、ソマリアにおける「モガディシュの戦闘」では、国連平和維持活動（PKO）支援任務に派遣されていたアメリカ軍ヘリ二機が現地ゲリラ勢力に撃墜され、兵士一八人が殺害された。その半年前にアメリカ国内では、世界貿易センターにおけるトラック爆破事件で六人が死亡、一〇〇〇人以上が負傷した。

一九九六年六月、サウジアラビアのアメリカ軍人居住施設コバー・タワー爆破事件では、死者二〇人、負傷者約五〇〇人を出した。一九九八年八月、タンザニアとケニアのアメリカ大使館への同時自爆テロでは、一二人のアメリカ人を含む二九〇人が死亡、五〇〇〇人以上が負傷した。

さらに二〇〇〇年一〇月には、イエメン沖でアメリカ海軍駆逐艦「コール」が小型ボートによる自爆テロ攻撃を受け、一七人の水兵が死亡した。アメリカによる中東やアフリカへの軍事介入が、イスラム過激派の反感を買い、アルカイダをはじめ、様々なテロリストの活動を活発化させることになった。

一方、イラクのサダム・フセインは、一九九四年には第二次クウェート侵攻をほのめかしたり、イラクの北部と南部に設定された飛行禁止区域でアメリカ・イギリス軍機に対する地対空ミサイルを設置するなど、次第に敵対行動をエスカレートさせていた。一九九八年一二月には、イラク国内の軍関連施設への国連査察団の立ち入りを拒否し、ビル・クリントン政権から巡航ミサイルの攻撃を受けた。

この間に、アメリカでは対イラク政策の面で重要な質的変化があった。クリントン政権期の一九九六年に、それまで行われてきたイラク国内の反体制派を支援して政権転覆を図るための内部工作が失敗し、イラクへの介入が消極的な姿勢に転換した。野党の共和党は政権批判を強め、「フセイン政権の打倒」をクリントン大統領に強く求めた。モニカ・ルインスキー事件で下院の弾劾決議まで受けていたクリントンは、一九九八年一〇月に下院で可決された、反体制派への軍事支援予算の支出を認める「イラク解放法」に署名し、「フセイン政権の打倒」すなわち「イラクの体制転換」がアメリカの国策となった。

9・11

二〇〇一年一月、ジョージ・W・ブッシュ新大統領のもとで、政権最初の国家安全保障会議が開催され、「イラク解放法」を踏まえたサダム・フセイン追放計画が提出された。ポール・オニール財務長官によれば、この会議によって「打倒フセイン」がブッシュ政権の最重要課題となったという。さらに、重要な政策転換があった。クリントン政権で重視されていたアラブ・イスラエル紛争から手を引いて、今後はイラクに焦点を絞り、それまで「禁令」に等しかった地上軍の投入を解禁したのである。

ブッシュはドナルド・ラムズフェルド国防長官とヒュー・シェルトン統合参謀本部議長に「軍事的選択肢の検討」を指示したが、その指示には湾岸戦争時のような多国籍軍の編成、イラクへ地上軍を派遣した場合の戦略的見通しの検討も含まれていた。

会議の席ではジョージ・テネット中央情報局(CIA)長官が、生物化学兵器の製造工場と目されるイラク国内の施設に関する機密情報を説明した。ブッシュは「大量破壊兵器」に関する詳しい情報収集を指示した。

会議中の議論は、フセイン政権を弱体化させる、あるいは壊滅させる「方法」に終始し、「なぜフセインなのか、なぜ今なのか、なぜそれがアメリカにとって重要なのか」についてはまったく討議されなかった（サスキンド『忠誠の代償』）。次いで同年四月、テロリズムに関する政権の最初の会議で、ウサマ・ビンラディンとアルカイダなどのイスラム過激派集団が取り上げられた。その際、国防副長官のポール・ウォルフォウィッツは、ビンラディン個人が大規模なテロ攻撃を実行することはできず、イラクなどのどこかの国が支援しているのではないかと述べた。

そして同時多発テロが起きた九月一一日、アメリカン航空77便が突入した国防総省のビルから避難したウォルフォウィッツは、側近に向かって「イラクが攻撃に関与しているのではないか」と告げた。その日の午後には、ラムズフェルドも、「UBL（ウサマ・ビンラディン）だけでなく、同時にS・H（サダム・フセイン）を攻撃することの是非を判断せよ」と統合参謀本部副議長のリチャード・マイヤーズ空軍大将に伝えている（コバーン『ラムズフェルド』）。翌日には、このテロ攻撃がイラク攻撃の「絶好の機会」ではないかとまでラムズフェルドは踏み込んだ発言をしている（ウッドワード『攻撃計画』）。

また、ブッシュ自身も、テロ対策チームに対して、イラクの関与があったのかどうかを確認するよう命令した。さらに大統領は、九月一七日の会議の席で、イラクが関与していると思う旨の発言もしている（パッカー『イラク戦争のアメリカ』）。

チェイニー副大統領

では、なぜブッシュ大統領はじめ、大統領の側近たちは早い段階からイラクの関与を疑ったのだろうか。ジョージ・パッカーによれば、大統領に戦略、教養、世界観を提供することができるだけの影響力を持つ人物がいたとすれば、それはチェイニーとラムズフェルドであるという。なかでも、最も重要な鍵を握る人物がディック・チェイニーであった。

ブッシュ大統領の父親のジョージ・H・W・ブッシュ大統領時代に国防長官を務め、湾岸戦争をパウエル、シュワルツコフらとともに主導した経験を持つチェイニーにとっては、サダム・フセイン政権転覆はやり残した仕事だった。

副大統領就任以前からサダム・フセインを危険視していたチェイニーは、9・11以後、サダム・フセインとウサマ・ビンラディンという二大脅威の排除に意識を集中するようになり、「異様に熱狂していた」と評されるほどであった。それは、それまで周到に準備してきた戦略を実行に移す好機到来ととらえたからでもあろう。ブッシュ政権内でイラク戦争を一貫して推進する立場をとったのは、ウォルフォウィッツとチェイニーであった。

チェイニーはブッシュ政権の意思決定に隠然たる影響力を持っていた。副大統領候補としてブッシュとともに大統領選挙を戦ったチェイニーは、連邦議会やホワイトハウスでのスタッフ経験や、大統領次席・首席補佐官、国防長官、下院共和党院内総務などの要職の経験もあり、ブッシュ政権の要石的存在であった。フセイン政権の打倒をめざしてイラク戦争を推進するというブッシュ政権の基本方針は、ブッシュの全面的信頼を得ていたチェイニーとブッシュとの暗黙の合意事項でもあった。

二〇〇一年一一月、ブッシュはラムズフェルドに対して、イラク戦争計画の見直しをトミー・フランクス中央軍司令官とともに秘密裏に行うよう指示した。すでに一〇月七日からアフガニスタンで「不朽の自由」作戦が開始されていたため、イラク戦争の企図は秘匿する必要があった（ウッドワード『攻撃計画』）。

ブッシュ・ドクトリン

ブッシュは、9・11同時多発テロを「宣戦布告」ととらえ、「対テロ戦争」の戦略を「攻撃的」なものにし、テロリストが二度とアメリカ本土を攻撃できないように「処罰する戦略」を考案しようと決意していた。テロとの「新しい戦争」の最初の最前線がアフガニスタンであり、その次の攻略目標がサダム・フセインのイラクであった。

イラク戦争を正当化するレトリックとして生み出されたのが、二〇〇二年一月の一般教書演説で言及された「悪の枢軸」概念である。アフガニスタンでのタリバン政権打倒に一定の区切りがつき、イラクについても戦争準備が進展していた。ブッシュはテロ支援国家として北朝鮮（朝鮮民主主義人民共和国）、イラク、イランを名指しして「悪の枢軸」と呼び、テロリストに大量破壊兵器を入手させかねないこれらの国は世界平和にとって重大な脅威であり、排除されねばならないと主張したが、真の目的はイラク開戦を正当化することにあった。

その後、同年六月のウエストポイント陸軍士官学校の卒業式では、「先制攻撃」も辞さないことが明言され、次第に「ブッシュ・ドクトリン」というべきものが形成されていった。同年九月発表の「国家安全保障戦略」において、「先制・単独主義・覇権」を特徴とする「ブッシュ政権の大戦略」が提示されるに至った(ギャディス『アメリカ外交の大戦略』)。

このブッシュ・ドクトリンは、それまでの「封じ込め」や「抑止」戦略から、自衛のためには単独での「先制攻撃」も辞さない積極的攻勢戦略への「パラダイム・シフト」でもある。フセイン政権を打倒しイラクを民主国家にすることで、中東地域全体の安定と民主化を推進するための橋頭堡《きょうとうほ》を築くことが、この「大戦略」の究極の目標であった。

同年一一月の中間選挙で、共和党は歴史的な勝利を手に入れた。ブッシュ政権は、イラク開戦に対する国民の信任を得たと判断し、一二月にはポール・オニール財務長官を更迭した。オニールは、ブッシュの経済政策における大規模な減税と、外交政策における「先制攻撃」のドクトリンについて、「どちらも現実に反する思いつき」でしかないと懐疑的であった。

イラク開戦となれば、戦費がかさみ、大型減税と相まって財政赤字が拡大することは火を見るよりも明らかだった。イラク侵攻はブッシュ政権の発足当初からの一種の「イデオロギー」であって、冷徹な現実分析と情勢判断にもとづいた「政策」とはいえない、というのがオニールの考えだった。

ブッシュ政権では、不確実な情報や推測にもとづいた政治的意思が政策立案プロセスに不当に介入しているようにオニールには思われた。イラク侵攻によって「ニシキヘビの尾をつかんでしまう」ことへのオニールの懸念は、その後、現実のものとなった（サスキンド『忠誠の代償』）。

結局、イラク戦争の開戦理由となった大量破壊兵器は発見されず、フセイン政権とアルカイダとの関係も否定された。アメリカ軍占領下のイラクは、宗派間の対立が激化して内戦状態になり、「ニシキヘビ」の大暴れを抑えることができなくなっていった。

Ⅲ「イラクの自由」作戦と「衝撃と畏怖」戦略

作戦計画1003の見直し

二〇〇一年一一月、ラムズフェルドはイラク侵攻の作戦計画見直しに着手した。アフガニスタンに対する戦争計画は事前に存在せず、作成に時間がかかったが、イラクの場合はすでに「作戦計画1003（Operations Plan〈OPLAN〉1003）」と呼ばれる中央軍司令部作成の対処計画がクリントン政権の時代からできあがっていた。

これは、戦略というよりは、クウェートもしくはサウジアラビアを防衛するためにイラク軍を殲滅する必要が生じた場合のアメリカ軍部隊投入計画であり、作戦に必要な兵員は五〇万人、動員準備に約七ヵ月がかかると見積もられていた。湾岸戦争時の「砂漠の嵐」作戦と同様の大規模な侵攻計画であるが、ラムズフェルドは国防長官就任直後から、こうした既存の対処計画には不満を持っていた。

国防総省が用意していた世界各地での戦争計画は、どれも想定が古く、新政権の掲げる目標にも合致せず、計画立案の手順そのものが「情けないくらいめちゃくちゃになっていて、どうしようもない」とラムズフェルドの目には映っていた（ウッドワード『攻撃計画』）。

ラムズフェルドの執拗な作戦計画見直しの指示によって、ブッシュ大統領の一般教書演説から三日後の二〇〇二年二月一日に、侵攻作戦実施兵力一六万、動員準備九〇日、戦闘行動一三五日、合計二二五日、戦後の「フェーズ4＝イラクの安定化と占領」の段階で追加兵力が投入され総兵力三〇万、という内容の計画に変わった。開戦に踏み切る時期は、二〇〇二年一二月から翌年二月にかけてが最善だと、中央軍司令官のトミー・フランクス大将はブッシュに説明した。その後、当初の作戦計画が順次改訂され、次第に兵力規模は縮小され、作戦期間も短縮されていった。

ラムズフェルド・ドクトリン

ラムズフェルド国防長官は、就任直後からアメリカ軍の組織改革、いわゆる「フォース・トランスフォーメーション」に取り組んだ。ブッシュはすでにラムズフェルドに、「決定力、軽快さ、機動性」を高めることを国防総省の改革方針とするよう指示していた。

新世紀におけるアメリカ軍は、決定力に富み、容易に派遣でき、兵站の負担が少なく、数日・数週間の単位で戦力投射が可能で、パトロールから衛星まで様々な手段を使って標的を特定し、即座にその標的を各種最新兵器で破壊する能力を持ち、殺傷力の高い軽量化された兵器を有する、小規模で敏捷性に富んだ部隊編成でなければならないと、ブッシュは要求した。

派遣に時間のかかる大兵力による侵攻作戦ではなく、小規模兵力だが機動性と決定的な破壊力を持つ最新精密兵器を駆使して素早く侵攻し、戦闘作戦終了後は、国家建設（nation building）任務などにはあまり関与せず、速やかに撤退することを念頭に置いたイラク侵攻作戦計画の練り直しを、ラムズフェルドは繰り返し軍司令部に指示した。

このようなラムズフェルド・ドクトリンによる軍事戦略を、湾岸戦争時のパウエル・ドクトリンにもとづく軍事戦略と比較すると、地上侵攻作戦開始前の航空作戦の期間が非常に短く、かつ、巡航ミサイルの命中精度が湾岸戦争の頃と比べ格段に向上したことで、より少ない爆弾の数量で、より大きな攻撃の成果をあげることができるようになった。

ラムズフェルド・ドクトリンにもとづく「衝撃と畏怖」戦略は、航空機や水上艦艇、潜水艦から発射される精密誘導ミサイルによるピンポイント爆撃で、付随的被害を極小化しつつ、敵の軍事基地や政治経済の中枢、主要インフラ設備などの重心を短期間に壊滅させることで、敵軍の戦意を喪失させることを主眼とした。

この戦略については、作戦準備（フェーズ1）、初動作戦（フェーズ2）、本格的攻勢作戦

（フェーズ3）に続く占領期（フェーズ4）の作戦計画が杜撰《ずさん》であることが、当初から指摘されていた。しかし、これはそもそもラムズフェルド・ドクトリンでは、復興や国家建設が軍の任務ではないと考えられていたことによる。イラク侵攻前の作戦計画では、占領期が一八ヵ月を過ぎれば、五〇〇〇人程度にまで兵力が削減可能との楽観的見通しが立てられていた。

「イラクの自由」作戦

二〇〇三年三月一七日午後八時、ブッシュ大統領はサダム・フセインに四八時間の猶予を与える最後通牒を突きつけた。一九日になってフセインとその息子たちの所在に関する有力な情報が入ったため、ブッシュはF117ステルス戦闘機二機による地下施設貫徹型爆弾投下とトマホーク巡航ミサイルによるフセイン攻撃を決断し、同日午後一〇時過ぎに「イラクの自由」作戦（Operation Iraqi Freedom）の初期段階が開始されたことを国民に告げた。

作戦計画は直前になって変更され、大規模な航空作戦が開始される前に、地上作戦が二四時間前倒しで開始されることになった。開戦時のアメリカ軍兵力は二九万、これにイギリス軍四万、オーストラリア軍、ポーランド軍などの有志連合の兵力も加わり、地上兵力は一七万人（四個師団）であった。湾岸戦争時と比べると、半数以下の兵力でバグダッドまで侵攻したことになる。対するイラク地上軍は総兵力三七万人、うち共和国防衛隊八万、特別共和国防衛隊一・五万であった。

現地時間で二一日午後九時から開始された航空作戦では、空中発射型を含む巡航ミサイルが

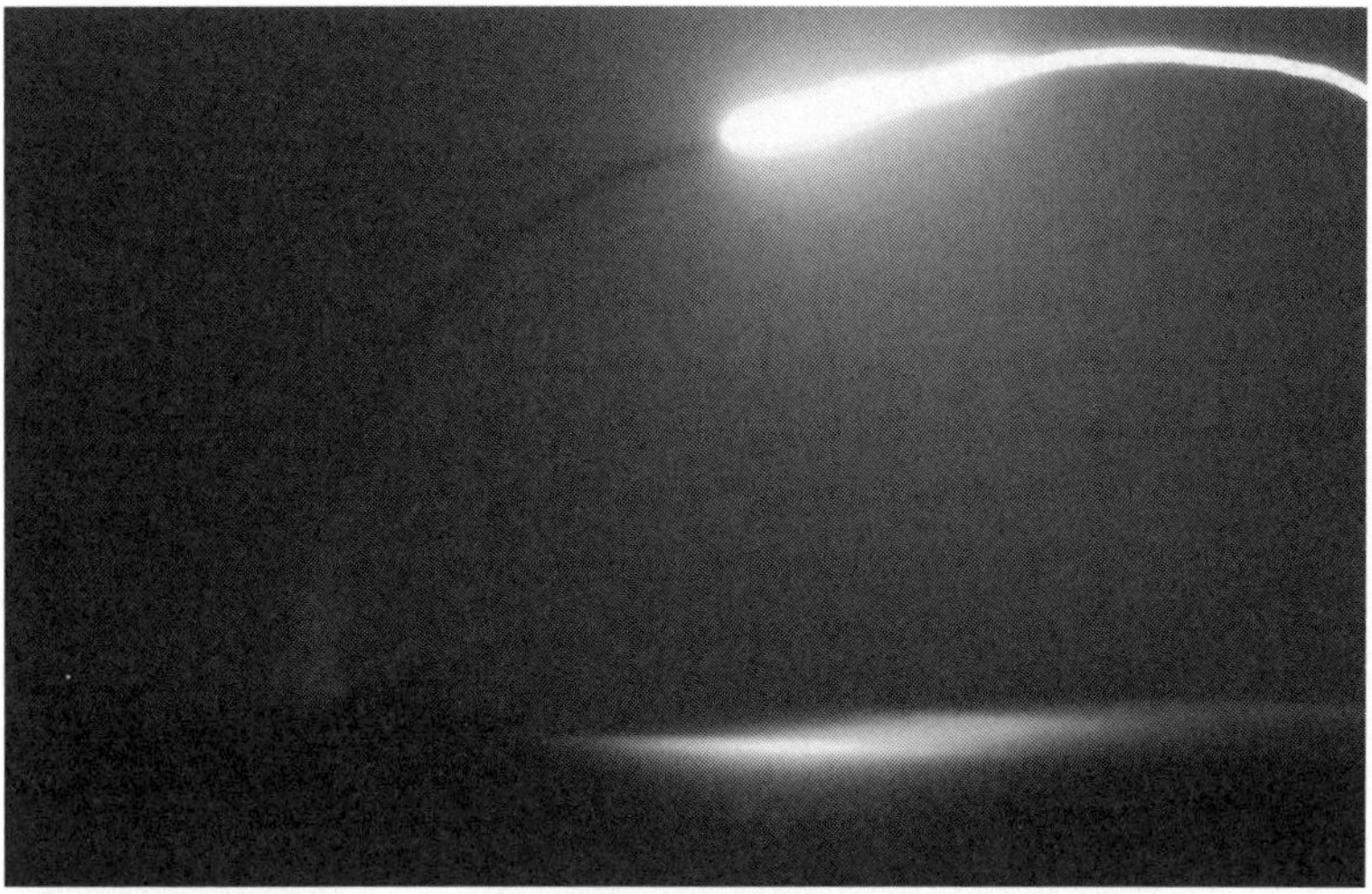

イラク軍に向けて発射されたミサイル（2003.3.24）
（写真提供）U. S. Navy／ロイター／アフロ

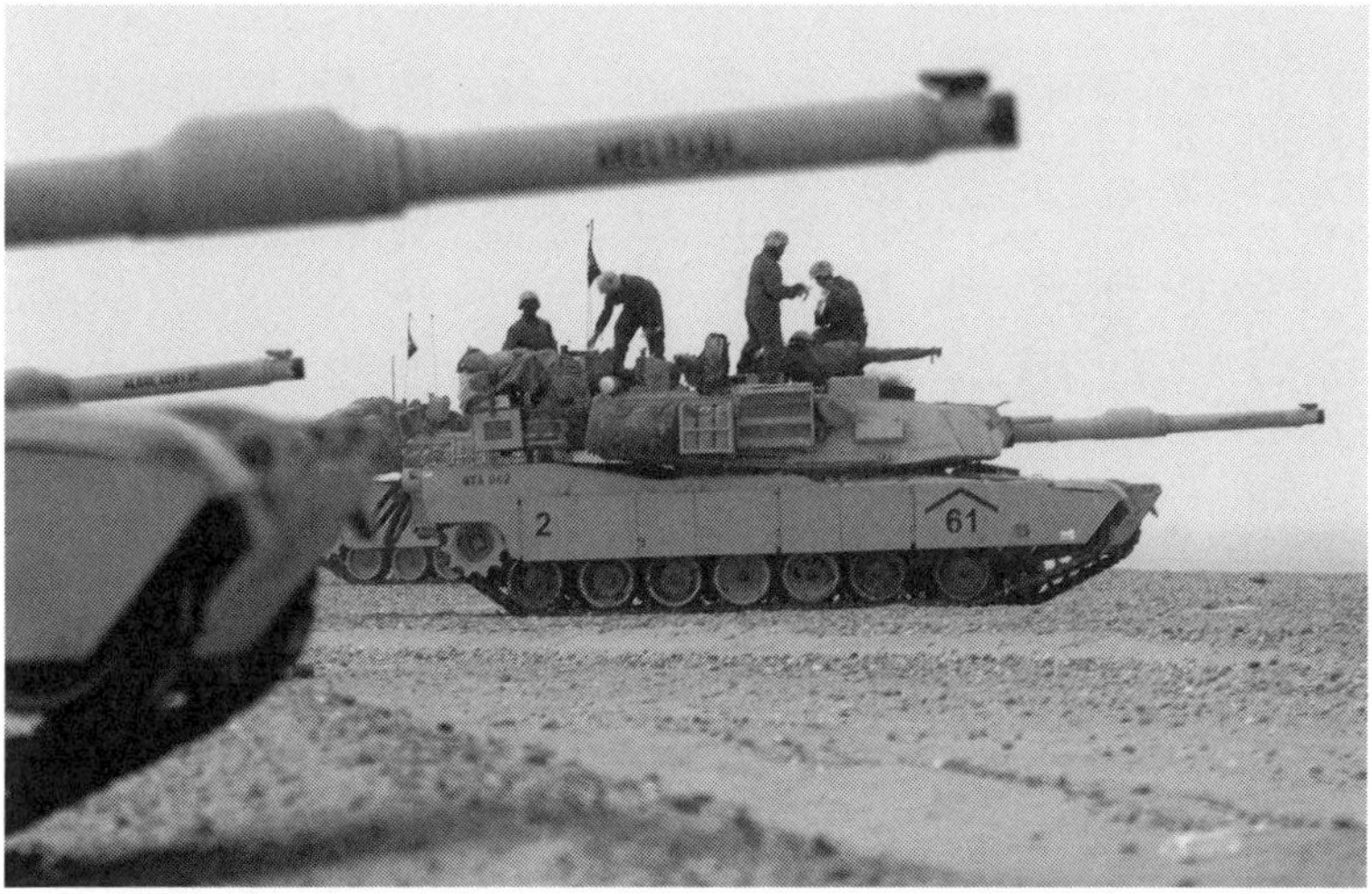

イラクに進撃するアメリカ軍の戦車
（写真提供）AP／アフロ

アメリカ軍、イギリス軍の攻撃によって炎上するバクダッド
（写真提供）ロイター／アフロ

五〇〇発以上イラクの政権・軍中枢、通信・情報施設に対して撃ち込まれ、四三日間の湾岸戦争時に発射された巡航ミサイル数の二倍近くがわずか一日で使用された。最終的に、アメリカ軍および連合軍の戦闘機・爆撃機による出撃は二万回、約三万発の爆弾投下のうち精密誘導兵器の使用比率は六八％と、湾岸戦争時の八％を大きく上回った。二〇〇二年から運用を開始した大型無人偵察機グローバル・ホークが活用され、精密爆撃を支援したこともイラク作戦の特徴である。

一方、地上作戦の「衝撃と畏怖」戦略は、アメリカ陸軍第三師団を基幹とした装甲機動部隊による「サンダー・ラン」作戦に象徴される。クウェートからバグダッドに向かって侵攻を開始した地上部隊は、右翼隊の海兵隊部隊と左翼隊の陸軍部隊に分

地図4–2　「サンダー・ラン」作戦におけるアメリカ軍の進路

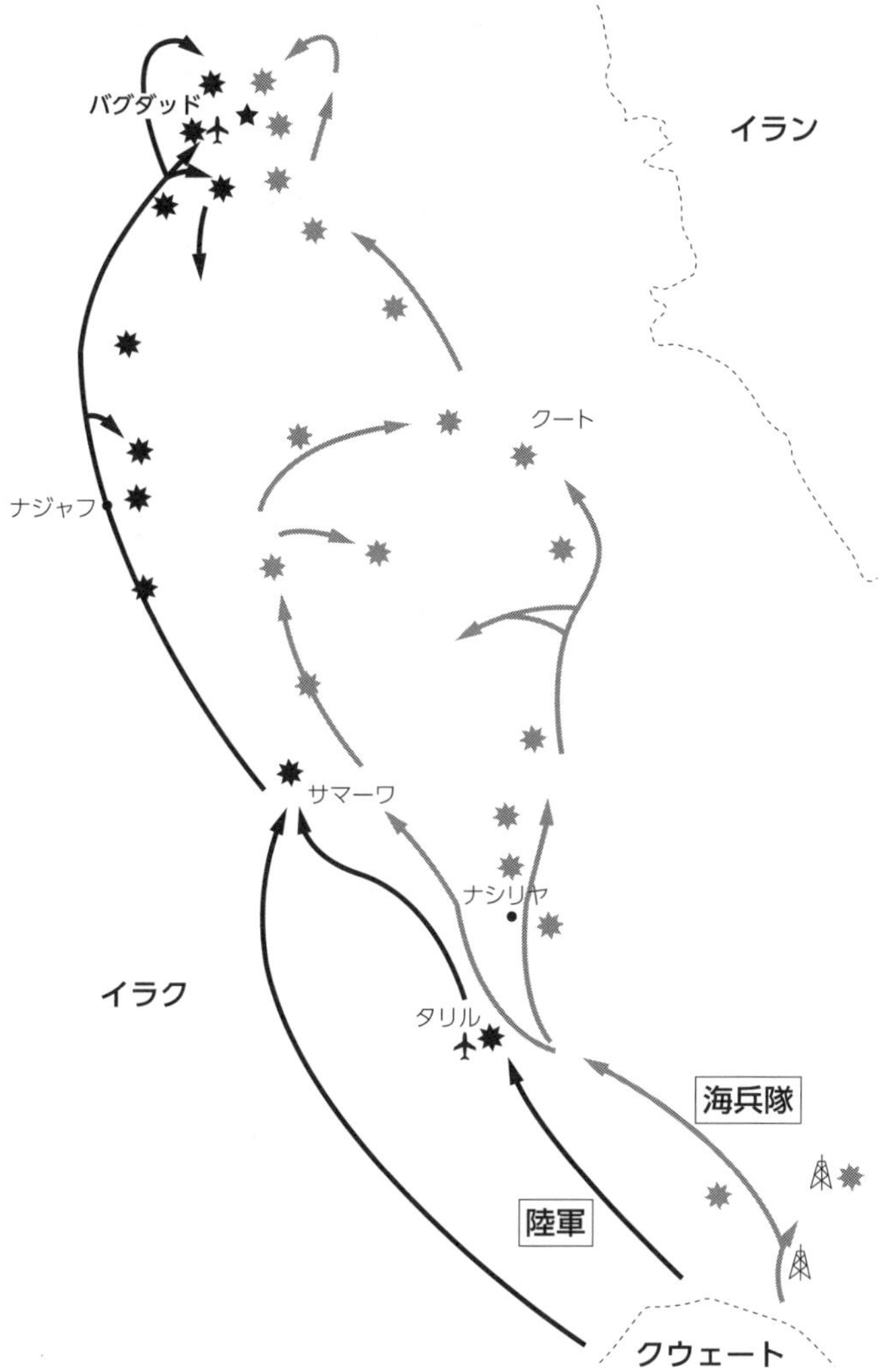

（出所）M. Gordon and B. Trainor, *COBRA II*, 2007にもとづいて作成

かれて進撃した。このときに動員されたＭ１Ａ１戦車数は約三八〇輛と、湾岸戦争時の二〇〇〇輛と比べて五分の一以下である。イラク軍側には約二二〇〇輛の戦車があったと推定されていたが、航空作戦による精密爆撃により、四月三日までに約一〇〇〇輛が破壊された。

航空機出撃の約半数は地上部隊に対する航空支援を目的としたイラク地上軍に対する爆撃であり、これが地上部隊の「サンダー・ラン」作戦の円滑な進行を促進した。四月九日には、左翼隊の第三師団が高速進撃を続けてバグダッドを陥落させた。フセインの銅像が引き倒され、バグダッドからフセイン政権はすでに消えていた。開戦劈頭のミサイル攻撃で重傷を負いながら逃げ延びたフセインの消息は、依然として不明なままだった。

「衝撃と畏怖」戦略により、バグダッド歩兵師団は壊滅的な打撃を受け、多くのイラク兵は戦意を喪失して持ち場を離脱した。こうして、事実上二一日間でバグダッドが陥落し、主要な戦闘作戦は終息に向かった。五月一日、ブッシュ大統領は、「大規模戦闘終結」を宣言した。しかしながら、アメリカ軍にとっての本当の試練はこれからだった。

Ⅳ　反乱と対反乱――ＣＯＩＮ作戦の逆説とパラダイム・シフト

第一次ファルージャ作戦――戦略なき作戦の逆説的帰結

二〇〇三年一二月にサダム・フセインが拘束されたものの、反米武装勢力による攻撃は衰えるどころか、勢いを増していた。二〇〇四年四月には、アメリカ軍の月間犠牲者数が一五〇人近くに上り、イラク侵攻以来最悪の記録となった。

連日行われていた掃討作戦では、夜間の強制家宅捜索、大量拘留、財産没収、そして何よりもアメリカ軍側の容赦ない武力攻撃により無辜《むこ》の市民にも多数の付随的被害をもたらしたことが背景となって、対米感情が悪化の一途をたどっていた。

アメリカ軍はイラク侵攻後の二年間で一三〇回以上の掃討作戦を実施したが、二〇〇三年五月一日までの戦死者数一〇九人から、二〇〇五年二月中旬には一〇〇〇人を超え、アメリカ軍側の犠牲者も激増していた。「アメリカ人兵士は誰彼かまわず発砲し、殺してしまう」というのが、イラク人のアメリカ軍兵士に対する一般的認識となっていた。イラクの民間人死者数も着実に増加していた。

アメリカ軍兵士の「無差別殺人」を象徴する出来事が、ユーフラテス川上流のファルージャから約一六〇キロに位置するハディサ村（Haditha）で二〇〇五年一一月一九日に発生した。海兵隊部隊が攻撃を受けたことに対する対抗措置として、女性や子どもを含むイラクの民間人二四人が第一海兵連隊の兵士によって殺害されたのである（Ricks, *The Gamble*）。

この「ハディサ村虐殺事件」は、ベトナム戦争時に五〇〇人以上の民間人が殺害されたソンミ村虐殺事件になぞらえられ、イラク戦争における象徴的な民間人虐殺事件として欧米メディアに取り上げられた。この事件に象徴されるアメリカ軍兵士の「襲撃志向」こそが、イラク人の民心掌握を妨げる原因であった。

この虐殺に関与した兵士も上級指揮官も、何も特別なことではないと感じていたと、のちに開かれた軍事法廷で証言している。このこと自体が、いかにこの「襲撃志向」が彼らの思考回路の奥深くに埋め込まれており、根本的な思考のパラダイムを形成していたかを物語っている。

アメリカ軍兵士の「襲撃志向」が、民間人に対する無差別殺人を発生させることによってイラク人の反感を買い、民心の離反を招くことで反乱分子（insurgents）を利するという悪循環は、占領期の初期のイラク各地で見られた。なかでもファルージャは、二〇〇三年四月二八日に「ファルージャの悲劇」として知られるアメリカ陸軍第八二空挺師団の兵士による民間人十数名の殺害事件が起きており、同年夏頃には「イラクで最も反米感情の強い町」といわれるほどの情況に陥っていた。

その当時のアメリカ中央軍司令官ジョン・アビザイド大将は、イラクが「古典的なゲリラ戦」状態であることを認めていた。だが、ラムズフェルド国防長官は、頑なに「ゲリラ戦」や「反乱」が生起しているという現実を否認し続けていた。ベトナム戦争と同じく、イラク戦争においても、上層部よりも中堅の文官や軍人のほうが一貫して深い洞察力を示していたと、パッカーは評価している（パッカー『イラク戦争のアメリカ』）。

陸軍空挺部隊のある中佐は、イラクでアメリカ軍が直面している状況を、それまで軍隊が経験したことのない独特のものであり、「何か違う。ゲリラ戦でもなければ、毛沢東主義というわけでもない」と表現している。イラクの反乱活動には毛沢東もホー・チ・ミンもなく、明確な政治的方針のもとに組織化されたものというよりは、前体制分子、スンニ派、シーア派、イスラム過激派、外国人イスラム過激派などの各種武装勢力がバラバラに動いているように思われた。対するアメリカ軍のほうも一貫した対処戦略を欠いていた。

また、占領政策を主導した連合国暫定当局（Coalition Provisional Authority：ＣＰＡ）も、脱バース党化推進とイラク軍の解体により、失業者が急増し、かえって治安状況が悪化するなど、占領統治戦略の面で問題が多かった。サダム・フセイン逮捕によって反米武装勢力の反乱活動は収まるどころか、ますます活発化した。

二〇〇四年三月三一日には、ファルージャを世界的に有名にする事件が起きた。アメリカの民間軍事会社ブラックウォーター・セキュリティ・コンサルティングの社員四人が白昼に惨殺され、焼け焦げた遺体が橋げたから吊るされるという惨劇が発生したのである。

ブッシュ大統領は激怒し、交代したばかりの第一海兵師団（師団長はジェームズ・マティス少将）にファルージャ攻撃が命令された。マティス少将は、もともと陸軍の「襲撃志向」的アプローチに反対しており、性急に大規模な軍事攻撃作戦を報復として実施するのはかえって逆効果になると考えたが、命令は撤回されなかった。こうして第一次ファルージャ作戦は、ファルージャの占領をとりあえずの目的として開始された。

四月五日、第一海兵師団連隊戦闘団主力の約二五〇〇人が、ファルージャに立てこもっている反乱武装勢力を掃討する「油断なき決意作戦（Operation Vigilant Resolve）」に投入された。また、バグダッドを拠点とするイラク国家警備隊第三六大隊もこの海兵隊部隊と行動をともにしていた。

ファルージャの中心部に潜伏していたのは約二〇〇人の武装勢力リーダーと、約一六〇〇人の戦士たちで、バース党員、軍人、犯罪者、「聖戦」の戦士、テロリストらが混在していた。武器は主にＡＫ－47自動小銃とＲＰＧ（ロケット推進擲弾《てきだん》）、迫撃砲である。アメリカ軍側は、Ｍ１Ａ１エイブラムズ戦車、ＬＡＶ軽装甲車、ＡＡＶ７水陸両用強襲車、ハンヴィー汎用車などの車輌と、ＡＨ－１Ｗスーパーコブラ攻撃ヘリ、空軍のＡＣ－１３０スプーキー地上攻撃機などの支援があった。

市街戦の様相は、戦車や装甲車などで狭い路地を移動するアメリカ軍を、反乱勢力が五〜一〇人程度まとまって銃撃しては走り去る「ヒット・エンド・ラン戦法」だった。アメリカ軍は暗視ゴーグルを活用し、夜間にも戦闘行動をとった。武装勢力にはきちんとした指揮・命令系統があるわけではなく、地元の地理に詳しいリーダーのもとに集まったギャング集団のようなものだとアメリカ軍兵士は見ていた。

アメリカ軍側は兵力不足を感じて、イラク人部隊を活用しようとしたものの、イラク人相手の戦闘を拒否して脱走する者が多く、ほとんど役に立たないのが実情だった。四月一一日の一時停戦までに、アメリカ軍側は戦死者三九人、武装勢力側の戦死者は六〇〇人（実際には三〇〇人ともいわれる）、負傷者一〇〇〇人以上（民間人を含む）の犠牲を出した。

ファルージャでの掃討作戦が続いていたのと同時期に、ラマディでも反乱が活発化していた。四月六日にアメリカ軍は一二名の戦死者を出し、バグダッド陥落以来、一日の地上戦闘としてはそれまでで最悪の被害となった。四月七日のアメリカのメディアのトップニュースは、ラマディでの海兵隊部隊の被害と、ファルージャでのモスク攻撃だった。

こうしたニュースを報道したのは、欧米系のメディアだけではなかった。アルジャジーラなどのアラブ系メディアは、一般市民の死傷者の映像を繰り返し放映し、アメリカ軍の攻撃を非難した。イラク統治評議会では、掃討に対して強硬に反対意見を述べたり、抗議の辞任をする者も現れて、占領統治政策にも影響が出てきていた。

そのため政治的な判断により、ファルージャ掃討作戦の停止が四月九日に決定された。マティス少将はじめ軍側には不満が残った。さらに、攻撃中止を命令しておきながら、ラジオ演説では攻撃続行をほのめかすブッシュ大統領の発言も、軍人たちの感情を逆なでした（ウェスト『ファルージャ　栄光なき死闘』）。

かつて戦略研究家のJ・C・ワイリーは、「攻勢」は何も明らかな目的がなく、ただ単に腹いせのために行われることもありうる、と述べたが、まさしく「腹いせ」のための、「戦略なき攻勢作戦」がこうして一旦終了した（ワイリー『戦略論の原点』）。

停戦が続いていた四月下旬、戦略の混乱はさらに続いた。ブッシュ大統領は、ファルージャ攻撃に反対するイギリスのトニー・ブレア首相ならびに連合国暫定当局のポール・ブレマー特使、中央軍司令官アビザイド大将らの声や、一般市民の犠牲のありさまを伝える連日の報道もあり、ファルージャの占領には否定的となっていた。

一方、その頃、ファルージャの東一六キロにあるアブグレイブ刑務所のイラク人囚人虐待問題が、世界的なニュースとして表面化した。イラク人の囚人を裸にして、様々な形態の虐待をしている様子がテレビや新聞などのメディアで大きく取り上げられ、ブッシュ政権は対応に追われることとなった。

実は、ちょうどその時期に、ファルージャでは現地指揮官の裁量によって重要な戦略的影響をもたらす決定がなされていた。第一海兵遠征軍司令官ジェームズ・コンウェイ中将が、イラク国家警備隊との合同パトロールの実施をあきらめ、元イラク軍兵士や武装勢力によって構成される「ファルージャ旅団」の編成を承認したのである。

この決定は、ファルージャの治安を混乱させている張本人たちに、治安維持任務を任せることを意味した。ファルージャ旅団が編成されるかわりに、海兵隊がファルージャから撤退することが合意された。このことは、ファルージャの武装勢力側から見れば、彼らの「勝利」を意味していた。

海兵隊を「撃退」したファルージャには、シリアやアラビア、はてはタリバンの残党まで、様々な外国人戦士たちも集結し始めた。ファルージャは、イラクで「最悪の都市」「ムジャヒディーンの聖地」だといわれるようになっていった。こうして、戦略なき作戦は大失敗に終わった。

第二次ファルージャ作戦

第一次ファルージャ作戦終了後、アメリカ軍が撤退したファルージャは反米勢力の一大拠点となった。治安維持任務に従事するはずのファルージャ旅団は、次第に反米的な武装勢力側に加担し、アメリカ軍に協力している国家警備隊の関係者を誘拐・殺害するなど、アメリカ軍側の期待を完全に裏切るようになり、九月には解散させられた。結果的に、ファルージャ旅団を編成して治安維持任務を担わせるという戦略は失敗した。むしろ、ファルージャは反米勢力の「聖域」と化していた。

二〇〇四年六月初旬、イラク統治評議会は暫定政権を発足させ、同月末には暫定政権へイラクの主権が移譲された。あわせて連合国暫定当局は解散し、有志連合軍は、国連下の多国籍軍へと移行した。八月にムクタダ・サドルが率いるシーア派民兵「マフディ軍」の反乱が起きたことで、暫定政権のイヤド・アラウィ首相は、アメリカ軍と協力してイラク政府に反抗的なスンニ派武装勢力が支配する都市への武力攻撃の準備を進めた。アメリカ海兵隊も、中央軍司令官アビザイド大将の指揮下で、ファルージャ攻撃の戦略を練り直した。

スンニ派の住民が多数を占める「スンニ派三角地帯」の攻防戦のなかで最大規模の掃討作戦となったのが、第二次ファルージャ作戦である。

約四五〇〇と推定されたファルージャ市内の反米武装勢力を煽動していたのはアルカイダ系テロリストのアブムサブ・ザルカウィと目されており、第一海兵師団（師団長ナトンスキ少将）を中核とする約一万二〇〇〇のアメリカ軍部隊と、約三〇〇〇のイラク保安部隊が合同で作戦を実施した。

本格的な攻撃作戦は、ブッシュ大統領の再選から数日後の一一月八日に開始された。二五万のファルージャ市民のほとんどが避難しており、市内に残っていた住民は四〇〇人ほどであったと推測されている。イラク戦争中、最大規模の市街地掃討作戦であり、ベトナム戦争時のフエ攻防戦以来の激戦と評されることもある（Ricks, *Fiasco*）。海兵連隊と陸軍装甲機動部隊は、戦車と歩兵戦闘車を盾にしながら市街地に侵入し、反乱分子の拠点をしらみ潰しにしていった。

アメリカ軍側は約一週間で市街をほぼ制圧したものの、散発的な戦闘は一二月まで続いた。一一月七日から一二月三一日までのアメリカ軍の損害の合計は、戦死者八二人、負傷者六〇〇人以上であった。イラク保安部隊も戦死者六人、負傷者五五人の犠牲を被った。武装勢力側の死者は約二〇〇〇人と推定され、一二〇〇人が捕虜となった（Wright, et al., *On Point II*）。

ちなみに、二〇〇四年一一月のアメリカ軍全体のイラクでの死者数は一三七人と四月の最悪記録に並び、負傷者は一三〇〇人以上に上った。結局、アメリカ軍の兵力不足による治安悪化と「襲撃志向」の悪循環は改善されず、二〇〇四年末にはアメリカ軍の開戦以来の戦死者累計は一〇〇〇人に迫り、負傷者は一万人を数えようとしていた。

しかも、第二次ファルージャ作戦の圧倒的な火力攻撃による「勝利」は、反乱分子を「殲滅」させたものの、市民の住居やインフラを破壊し、電気、水、食料、医薬品などの深刻な不足をもたらした。生活基盤を奪われた住民が反米感情をさらに強くし、侵攻作戦の成功のゆえに、かえって反乱分子に協力したり、参加したりする者が増えるという、ＣＯＩＮ作戦の「逆説」は、ここでも避けられなかった。

作戦終了後、補給基地に貯蔵されていた大量の水、食料、医薬品を住民に提供し、帰還した市民には見舞金として二五〇〇ドルを支給したが、その効果は限定的であったというほかない。この時点で、アメリカ軍の新たなＣＯＩＮ戦略はまだ確立していなかった。

マクマスター大佐の「間接アプローチ」

二〇〇五年一月に暫定国民議会選挙が実施されたが、スンニ派は投票をボイコットした。三月に暫定国民議会が開幕し、四月末には移行政府が発足したものの、移行政府への反発により、イラク全土で武装勢力のテロ攻撃が増加した。国内の治安状況は一向に改善しなかった。

そうしたなかで、同年二月、アメリカ陸軍のマクマスター大佐は第三装甲騎兵連隊長として再びイラクに派遣され、「間接的アプローチ」を実践した。その担当地域はイラク北西部のタル・アファル（人口約二五万）で、この町は「北部のファルージャ」と呼ばれていた。

マクマスターは、COIN作戦における「重心」は「住民」であることを強調し、囚人厚遇および蔑称使用禁止と、イラク市民に敬意ある応対を指示した。「敵を利するな」が口癖だったマクマスターは、それまでの作戦方針を批判し、アメリカ軍が軍事技術の優越性に頼り、戦争の人的・心理的・政治的次元を軽視した点に問題があると指摘した。

また、COIN作戦成功の鍵は民心掌握にあることを強調するとともに、現場の指揮官は軍事作戦の政治的な影響をつねに考えながら部隊を指揮する必要があるとし、COIN作戦は本質的に政治的な問題であることを説いた。

「襲撃志向（raider mentality）は誤り」との考えを持つマクマスターは、郊外の大規模な基地から装甲車輛で市内に入ってパトロールをするのではなく、市内に小規模な活動拠点を多数設置し、アメリカ軍兵士と住民を共存させる方針をとった。

マクマスターは、町内の有力者や部族の長老たちと積極的に顔を合わせる努力をし、次第に彼らの「信頼」を勝ち取ることに成功した。イラク社会では、誰が誰を知っているかという「顔なじみ」の人間関係が鍵を握る。兵士たちも地域住民との良好な人間関係を築いた結果、反乱分子の活動に関する正確な情報が得られるようになった。

また、マクマスターは反乱分子が市内に入り込めないように塀を張りめぐらし、電気・水道などの社会基盤整備のプロジェクトや地域警察要員の募集と訓練のために、相当額の資金を費やした。

アメリカ軍は当初、地域レベルの小規模な復興プロジェクト（たとえば発電機の修理や水道の復旧、学校の補修など）に使うための予算を持たなかったが、二〇〇三年夏以降、捕獲したフセイン政権の裏金を財源に「指揮官緊急対応プログラム」を発足させた。旅団長の裁量で、二五〇〇ドルから一万ドル程度の小規模プロジェクトが作戦地域内の住民のニーズに沿って迅速に実施できるようになり、占領軍としてのアメリカ軍による復興支援が「目に見える」形で地域住民に認知されていった。

二〇〇四年九月の時点で、教育、電気、医療、警察・治安、復興、統治・法、社会保障、交通、治水などの支援プロジェクトは三万件を超えており、予算総額は五億三〇〇〇万ドルに上っていた。このプログラムは、その後、「指揮官人道支援・復興プログラム」として拡大され、予算もさらに追加されることとなった（Wright, et al., *On Point II*）。

マクマスターの率いる第三装甲騎兵連隊によるタル・アファルでの作戦は、アメリカ陸軍内でも「ＣＯＩＮ作戦の模範」とされた。タル・アファルでは慎重に反乱分子の拠点を掃討（clear）し、その地域の治安を維持（hold）し、地方政府による統治を回復して地域住民に必要な公共サービスを提供する（build）という「クリア、ホールド、ビルド」方式が実行された。

このマクマスターの作戦遂行にヒントを与えたのは、一年前にモスルで同様のＣＯＩＮ作戦を実施したデイヴィッド・ペトレイアス将軍（当時は第一〇一空挺師団長）であった。マクマスターがペトレイアスの作戦を目の当たりにしたのは、中央軍司令官アビザイド将軍の顧問としてイラク各地のアメリカ軍部隊を巡察していたときのことである。

ラムズフェルド長官が頑固に「反乱（insurgency）」という言葉を使うことを拒否していたと

きにも、マクマスターは中央軍司令官に対して、武装勢力の活動を単なる暴動ではなく「反乱」と認めるべきであり、アメリカ軍は「対反乱（ＣＯＩＮ）作戦」を真剣に戦略として採用すべきだと説いた。当時ペトレイアスは、ＣＯＩＮ作戦の機微を理解している数少ない指揮官のうちの一人だった。「軍事作戦だけでは反乱に勝利できない」「軍事作戦が、経済政策や政治目的と合致していなければ、敵を利するだけだ」として、軍政両面の政策統一を助言していた（Kaplan, *The Insurgents*）。

ペトレイアス将軍とＣＯＩＮドクトリン改訂

ベトナム戦争から二〇年以上経過した二〇〇六年一二月、「アメリカ陸軍野戦教範ＦＭ３-24対反乱」（以下、ＣＯＩＮドクトリンと略記）が大幅に改訂された。公表後二ヵ月で、インターネット上のダウンロード数は二〇〇万回を超え、二〇〇七年にはシカゴ大学出版から公刊された異例の野戦教範である。巻末に参考文献一覧が掲載されていることも陸軍教範では初めてのことであった。この画期的なＣＯＩＮドクトリンの改訂を主導したのが、二〇〇五年一〇月に二度目のイラク派遣から帰国して陸軍諸兵科連合センター司令官に就任したペトレイアス将軍である。

イラク戦争時のアメリカ陸軍が依拠していた野戦教範「FM3-0 Operations」（二〇〇一年六月発刊）は、陸軍の根本的な役割を「フル・スペクトラム作戦（full spectrum operations）」の遂行と規定し、戦争と戦争以外の軍事作戦（Military Operations Other Than War：ＭＯＯＴＷ）において、攻撃・防御・安定化・支援作戦を効果的に行い、軍事的戦略目的を達成することとしている。「フル・スペクトラム作戦」には、災害派遣・人道支援任務から平和構築、対テロ・ゲリラ戦（ＣＯＩＮ作戦）、国土防衛、各種の通常戦と特殊作戦、そして弾道ミサイル防衛やサイバー戦争までのほか広範な作戦任務が含まれる。

しかしながら、二〇〇八年に「作戦ドクトリン」が改訂されるまで、アメリカ陸軍は敵を圧倒的火力で殲滅し戦闘に勝利するという「殲滅戦」の伝統的パラダイムを保持していた。その戦略文化は、非正規戦（irregular warfare）においてはむしろ作戦遂行の有効性を阻害するという逆機能を持っていた。

ペトレイアスは、陸軍諸兵科連合センター司令官となってから、海兵隊と合同で「ＣＯＩＮ（対反乱）センター」の新設に着手した。この新組織の初代事務局長としてピーター・マンスール大佐が選ばれ、海兵隊戦闘開発司令部司令官のジェームズ・マティス中将とペトレイアスが協力して、二〇〇六年七月に、この新センターを発足させた。

マンスール大佐は、ペトレイアスとともに改訂作業にも深く関与し、教範の記載内容の綿密な検討を続けた。最初の二章の書き直しだけでも、三〇回を数えたという。教範の草稿作成の総括責任者はコンラッド・クレーンであった。ペトレイアスのウエストポイント時代の同級生で、陸軍士官学校の元戦史教官であり、退官後は米陸軍戦史研究所の所長を務めていた。執筆陣には、ジョン・ネーグルをはじめ、錚々たるＣＯＩＮ作戦の専門家が招かれていた。

二〇〇六年二月に、国内外の有識者を幅広く集めた会議での議論をもとに、国防総省内にとどまらない多角的・学際的視点から、それまでのＣＯＩＮ作戦ドクトリンを見直したことは画期的だった。また、単に新たにドクトリンを書き直すだけでなく、それを陸軍や海兵隊における教育・訓練および実戦に統合しようとしたことも、それまでになかった組織革新の手法であった（Alderson, "US Coin Doctrine and Practice"）。

事務局長のマンスールは、ＣＯＩＮセンターの活動の焦点を、ＣＯＩＮドクトリンの開発・改訂・実行、ＣＯＩＮドクトリンと原則の各軍種間の統合、現在と過去の事例の研究推進と成果の発行、軍組織や指揮官への助言、軍事専門教育の改善、メディア・シンクタンク・各政府機関との情報共有、と定めた。

アメリカ軍の組織文化とＣＯＩＮ戦術

新しく改訂されたＣＯＩＮ教範の執筆者の一人でありイラク派遣も経験したネーグルは、ＣＯＩＮには、国力のすべての要素、すなわち、外交、情報、経済、軍事といった要素をフルに動員する必要があり、そうしなければ安定した政府をつくり上げるという政治目的の達成はできないと主張する（Nagl, *Learning to Eat Soup with a Knife*）。

彼がイラクの戦場で思い知ったのは、反乱分子に関する情報の重要さであった。その情報を入手するためには住民の支持が必要なのだが、それは頭では分かっているつもりであったものの、現実には、はるかに複雑なタスクであったと吐露する。

かつてイギリス軍がマラヤのCOIN作戦で成功したのは、彼らが現地に長期間にわたって駐留しており、文化的理解度も高かったからである。それに対して、イラクにおけるアメリカ軍は、思った以上に早く適応したとはいえ、時間の制約による限界もあった。

イギリス軍のCOIN作戦に対する考え方の違いも、考慮すべき点であった。COIN戦術に関してイギリス軍は軍民の密接な協力、文民権力による政治問題の解決、小部隊による分散配置戦術を特徴とするのに対し、アメリカ軍は戦場では軍が支配権を握り、政治問題も軍が解決し、通常戦を戦う大規模部隊がCOIN戦術も実施する傾向にあると、ネーグルは対比する。二〇〇三年九月にネーグルがイラクに派遣された際の所属部隊、第三四装甲連隊第一大隊は、戦車大隊を中心とした通常戦闘に備えた部隊であって、COIN作戦に備えた部隊ではなかった（Nagl, *Learning to Eat Soup with a Knife*）。

とはいえ、ネーグルは、アメリカ軍が学習する組織でもあり、「戦火の革新（innovation under fire）」を可能にしたことも認めている。とくに戦術指揮官が戦場において組織革新に拍車をかけ、それが上級司令官に認められれば、通常戦からCOIN作戦に移行し、単純な攻撃と防御だけでなく、民生支援、心理戦、カウンターインテリジェンス・チームの活用を通じて、COIN作戦を有効に実施することも可能であるという。

そうした「戦火の革新」の実例が、ペトレイアスが師団長として率いた第一〇一空挺師団のモスルでの作戦や、マクマスター連隊長率いるタル・アファルでの作戦であった。

マクファーランド大佐の「戦火の革新」

イラクにおける「戦火の革新」のもう一つの事例は、マクファーランド大佐のラマディにおけるCOIN作戦と、イラク人部族による「覚醒評議会」の結成に見られる。

タル・アファルでのマクマスター連隊の作戦を二〇〇五年一月に引き継いだマクファーランド大佐の陸軍第一装甲師団第一旅団は、数ヵ月間タル・アファルに駐留した後、スンニ派トライアングルの一角を占めるラマディに移駐した。当時のラマディは、ファルージャを追われたアルカイダ系の武装勢力約五〇〇〇人の聖域となっていた。

マクファーランドの部隊が同年五月に移駐した当初は、一日に二五回も武装勢力から攻撃を受けた。彼らが引き継いだペンシルベニア州兵部隊は、激しい攻撃を受ける地域には近寄らないようにしており、ラマディが武装勢力の根拠地となることを許していた。市長も評議会も存在せず、すべての公共サービスは止まったままだった。部隊が治安維持を担当する地域に所在する二一部族のうち、六部族のみがアメリカ軍に協力的だった（Ricks, *The Gamble*）。

マクファーランドは、上級司令官である海兵隊将官らの否定的な意見があるにもかかわらず、あえてリスクをとる作戦に出た。タル・アファルでのマクマスターのように、郊外の大規模基地から出て、市内に小規模な拠点をつくり始めたのである。海兵隊の将兵は、同様な試みで失敗したこともあり、陸軍部隊の動きに対して、身の程知らずで犠牲者も多く出すに違いないと懐疑的な目で見ていた。

だが、「クリアア、ホールド、ビルド」作戦のノウハウをマクマスターから直接伝授されていたマクファーランドは、ボスニアでの平和構築作戦の指揮経験、陸軍上級軍事学校（School of Advanced Military Studies）での対反乱戦史やベトナム戦史に関する研究、ネーグルらの著作に関する自己研鑽を通じて、ＣＯＩＮ作戦に精通していた（Kaplan, *The Insurgents*）。アメリカ陸軍の兵士たちは、小さな拠点でイラク人保安部隊の兵士たちと起居をともにするようになった。また、地元部族長たちに協力を仰ぎ、少しずつ協力してくれる部族を増やしていった。「クリアとホールド」が次第に定着しつつあると思われた矢先の二〇〇五年八月、最初にマクファーランドの部隊に協力を申し出た部族長がアルカイダによって暗殺された。アルカイダはアメリカ軍だけでなく、アメリカ軍に協力するスンニ派の住民や警察部隊に対する暴力行為のほか、略奪・窃盗などにも手を染めていた。

自分の家族を殺害された地元部族長たちが、ついに九月になって立ち上がった。五〇以上の部族長が集結し、マクファーランドとその部下たちも同席するなかで、「覚醒評議会」を結成した。覚醒評議会はその場で、一致団結してアメリカ軍に協力し、アルカイダを一掃し、地域政府を設け、法の支配を確立することを決議した（Kaplan, *The Insurgents*）。

これが、その後イラク各地で結成されていく覚醒評議会の最初の例となった。と同時に、ラマディにおけるマクファーランドのＣＯＩＮ作戦の「ターニング・ポイント」ともなった（Ricks, *The Gamble*）。リスクをとって市内の小規模拠点に駐留し、何があっても治安が完全に回復されるまでその場を去らず治安維持に努めることを住民に納得させ、信頼を勝ち取って

「民心掌握」に成功した証しが、この覚醒評議会の結成であった。「クリアとホールド」に続き「ビルド」任務の達成がこのことによって可能となっていった。

COIN戦略へのパラダイム・シフト

通常戦における究極の目的は、クラウゼヴィッツ流の古典的な戦略論においては、「敵戦闘力の撃滅」である。これこそが「アメリカ流の戦争方式」の核心でもある。湾岸戦争やイラク戦争の初期侵攻作戦においては、ほぼ理想的な形で軍事作戦は推移した。しかしながら、イラク戦争の占領期、すなわち「フェーズ4」においては、当初アメリカ軍上層部が想定していなかったCOIN作戦を実施せざるを得ない情況になっていった。

通常の軍事作戦とCOIN作戦は、同じ軍隊による作戦ではあっても、非常に対極的なアプローチが必要になる。作戦思考の基本的な枠組みを根本的に変えなければならないことから、軍事戦略思考における一種のパラダイム・シフトが要求される。COIN作戦においては民衆の支持をめぐる戦いが中心となる。COIN作戦における重心は敵（反乱分子）ではなく民衆である（Galula, *Counterinsurgency Warfare*）。

改訂された新しいCOINドクトリンは、「民衆中心主義（population-centric）」戦略を重視し、マクマスターが「襲撃志向」と呼ぶ「敵殲滅型戦略」から「民心掌握型戦略」への一種のパラダイム・シフトを果たさなければならないと説いた。これは、通常戦を想定した「アメリカ流の戦争方式」からの「急進的な」変更を求めるものでもあった。

ＣＯＩＮ作戦を含むすべての「フル・スペクトラム作戦」においては、「攻撃・防御・安定化」作戦が複雑に入り交じり、それらの最適なバランスは、各戦闘指揮官が担当する作戦地域の状況によって異なる。改訂されたＣＯＩＮ教範はこのように説く一方で、「襲撃志向」にもとづく過度の武力行使を厳に戒めている。

ＣＯＩＮ教範は、「適度な武力行使」を推奨し、ときに反乱分子を殺害しなければならないことがあるかもしれないが、「五人の反乱分子を殺害したとしても、付随的損害の発生により無辜の一般市民までが巻き添えになって戦闘の犠牲となり、結果的に五〇人の新たな反乱分子を増やす」ことにつながりかねないと述べ、「敵殲滅」中心主義の思考がＣＯＩＮ作戦の目的達成に必ずしもつながらないと警告する。

通常戦の「常識」を覆すことが、ＣＯＩＮ作戦の「成功」、そしてイラク戦争における「勝利」にとって、何にもまして求められたことだった。

反乱分子を担当地域から一掃（クリア）すること、すなわち、反乱分子と思われる成年男子を、抵抗する者は片っ端から殺害し、嫌疑をかけられた者は捕縛するという行動の基底にあるアメリカ軍兵士のエートスを問題視し、思考の根源的な枠組みの変更を迫ろうとしている点が、新ＣＯＩＮ教範の「急進的」である所以であった。

ラムズフェルドの後任となるゲーツ国防長官は、イラクで新しいＣＯＩＮ戦略を推進するうえで、「通常戦争のＤＮＡが軍部ではとてつもない力を持っている」ことを痛感したと回想している（ゲーツ『イラク・アフガン戦争の真実』）。二〇〇三年の時点でＣＯＩＮ作戦の原則を理解しているアメリカ陸軍将校は希少だった。後日、COIN戦略への転換の推進役をイラクで果たしたレイモンド・オディエルノ将軍でさえ、二〇〇三年六月にジャック・キーン大将が第四歩兵師団長を務めていた頃には、ペトレイアスの足元にも及ばなかった。

オディエルノのキーンに対するブリーフィングは、「何人殺したか」ばかりに焦点をあてており、キーンをがっかりさせた。キーンはオディエルノの部下の旅団長を務める大佐とも面談をしたが、「敵を殺す」ことにしか注意を向けていないことを確認し、暗澹たる気持ちになった。「これじゃ、反乱分子が増えるばかりだ。もっと民衆に目を向けろ」とキーンはオディエルノに告げた（Kaplan, *The Insurgents*）。

COIN作戦の逆説

新COIN教範は「COIN作戦の逆説」として、次の九点を指摘している。

⑴自己の部隊の防護を強化すればするほど、かえって部隊の安全を脅かすことがある。

COIN作戦成功の鍵は、民衆保護にある。民衆を保護すべき軍の部隊が大規模な基地にこもったままでは、住民と疎遠になってしまい、反乱分子の攻撃を恐れているようにもとられかねず、反乱分子に有利な情況を招く。住民と一緒にリスクをとって居住地内に分駐し、パトロール・作戦支援拠点を設け、信頼関係を築くことで作戦遂行に必要な情報も入るし、最終的には正統性の確立につながる。

⑵武力行使をすればするほど、その有効性は低下することがある。大規模な武力行使は、そ

れだけ付随的被害を生じやすく、誤射も起きやすい。また、その結果起きる破壊的行為は、反乱分子側に有利なプロパガンダにも利用されやすい。限定的で正確な武力行使を心掛けることこそ、必要な法の支配の確立につながる。

(3)ＣＯＩＮ作戦が成功すればするほど、武力行使はより少なくし、より多くのリスクをとることになる。反乱分子による攻撃が減少してくると、国際法の制約や住民の期待も高まり、軍事行動はますます制約を受けることになる。その結果、交戦規則もより抑制的になり、それだけリスクが増えることは覚悟しなければならない。

(4)何もしないことが最適な対応となる場合もある。反乱分子は、ＣＯＩＮ作戦を実行する部隊側の過剰反応を引き起こす目的で、テロ行為やゲリラ的襲撃を企図することが多い。それにつられて、民衆に発砲したり、不用意に掃討作戦に出て、掃討した数よりもっと多くの反乱分子を生んでしまっては逆効果である。軍事行動のメリットとデメリットを考えて、デメリットのほうが多ければ、何もしないほうが賢明である（新ＣＯＩＮ教範の第7章には次のようなエピソードが紹介されている。二〇〇五年四月、アメリカ軍兵士のパトロール中に住民による抗議行動が突如発生した。そのとき、指揮官の将校は、銃口を下に向けて高く掲げ、部下の兵士にも銃口を下に向けてしゃがみ込むよう指示した。その結果、興奮していた住民は静かになり、兵士たちは元通りパトロールを続けた）。

(5)ＣＯＩＮ作戦における最良の武器には「撃たない」ものもある。民衆の支持を獲得し、現地政府の正当性を確保するためには、反乱分子の殺害が必要なときもあるだろうが、必ずしもつねに必要なわけではない。ＣＯＩＮ作戦の重心は民衆にある。経済状況の改善、政治への参加、将来への希望といったもののほうが、爆弾や銃弾より効果的なこともあり、まさしく「金銭は弾薬」なのである。アメリカ軍兵士は非軍事作戦の重要性をもっと認識すべきである。

(6)現地政府の対応が粗雑であったとしても、アメリカがうまくやるよりましだ。長期的に見れば、現地政府が自立するためには、早い段階からアメリカ軍の支援に頼らず機能するようにしたほうがよい。支援は必要最小限度にとどめるべきだ。

(7)今週通用した戦術も、来週には通用しないかもしれない。ある地域に通用した戦術も、他の地域には通用しないかもしれない。有能な反乱分子は適応能力が高い。ＣＯＩＮ作戦が有効であるためには、反乱分子が追いつけないよう、つねに戦術を変えることも必要である。

(8)戦術的成功は何も保証しない。軍事作戦だけではＣＯＩＮ作戦の成功は望めない。戦闘で負け続けている反乱分子も、戦略目標を達成することは可能である。戦術行動は、作戦・戦略レベルの目標と、さらには現地政府の政治目標と関連づけられる必要がある。

(9)重要な意思決定の多くは、将軍たちによってなされるわけではない。「戦略的伍長」という言葉があるように、戦術レベルのリーダーが戦略的な重要性を持った意思決定を行うのがＣＯＩＮ作戦の現実である。兵士一人ひとりが高い能力と適切な判断力を備える必要がある。それぞれの戦域の特性に応じて、指揮官の意図を考慮したうえで情況を判断し、臨機応変にＣＯＩＮ作戦を実行することが下級指揮官に求められている。これは、「任務指揮（mission command）」の考え方にも通じている。

新ＣＯＩＮ教範では、ＣＯＩＮ作戦に勝利するのは、相手側よりも早く学習し、変化に適応した側だとして、「学習と適応」をＣＯＩＮ作戦における重要な要件と認定していた。

キーン大将の新戦略提案

ＣＯＩＮ教範の改訂を進める一方で、ペトレイアスは着々とイラク作戦のＣＯＩＮ戦略への転換を画策していた。二〇〇六年五月頃から、ブッシュ大統領の側近であるミーガン・オサリバンを通じて、イラク戦略の転換を非公式に促していた。

ラムズフェルド国防長官、中央軍司令官のアビザイド大将、イラク駐留多国籍軍司令官のジョージ・ケーシー大将らは、依然としてイラクに「反乱」は起きておらず、したがってＣＯＩＮ作戦も必要はないと考えていた。むしろ、彼らはイラクの治安維持をイラク人自身の手に委ね、アメリカ軍兵力をイラクから早期に撤収することを考えていたが、このことが、キーン大将による「増派戦略への転換」に向けた前例のない行動の起爆剤となる。

ベトナム戦争に第一〇一空挺師団の小隊長・中隊長として従軍した経験を持つキーン大将は、イラク戦争時に陸軍が非正規戦に対処する用意がないこと、そして何よりも「非正規戦を通常戦として戦っていた」ことを陸軍参謀次長として明確に認識していた。前述のように、十分な備えがないままに、陸軍兵士たちをイラク戦争に送り出してしまったことが現役時代からずっと気にかかっており、いくばくかの罪悪感も感じていた。

それゆえに、二〇〇六年八月三日、上院軍事委員会でラムズフェルドらが、イラクの情勢は好転しており、現行の戦略を変更する必要はない、宗派間の暴力行為を抑制するのはイラク人の仕事であって、アメリカ軍のやるべき仕事ではないと、相変わらずイラクの戦況の現実を理解しない見解を強弁する姿を見て、行動を起こすべきときが来たとキーン大将は決意したのである。翌日、キーンは急いで新たな戦略を練り、ラムズフェルド長官との面会を予約した(Ricks, *The Gamble*)。

九月一九日に国防長官室で、統合参謀本部議長のピーター・ペース海兵隊大将同席のもと、イラク戦略の転換についてキーンは自分の構想を伝えた。イラクでの戦況は「戦略的失敗」に向かっており、現在の戦略が間違っていることを率直に述べ、正しい戦略は「古典的なCOIN戦略」、すなわち、住民を保護し、反乱分子と住民を分離することが肝心だと提言した。

大規模基地からハンビー（高軌道多用途装輪車輌）に乗ってパトロールするのをやめて、住民の住む市街地に移り、徒歩で周辺地域をパトロールする方式に変え、交通検問所を設け、住民人口調査を実施し、身分証を発行するといった古典的なCOIN戦術も有効だろうし、何にもましてイラク駐留兵力の削減について言及するのをやめるよう国防長官が命令すべきだと迫り、現地指揮官クラスの交代や新戦略の実施には兵力の削減ではなく増強が必要なことも示唆した（Ricks, *The Gamble*)。

しかし、ラムズフェルドは、かつての部下の直言を素直に聞く耳を持たなかった。このときのキーン大将との会見について彼の回顧録では、イラクでの暴力が激化しており、アメリカ軍の対応には問題があること、アビザイド大将やケーシー大将を帰国させるべきだという趣旨の発言があったことは認めているものの、「増派戦略への転換」を強く求めたことについては一言も触れていない（ラムズフェルド『真珠湾からバグダッドへ』）。

大佐会議と軍事戦略の再検討

ラムズフェルドとキーンのやり取りを黙って聞いていたペースは、二日後に、キーンを執務室に迎えて、統合参謀本部議長としての自分の仕事ぶりについての評価を尋ねた。「不可」だとキーンは答えた。その理由は、イラク作戦が国家安全保障上最優先の案件であるにもかかわらず、それに十分に注力せず、真正面から取り組んでいないからというものだった。アビザイドやケーシーに任せきりにして、イラク戦争での敗北に向かっている情況を座視しているように思えるペースに、キーンは厳しい評価を与えた。

また、現在の指揮官人事についても注文を出し、中央軍司令官をアビザイドからファロンに、イラク駐留多国籍軍司令官をケーシーからペトレイアスに交代させるべきだとも告げた。さらに、現在の戦略を見直すべきことも示唆した。これを受けてペースは極秘に「大佐会議（The Council of Colonels）」を設置し、イラク戦略の見直しを指示することにした（Ricks, *The Gamble*）。

二〇〇六年九月二七日に、最初の大佐会議が開催された。集められた一六名の大佐のなかに、マクマスターとマンスールも含まれていた。ペトレイアスが二人を推薦したためである。陸軍四名、海兵隊三名、空軍五名、海軍四名のうち、イラクで作戦指揮の経験があったのは、陸軍のマクマスターとマンスール、それに海兵隊のグリーンウッドの三名だけだった。

四軍のトップリーダーと大佐が胸襟を開いて、グローバルなテロリズムとの戦いに勝利するための正しい戦略とは何かを議論する、という異例の議論の場が統合参謀本部内に設けられ、毎週のように議論が重ねられていった。

当初はイラク問題だけでなく、アフガニスタン、イスラエルとパレスチナ問題、アルカイダや他のイスラム過激派、北朝鮮や中国問題、サイバー攻撃から感染症の拡大まで、幅広く議論していたが、そのうち収拾がつかなくなり、話題はイラク問題に限定されることとなった。

しかしながら、この問題に関しても、大佐会議の意見は割れた。マクマスターは予備兵力の動員を含め兵力を大幅に増強する「増強案（Go Big）」を、マンスールらはアメリカ軍兵力の増強だけでなくイラク保安部隊の数も増やしつつ、兵力を住民の居住地域に分散配置して住民の治安を確保するという長期的な駐留を視野に入れた「長期案（Go Long）」を、そして多くの空軍・海軍大佐は兵力削減と早期の治安権限移譲をめざす「撤退案（Go Home）」を支持し、統一的見解は得られなかった。

ライスの「クーデター」と「将軍たちの反乱」

この頃から、国家安全保障会議や国務省内でもイラク戦略の転換について議論がなされていたが、ラムズフェルド国防長官や軍幹部から軍事戦略の見直しに関する同意が得られる見通しは立っていなかった。

その象徴的な出来事は、二〇〇五年一〇月にコンドリーザ・ライス国務長官（二〇〇四年のブッシュ再選後、パウエルの後任となる）が上院外交委員会で、イラクにおけるアメリカの政治・軍事的戦略は「クリア、ホールド、ビルド」すなわち各地域から反乱分子を掃討し、治安を維持し、イラク人による統治機構を建設することだと証言した際に、ラムズフェルドが国務省による越権行為だと不快感をあらわにしたことである。ラムズフェルドは、ライスが国防総省に断りもなくイラク統治の実質的権限を握ろうとしていると批判し、それを「国防総省へのクーデター」と呼んだ。

同年一一月にライスがイラクを訪問した際に、ケーシー大将からも「クリアとホールド」は軍の仕事であって、国務省に軍の行動原則について発言されるのは不愉快だと告げられたという（ライス『ライス回顧録』）。国防総省と国務省の間の溝はなかなか埋まらなかった。

二〇〇六年三月から四月にかけて、いわゆる「将軍たちの反乱（Revolt of the Generals）」と呼ばれる事件が起きた。複数の退役した将官たちが、口々にラムズフェルド国防長官の更迭を主張し始めたのである。これらの将官のなかには、元米中央軍司令官ジニ海兵隊大将、元統合参謀本部作戦担当部長ニューボルド中将ら、イラク戦争に深く関与した人物も含まれていた。彼らは、こぞってラムズフェルドの傲慢で頑固な態度を批判し、軍人の助言を聞き入れようとせず、誤った戦略のもとにイラク戦争を始めたことに責任をとるべきだと語った（菊地茂雄『「アドバイザー」としての軍人』）。

アメリカの政軍関係、とくに歴代大統領や国防長官と高級軍人との「共有責任（shared responsibility）」のあり方を検証したハースプリングによれば、ラムズフェルドはベトナム戦争時のマクナマラ長官にもまして史上「最悪」の国防長官であった。軍人に対する敬意のかけらもなく、むしろ軍事専門事項への過度の介入を繰り返し、政治による軍事へのマイクロ・マネジメントの弊害ばかりが目についた。ラムズフェルドには「共有責任」意識のかけらもなかったとハースプリングは手厳しい評価を与えている（Herspring, *Civil-Military Relations and Shared Responsibility*）。

ブッシュ大統領の擁護にもかかわらず、ラムズフェルドのイラク戦略（あるいは、戦略の不在）が失敗しつつあることは、誰の目にも明らかになっていたが、ラムズフェルドはイラクで起きている「反乱」の現状を直視せず、その実在を否認し続けていた。

「ダブル・ダウン」——ブッシュの「決断」

イラク情勢は悪化する一方だった。二〇〇六年一月のイラクにおける民間人死者数は約一五〇〇人だったが、五月には二〇〇〇人を超え、七月には三〇〇〇人を超えた。宗派間の対立も激化していた。三月のアメリカ軍戦死者は三〇人、四月に七四人、五月にも六九人と増加傾向は続き、一〇月と一二月には一〇〇人を超えた。アメリカ軍に対する武力攻撃も増加の一途をたどっていた。

こうした情況のなかで、アメリカ世論のブッシュ政権支持率も三〇％台に落ち込んだ。七月と八月には、ケーシー大将が主導しアメリカ軍とイラク治安部隊の共同によってバグダッドの治安状況を改善しようとした「共同前進作戦（Operation Together Forward）」が失敗に終わり、情況はさらに悪化しているように思われた。

そこで、ブッシュは国家安全保障問題担当大統領補佐官スティーブ・ハドリーに命じて、イラク戦略の見直しを進めることにした。このとき国家安全保障会議のチームの一員として戦略の見直し作業に従事したピーター・フィーバーによれば、ブッシュ大統領の強い意向により、現役の軍高官らの反対意見を最終的には説得して、増派戦略への転換プロセスが進んでいった（Feaver, "The Right to be Right"）。

それまでは、国防長官や軍の意向を尊重していたブッシュだが、ラムズフェルドやケーシー大将の主導する「訓練・撤退戦略」（イラク治安部隊をアメリカ軍が訓練し、彼らの治安維持能力が向上すればアメリカ軍は早期に撤退するという戦略）が失敗しつつあることを認め、秋頃には「戦略の変更が必要だと決断した」という。

その際の戦略変更の選択肢は三つで、第一は現行の「訓練・撤退戦略」の加速、第二は宗派間の武力衝突が落ち着くまでアメリカ軍部隊をバグダッドから一時撤退させる戦略、そして第三が「ダブル・ダウン（倍賭け）」すなわち増派戦略であった。

結局、ブッシュがイラク戦略の転換を示唆したのは、同年一一月七日の中間選挙で共和党が大敗し、上下院ともに民主党が多数を占めるに至ったときである。ブッシュは、新しい戦略と新しい国防長官、それに新しい現地指揮官を必要としていた。国内世論の支持を失いかけていたブッシュに必要なのはイラクでの「勝利」であり、イラク戦争の「敗北」は何よりも認めがたかった。翌日の一一月八日、ブッシュ大統領はラムズフェルド国防長官の退任と、後任にロバート・ゲーツ元中央情報局（ＣＩＡ）長官を指名する予定であることを公表した。

一一月末にブッシュはヨルダンでイラクのヌーリ・マリキ首相と直接会談し、イラク軍の支援が得られると判断して、増派戦略への転換に望みをかけようと決心した。一一月から一二月にかけて、チェイニー副大統領、ゲーツ国防長官ほか、国家安全保障チームの主要メンバーも増派戦略への転換を支持するようになった。ライス国務長官も、次第に増派戦略に理解を示すようになっていた。実は、この間に、キーン大将はチェイニーやブッシュと会って増派戦略への転換の必要性について直言している。

一二月一三日にブッシュは統合参謀本部に足を運び、ペース統合参謀本部議長や四軍のトップらと顔を合わせて、増派戦略についての軍事専門家の意見を聞くことにした。軍幹部の合意を取りつけることが目的だった。

参加者からは増派戦略への懸念が示された。ピーター・スクーメイカー陸軍参謀総長は、イラクへの五個戦闘旅団増派は陸軍部隊に耐えがたい負担を強いることになると反対意見を述べた。このとき次期国防長官に就任が決まっていたゲーツも会議に同席していたが、参謀総長らには「戦争に対する当事者意識」が感じられず、「イラクで勝利しなければならないと口にする者はひとりもいない」ことに驚いたという（ゲーツ『イラク・アフガン戦争の真実』）。

だが、最終的にブッシュは、戦略転換を渋る軍幹部を前に、増派による各軍部隊・兵士への負担増大と、イラクでの敗北のどちらが軍全体にとってダメージが大きいのかと迫り、彼らの同意を得ることに成功した。と同時に、部隊に対する負担増を懸念する陸軍と海兵隊には、組織定員増強の検討を約束した。キーン大将の意向を受けて、ペース統合参謀本部議長は各軍幹部に事前に根回ししていたが、これもこの合意形成を助けた。

こうして増派戦略への転換に関する合意が形成されていったが、「増派戦略」の詳細については、ゲーツ新国防長官のイラク訪問を待って、翌年一月まで公表を先送りされた。二〇〇七年一月一〇日、ブッシュは増派戦略への転換をテレビで発表した。イラク駐留軍司令官ケーシー大将の後任としてペトレイアス将軍が着任する予定であることは、すでに数日前に発表されていた。

一月末に議会の公聴会において満票で承認されたペトレイアス大将は、増派戦略を「オール・イン」、すなわち全陸軍の命運をかけた試みととらえていた。イラクへの増派は、他の地域で不測の事態が発生した場合に派遣できる戦略的予備兵力がほとんど残らないことを意味していたからである。

増派戦略への転換に対しては、イラクからの早期撤退を主張する民主党議員や一部の共和党議員からも、軒並み反対意見が浴びせられた。しかしながら、ブッシュの政敵である共和党のジョン・マケイン議員は、増派戦略が成功するという保証はないが、「その新戦略を採用しなかったら必ず失敗する」と断言し、数少ない増派戦略への擁護意見を述べてくれたと、ブッシュは回顧録に記している（ブッシュ『決断のとき（下）』）。

V 増派（Surge）——戦略の転換とその「成果」

「増派戦略」への転換

前述のように、「増派戦略」への転換に向かう政治的意思決定過程において、最も重要な役割を果たしたのは、元陸軍参謀次長のジャック・キーン大将である。二〇〇六年夏頃から公式・非公式に影響力を行使し、イラク側への治安維持の権限移譲を進めてアメリカ軍兵力の逐次撤退を大統領に進言していたジョージ・ケーシー元駐イラク多国籍軍司令官やピーター・ペース統合参謀本部議長らの意見を退けて、ブッシュ大統領やチェイニー副大統領をはじめ、政権内部の高官にイラク戦略の転換を迫った。

その一方で、キーンは、実質的な「統合参謀本部議長の役割」も果たしていた。二〇〇六年一一月からイラク駐留多国籍軍のナンバー2として、レイモンド・オディエルノ陸軍中将がケーシー大将を支えることになった。キーンは、イラクにいるオディエルノと内密裡に連絡を保ち、増派戦略への転換の準備を始めた。二人が連絡を取り合っていることは、ケーシーやペースにはまったく知らされなかった。

また、アメリカンエンタープライズ公共政策研究所のフレデリック・ケーガンらも、キーンを支援した。キーンが同年一一月一一日にブッシュ大統領に陸軍七個旅団と海兵隊二個連隊の増派を進言したとき、その必要増派兵力の見積もりは、ケーガンらのグループによる試算の裏付けがあった。

ケーガンらの「イラク計画グループ」は、タル・アファルでのマクマスター大佐のCOIN作戦における必要兵力試算方法（四〇人の住民当たり一人の兵士が必要）を用いて、二〇〇万人の住民が住むバグダッド近郊地域の作戦に必要な兵力を約四・五万〜五万人と見積もった。現有兵力の約二万人を差し引いて、およそ二万四〇〇〇程度が増派に必要な兵力であると計算された（Kagan, *Choosing Victory*）。

同年一二月一八日、ロバート・ゲーツ国防長官が正式に就任した。イラク戦略の失敗を頑なに否認し続けたラムズフェルドとは対照的に、国防長官の指名承認公聴会でアメリカがイラクでの戦いに勝利しつつあるとは思わないと明言したゲーツは、ブッシュ政権によるイラク戦略転換の象徴的存在だった。

ジョージタウン大学で歴史学の博士号を取得したゲーツは、長官・副長官職を含めて中央情報局（ＣＩＡ）勤務歴が長く、レーガンやブッシュ（父）政権時代を含めて九年近く国家安全保障会議のスタッフとしてホワイトハウスで勤務した経験も持っており、その実直な人柄は、ラムズフェルド長官のイラク戦略や行政手腕に不満を持つ共和党議員だけでなく、イラク戦略を批判しイラクからの早期撤退を主張する民主党議員からも支持を得ていた。

ゲーツは、実は国防長官に就任する以前から「増派戦略」を考え始めていた。ゲーツは、国防長官に指名される前に、超党派の議員らによって設立された「イラク研究グループ」の一員となっていた。二〇〇六年三月から八回にわたり検討会が開催され、ゲーツはバグダッドも一度視察に訪れた。ゲーツはこのとき、イラクの治安が悪化していることを察知し、イラク駐留多国籍軍のキアレリ中将から「増派なくしてバグダッドの治安回復は不可能だ」と聞かされ、ＣＩＡバグダッド支局長からもキアレリと同じような意見を聞いていた。さらに、報道関係者からも治安状況が悪化し、「治安維持には兵力が不足している」という声を聴いた。

バグダッドから帰国後の一〇月、ゲーツは、バグダッドの治安維持を考慮してアメリカ軍兵士の一時的増派（二・五万〜四万人）と、増派期間中にイラク政府が達成すべき政治目標を最終報告書に明確に書き込むべきだと「イラク研究グループ」の代表に伝えた。

しかしながら、このグループの最終報告書の原案が一一月半ばに作成された際には、アメリカ軍兵力の「一時増派」に関する言及はまったくといっていいほど見られず、ゲーツは失望したという（ゲーツ『イラク・アフガン戦争の真実』）。早期撤退を主張して中間選挙に大勝した民主党に対する政治的妥協の産物だったのだろうと、ゲーツは推測している。

ゲーツが次にバグダッドへ飛んだのは、国防長官就任直後のことである。一二月二〇日から三日間の滞在中、アビザイド、ケーシー、オディエルノ、スタンリー・マクリスタル、マーティン・デンプシー各将軍と会談した。バグダッドでの作戦支援には最大で二個旅団の増派が必要だとアビザイド将軍らは見ていたが、それ以上は必要ないとの意見だった。

実は、このときにゲーツは、ケーシーとオディエルノの関係が「ぎくしゃくしている」と感じていた。とくにイラク戦略に関する基本的な考え方と増派の規模をめぐって、オディエルノはケーシーに強く反発していた。オディエルノがキーンと密かに連絡をとっていたことは、前述したとおりである。ケーシーの後任になるペトレイアスとオディエルノは、五個旅団約三万人の増派を考えていた。二〇〇七年一月二日、ゲーツはペトレイアスにケーシーの後任としてイラク駐留多国籍軍司令官に就任することを打診した。

前述したように、二〇〇七年一月一〇日、ブッシュ大統領は、イラクにおける戦略の転換を発表した。いわゆる「増派戦略」への転換である。具体的には、「敵殲滅型戦略」から「民心掌握型戦略」へ転換することと、陸軍五個戦闘旅団（約三万人）、および二個海兵大隊の追加兵力の派遣が発表された。

「増派戦略」の効果と戦況の転換

二〇〇六年末までのイラクの情況は、厳しさを増すばかりだった。アメリカ軍に対する武力攻撃は月間一四〇〇件以上と過去最高レベルに増加し、同年五月のアメリカ軍に対する武力攻撃は月間一六〇〇件近くに達して、過去最高件数を記録した。アメリカ軍戦死者はイラク戦争の開始から累計で三〇〇〇人に達した。イラクの民間人の死者は二〇〇六年末から〇七年一月にかけて月間三〇〇〇人に上り、増派が始まるまでにピークを迎えた。

ブッシュ政権最後の二年間は、イラク戦略の転換期と位置づけられるが、その第一段階は二〇〇七年一月から九月までで、増派戦略の意義が厳しく問われた時期である。第二段階は、同年九月から二〇〇八年末までで、増派期間の引き延ばしとイラクからの撤収時期に関する議論が行われた時期である。

ゲーツ新国防長官は、イラク戦略の転換を実行に移すために、まず、「ワシントンという戦場」での戦いに臨まなければならなかった。民主党が多数を占める議会とメディアは、情況が悪化してアメリカ軍の犠牲者数も増加し、泥沼化の様相を見せているイラク戦争に対して批判を強めてきており、派兵に期限を設け、撤退の時期を早めるよう求めていた。新たな「増派戦略」の提案には、厳しい逆風が吹いていた。

一月末に上院に申請されたケーシー大将の陸軍参謀総長就任とペトレイアス大将のイラク駐留多国籍軍司令官就任に関する承認手続きでは、ペトレイアスの人事については異論がなかった。増派に反対していたケーシーが陸軍参謀総長に昇任することに対して共和党内からも反対票が投じられたが、二月上旬には承認が得られた。ただし、民主党は戦費予算案に対して撤退時期などの条件を付けることで、増派戦略に対抗しようとした。

増派に必要な追加予算は四月までに議会で承認を得る必要があったが、四月末に一度成立した戦費予算案には二〇〇八年五月末までに完全撤退するという撤退期限が付いていたため、大統領が拒否権を発動し、結局、五月末になってようやく撤退期限に関する制限のない戦費予算が成立した（ゲーツ『イラク・アフガン戦争の真実』）。

ゲーツの功績は、戦費予算についてだけではない。いま、実際にアメリカ軍が戦っている戦争に勝利するために必要だと判断すれば、即座に実行に移した。たとえば二〇〇七年二月末に陸軍病院での負傷兵に対する不適切な治療や処遇の問題がスキャンダルとして報道された際には、病院トップの将官と、不適切な対応を放置した陸軍長官を更迭した。

この問題に対する毅然とした対応は、「兵士のための国防長官となる」ことを誓ったゲーツ新長官の面目躍如だった。「戦争そのもの以外では、負傷兵の看護以上に優先順位の高いものはない」と、世界中のアメリカ軍兵士全員に送ったメールでゲーツは宣言した。

次に、ＭＲＡＰ（Mine Resistant Ambush Protected：耐地雷・伏撃防護車輌）の迅速な導入にも、ゲーツは指導力を発揮した。二〇〇六年末頃には、増大する負傷兵の約八割が即席爆弾（Improvised Explosive Device：ＩＥＤ）や、より威力の高い「爆発形成弾（Explosively Formed Penetrator：ＥＦＰ）」によるものとなっていた。

アメリカ軍が多用するハンヴィー（Humvee：High Mobility Multipurpose Wheeled Vehicle：ＨＭＭＷＶ：高機動多用途装輪車輌）は、当初から比べれば装甲機能が向上したとはいえ、その脆弱性はＭＲＡＰとは比べものにならない。ＭＲＡＰの負傷率は、ハンヴィーより七五％低く、エイブラムズ戦車やブラッドレー歩兵戦闘車、ストライカー装甲車と比べても五〇％以下と、優れた装甲性能を持っている。

ゲーツはMRAPの調達を国防総省の最優先調達計画として、実戦配備を急がせた。ゲーツの国防長官就任から一年あまりで、最終的に二万七〇〇〇台のMRAPを約四〇〇億ドルかけて調達することに成功したという(ゲーツ『イラク・アフガン戦争の真実』)。

さらにゲーツは、深刻であったISR(Intelligence, Surveillance, Reconnaissance:情報収集・監視・偵察)の問題にも取り組んだ。イラクへの増派が開始されて以降、現地のペトレイアス司令官からはISR機能の強化がゲーツ国防長官に対して繰り返し要請された。新しいCOIN戦略において、正確な情報収集は作戦成功の鍵を握ることが繰り返し強調された。

なかでも特筆されるべきは、無人機(ドローン)の活用である。無人機の開発は一九九〇年代後半から進んでいたが、地上作戦支援や標的殺人に本格的に活用されるようになったのは、9・11後のアフガニスタンやイラク作戦においてである。

二〇〇三年九月にマクリスタル陸軍少将が統合特殊作戦司令部司令官として着任したときには、プレデター(偵察用無人機)一機しか常時運用することができなかったというが、イラク開戦後から無人機の需要は倍増を続け、二〇〇七年にはその飛行時間が空軍で年間二五万時間、陸軍では三〇万時間に達していた(シンガー『ロボット兵士の戦争』)。

無人機は当初、特殊部隊を中心に使用されていたが、テロリストや反乱分子らの通信傍受、あるいは即席爆弾や爆発形成弾等を設置する様子をリアルタイムで示す動画など、地上作戦部隊にも有用な情報が入手できることから、急速に需要が拡大した。にもかかわらず、空軍では無人機運用体制を増強しようという姿勢が見られず、操縦人員も不足しており、改善の兆しがないことに業を煮やしたゲーツ長官は、空軍に運用体制強化を指示し、二〇〇八年四月にはＩＳＲ対策本部を国防総省内に設置して、腰の重い空軍に危機感を持たせようとした。

いま戦っている戦争で必要とされている装備より、新型爆撃機やF-22ステルス戦闘機などばかりに目が向いている空軍幹部を目の当たりにして、ゲーツは「空軍の文化を変えたい」と真剣に考えた（ゲーツ『イラク・アフガン戦争の真実』）。

イラクの反乱分子たちが「白い悪魔」と呼んで恐れたプレデターの操縦士は、運用開始当初のアメリカ空軍内では実機の戦闘機操縦士よりはるかに格下の「二流市民」と見られていた。無人機の操縦士を志願する者は例外的存在で、多くは戦闘機パイロットとしての出世コースを外れた者や、身体的・技術的に適性を欠く者の集まりだったという事実が、当時の空軍の組織文化を物語っている（マッカーリー他『ハンター・キラー』）。

アメリカ西部の砂漠地帯にある空軍基地内の「地上誘導ステーション」で、空調設備の整った操縦ステーションに座り、一万キロ以上離れた戦地を飛ぶ無人機をジョイスティックのような操縦桿や各種電子機器を介して操縦する姿は、たしかに実機の戦闘機パイロットのそれとはかけ離れている。しかしながら、ＣＯＩＮ作戦においては、間違いなく彼らも「情報戦」という戦いの最前線にいるのである。

「ＣＯＩＮ作戦においては、素早く学習し、素早く適応したほうが、すなわち、学習組織として優れているほうが勝つ」と新ＣＯＩＮ教範は謳《うた》っている。反乱分子の思考や行動、戦略や戦術を素早く学習するためには、正確な情報が不可欠である。ペトレイアスらにとって、「増派戦略」は単に兵力の増強にとどまらず、「思考力の増強（surge of ideas）」でもあった。情報職種の軍人だけでなく、すべての兵士が作戦に従事しながら情報を収集し、良質の情報を末端の兵士まで共有することが重要であると、彼らは考えていた。

ペトレイアスとクロッカーの「協同」——政戦略の一致

新しいCOIN教範においては、政軍「協同一致（unity of effort）」の重要性も強調された。増派戦略への転換にあたり、ブッシュ大統領をはじめ、ゲーツ国防長官、イラク駐留多国籍軍司令官のペトレイアス大将、イラク駐留アメリカ軍司令官のオディエルノ中将らは、基本的な考え方を共有して、COIN作戦を実施した。ラムズフェルド国防長官時代の国務省との軋轢《あつれき》も、ゲーツ長官の起用によって解消しつつあった。

最後まで増派戦略への転換に対して懸念を抱いていたライス国務長官も、二〇〇六年一二月オディエルノに直接電話をして、増派戦略への転換に賛同する腹を決めた。ライスは、「イラク地域復興チームに専門家のベストメンバーを集めるつもり」だと国務省内の部下に告げ、新大使にライアン・クロッカーを選んだ。

二〇〇七年一月にブッシュが増派戦略への転換を発表した後、ライスは上院外交委員会で、増派戦略への転換が対反乱作戦行動の政軍統合を図り、イラク国内の治安、再建、統治の確保に必要であること、イランやシリアなどの中東全域を視野に入れた外交戦略にもとづいたものであることを説明した。

実際、この戦略転換により、軍の増派だけでなく「外交官の増派」も実施され、アメリカ軍部隊長の指揮のもとで、外交官、人道援助隊員、軍人らからなる地域復興チームがバグダッド以外のイラク各地に派遣され、新たなＣＯＩＮ教範に則った活動を展開し、「大成功を収めた」という（ライス『ライス回顧録』）。

しかしながら、「外交官の増派」という処方箋には、副作用も伴っていた。クロッカー駐イラク大使をはじめ、増加した外交官らの警護任務を民間軍事会社に依存する度合いが増したことで、これらの民間警護要員によるイラク人の殺傷事案も増大したのである。二〇〇七年夏の時点で、イラクに進出していた民間軍事会社の社員は一八万人に上り、六三〇社ほどの会社に一〇〇ヵ国以上から人員が集まっていたという。

そうしたなかで、「バグダッドの血の日曜日」と呼ばれる重大な事件が起きた。二〇〇七年九月、ペトレイアス大将とクロッカー大使が、イラクでの増派戦略の成功の兆しをアメリカ議会で報告した数日後、バグダッドを走行中のブラックウォーター社の警護車輌が、イラク人の民間車輌に対して銃を乱射し、イラク人一七人が死亡、二〇人以上が負傷するという痛ましい事件が発生したのである。

この事件は、ブラックウォーター社側による当初の説明とは異なり、死亡したイラク人は武装勢力でも何でもない一般市民だったこと、イラク人を殺傷した同社社員に対しては何の処罰もなかったことから、重大な外交問題にまで発展した（スケイヒル『ブラックウォーター　世界最強の傭兵企業』)。こうした民間軍事会社社員による不祥事は、「イラク人の民心掌握」をめざすCOIN戦略の推進に対する阻害要因となった。

さらに、せっかくの「政軍協同一致」の進展に水を差したのが、ペトレイアスと中央軍司令官ファロン海軍大将との確執である。そもそもファロンをアビザイドの後任として中央軍司令官に推薦したのはキーンだったが、「増派戦略」については、ファロンは批判的な立場をとった。増派戦略を推進しようとするブッシュ大統領とペトレイアス大将に対して、折に触れて旧来の「訓練・撤退戦略」を暗に支持するような発言を繰り返しており、大統領の不興を買っていた。

そうしたなかで、二〇〇八年三月、ブッシュ大統領にイラン攻撃を思いとどまらせているのはファロン自身だと語ったことが雑誌記事に掲載された。これにより、ファロンは大統領の信頼を失い、ゲーツ国防長官からもマイケル・マレン統合参謀本部議長からも見離され、最終的には辞任に追い込まれた。「自業自得」だとゲーツは断じ、後任にはペトレイアス大将を、そして、ペトレイアスの後任のイラク駐留多国籍軍司令官にはオディエルノをあてることにした(ゲーツ『イラク・アフガン戦争の真実』)。

ファントム・サンダー作戦

増派兵力のイラク各地への配置が完了し、二〇〇七年六月から五個戦闘旅団の増派兵力を含む約三万の兵力を動員した「ファントム・サンダー作戦」(六月一六日~八月一四日)がバグダッドとその周辺地域で開始された。二〇〇三年のイラク侵攻作戦以来の大規模な反攻作戦であった。

当時のバグダッド周辺は治安が悪化し、アルカイダとスンニ派武装勢力の拠点となり近づけない地域もあった。二〇〇七年五月には、六〇〇〇件以上の攻撃があり、アメリカ軍の戦死者が一三〇人と、過去最悪のレベルとなった。ペトレイアスにとって、増派戦略が奏功するまでの、最も苦悩の日々となった。しかしながら、この作戦の成功が、その後のイラクの治安状況の改善に確実につながると考えられた。

「クリア、ホールド、ビルド」の「クリア」段階では、こうした断固たる攻勢作戦が必要になる。ディヤラ州バクーバでの攻勢作戦に従事したアメリカ軍部隊は、三〇〇〜五〇〇人と推定される反乱分子の掃討任務（アローヘッド・リッパー作戦）に就いた。

反乱分子のアメリカ軍に対する攻撃手段は、道路に埋めた即席爆弾である。幹線道路には爆弾が多数埋めてあり、起爆装置につながった細いワイヤーが、家や路地に隠れている反乱分子に操られていた。家のなかからワイヤーで起爆させる即席爆弾は「ＨＢＩＥＤ（屋内起爆即席爆弾）」と呼ばれた。

市街地の家々を捜索し、安全を確認してからストライカー装甲車やエイブラムズ戦車が路上を進んだ。時折、エイブラムズ戦車から円筒弾を道路に向かって発射し、道路に埋設された爆弾につながる起爆用ワイヤーを切断することもあった。あるいは、家のなかに爆弾が仕掛けられており、アメリカ軍兵士が中に入ると起爆する場合もあった。部屋のなかに敷かれた板の下に隠された起爆装置を踏むと爆発するような仕掛けの場合もあった。一ブロック内のほとんどすべての家にＨＢＩＥＤが仕掛けられていたこともあったという。

アローヘッド・リッパー作戦に参加したストライカー旅団のある部隊は、一週間の作戦中に二一軒の爆弾が仕掛けられた家屋を発見し、八月の作戦終了までにさらに二〇軒を見つけた。即席爆弾も作戦開始から二週間で二〇〇以上発見した。結局、この部隊だけで一一〇人の反乱分子を殺害し、四〇〇人を拘束したが、アルカイダの大物は見つからなかった。

二〇〇七年のバクーバは、二〇〇四年のファルージャのようなアルカイダの聖域都市と見なされていたが、アメリカ軍による最大規模の反攻作戦の結果、約八割のアルカイダ指導者層はすでにバクーバから撤退していたものと推測されている（Gordon and Trainor, *The Endgame*）。ファントム・サンダー作戦の結果、一一〇〇人以上の反乱分子が殺害され、六七〇〇人が拘束された。そのなかには三八〇人以上の反乱分子幹部が含まれていた（Mansoor, *The Surge*）。

さらに、重要な変化は、地域住民がアメリカ軍側につき始めたことである。アローヘッド・リッパー作戦開始から一ヵ月後、「バクーバ・ガーディアンズ」と呼ばれる治安組織を地元部族の有力者たちが結成した。ラマディにおける「覚醒評議会」と同様の動きであり、イラク市民がアルカイダや反乱分子の側ではなく、アメリカ軍側に協力する明確な兆候が表れたのである。この動きは、さらにディヤラ州の別の町にも拡大し、八月一九日には一〇〇以上の部族長が結集して覚醒運動に参加することを誓った。

最終的には、こうした動きが累積して「イラクの息子たち」のような治安維持組織が拡大

図4-1　イラク国内における攻撃事案発生件数の週別推移（2004年1月～2010年5月）

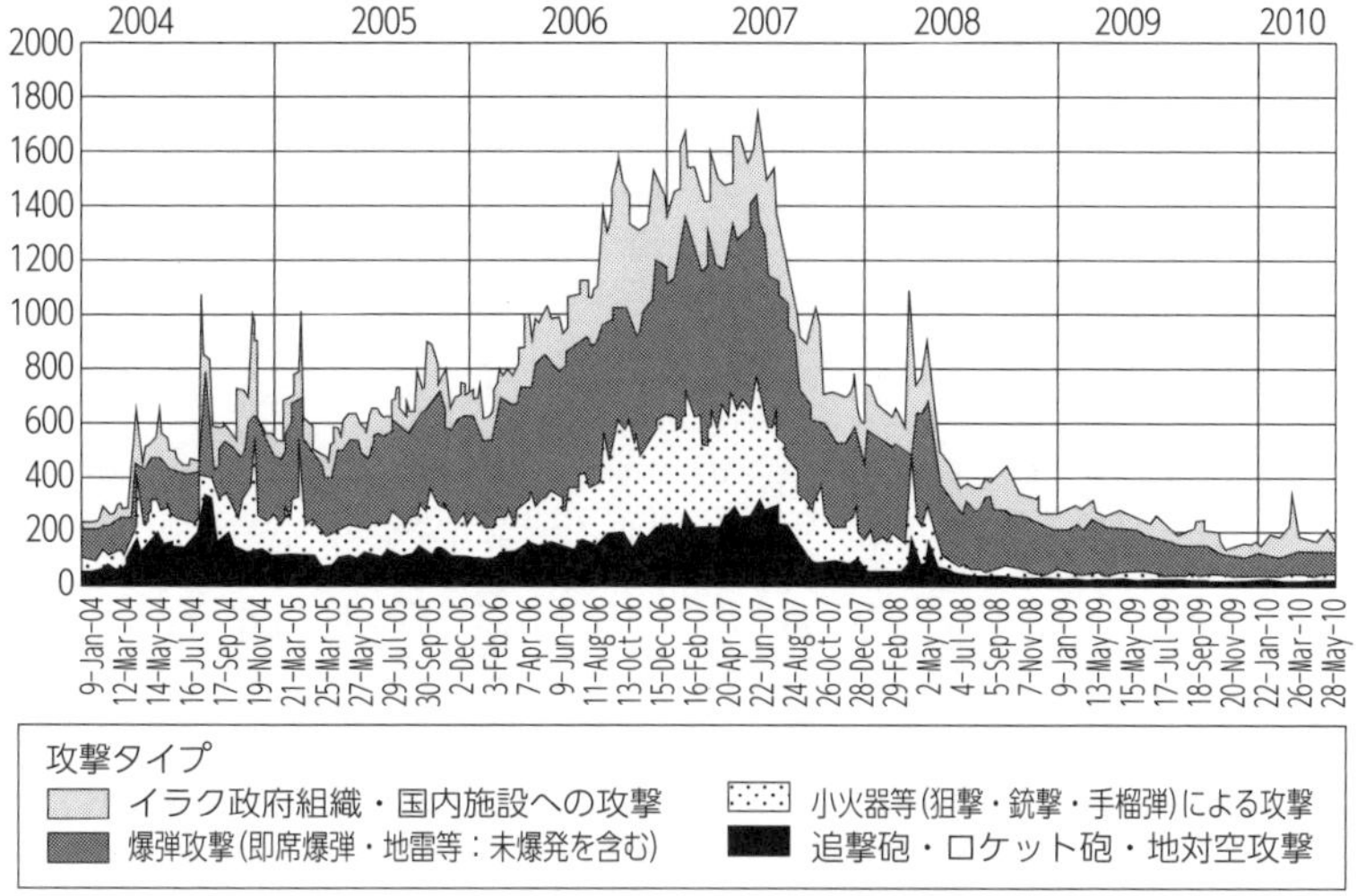

（出所）R. Gordon and E. Trainor, *The Endgame*, Vintage Books, 2013.

図4-2　イラク治安部隊および米軍死者数の推移（2006年1月～2008年11月）

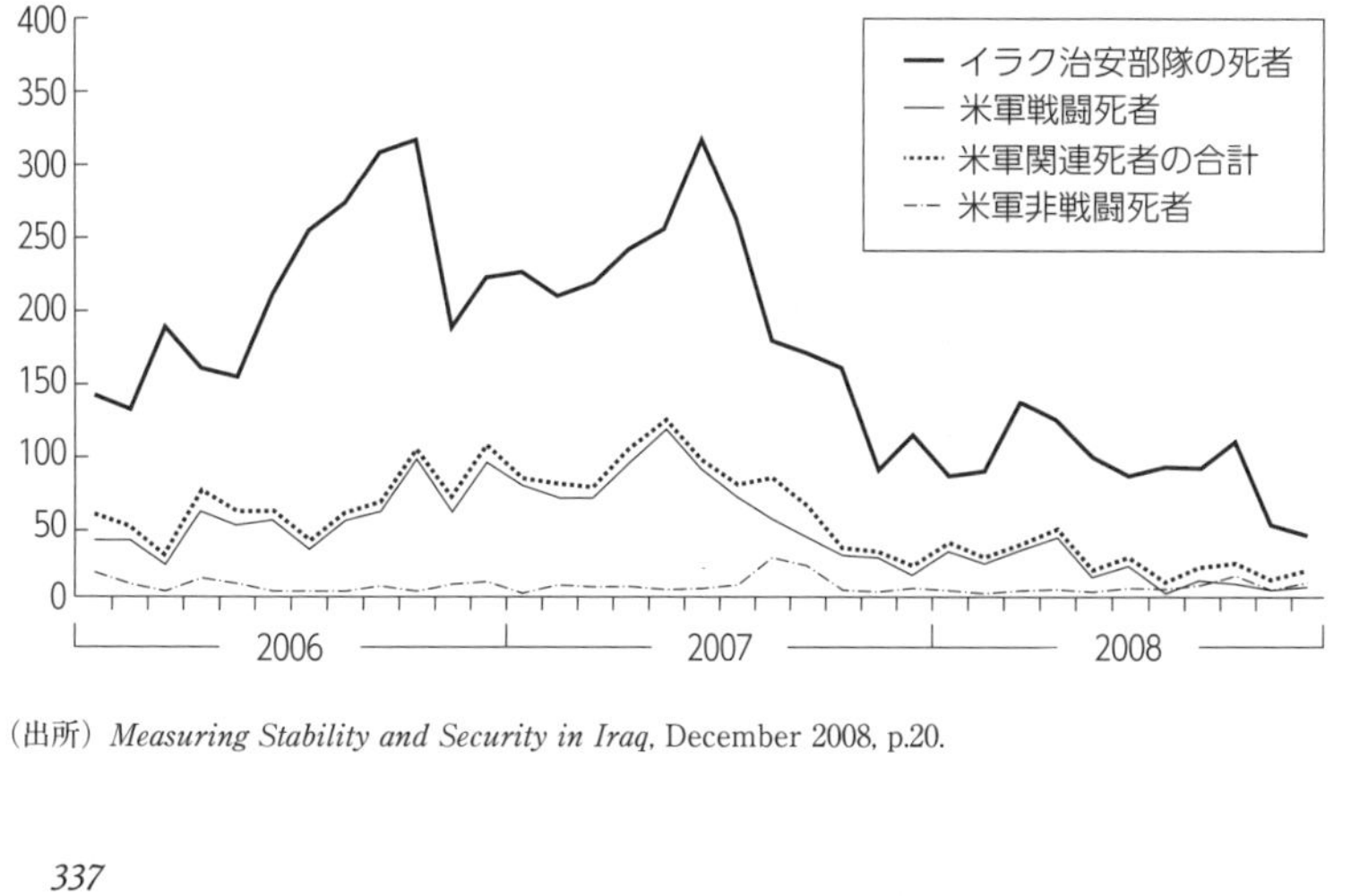

（出所）*Measuring Stability and Security in Iraq*, December 2008, p.20.

し、最も危険な街とされた地域の治安状況が次第に改善されていった。アメリカ軍部隊に対する攻撃件数、イラク民間人死者数ともに減少傾向を示し、二〇〇七年七月には八〇人台、九月には七〇人台、一〇月には六〇人台にまで戦死者は減少した。新COIN戦略の効果が目に見える形で表れ始めたといえよう（図4－1、4－2）。

上述したように、二〇〇七年九月一六日、ペトレイアス大将とクロッカー大使が、イラクでの増派戦略の成功の兆しをアメリカ議会で報告することができたのは、こうした明確な増派戦略の効果が数字として表れたからである。ブッシュとペトレイアス、そしてキーン大将らの「賭け」は、ひとまず成功したように見えた。議員たちからは厳しい意見も出たが、二〇〇八年四月に再び報告するまで、時間を稼ぐことには成功した。

二〇〇七年一二月、アメリカ軍の戦死者数は二四人と、イラク開戦以来最少を記録した。イラク人の死者数も、二〇〇七年九月以降は半減した。治安状況の改善を踏まえて、二〇〇八年夏までに、増派した五個旅団を撤退させ、駐留軍の規模を増派前の一五個戦闘旅団に戻すことになった。二〇〇八年一一月には、イラクからの撤兵を公約に掲げた民主党のバラク・オバマ上院議員が大統領選に当選し、二〇〇九年六月三〇日までにアメリカ戦闘部隊がイラクの各都市から撤退し、アメリカ軍全体も二〇一一年末までにイラクから撤退することが、ブッシュ大統領とマリキ首相の間で合意された。

Ⅵ　アナリシス

アメリカの戦略文化

湾岸戦争でアメリカは、戦争目的を「イラクの占領」ではなく「クウェートの解放」に限定し、「エアランド・バトル」ドクトリンにもとづく「合理的かつ効率的」な「機動戦」を指揮し、イラク軍をクウェートから駆逐することにより、「完勝」ともいえる「勝利」を手中に収めた。

この「エアランド・バトル」ドクトリンに示されているように、アメリカの戦略文化は合理的かつ効率的に正規戦における「殲滅戦」を志向する。「73イースティングの戦い」に象徴される湾岸戦争時の大戦車戦は、大兵力のソ連軍の戦車部隊を撃破するための「正規軍対正規軍」の戦いという冷戦時代の作戦パラダイムの延長にあった。

一九九〇年一一月シュワルツコフは、隷下部隊の指揮官を集めて初めて作戦概要を説明した際に、「最後に戦車隊の諸君全員に言っておく。共和国防衛軍を殲滅せよ。いいか、殲滅だぞ」と檄を飛ばしている（『シュワーツコフ回想録』）。広大な砂漠地帯におけるイラク軍の最精鋭戦車部隊との決戦が想定されていたのである。

「砂漠の剣」作戦に参加した将官は、ほとんど全員がベトナム戦争の経験者である。しかし、そもそもアメリカ軍がベトナム戦争から学んだ教訓とは、COIN作戦に勝利するための新たな戦略思考と組織学習ではなく、非正規戦の回避と正規戦への集中による伝統的な戦略文化への回帰の必要性であった。湾岸戦争の成功体験は、「ベトナム・シンドローム」の克服というよりは、むしろその強化となった。

「増派戦略」実施時に国防長官となったロバート・ゲーツは、国防総省および軍部内で「大戦争思想が支配的」であり、「通常戦争のDNAが軍部ではとてつもない力を持っている」ことを思い知らされたという。

ゲーツによれば、「ベトナム戦争以降、米国が軍事力を行使したのは、アルカイダやヒズボラなど国家以外の組織や小国を相手とした非通常戦闘ばかりだったと言っていいのに（例外はイラク戦争の開戦前後数週間と湾岸戦争のみ）、軍の方針は、この現実を無視しているとしか私には思えなかった。訓練と装備が大国をたたけるレベルなら、もっと小さな脅威など問題なく処理できるということかもしれない。だが、これが間違っていることは、二〇〇三年以降のイラク紛争で証明されたと思う」とされている（ゲーツ『イラク・アフガン戦争の真実』）。

ジョン・ネーグルによれば、イギリス軍とアメリカ軍との間には重要な組織文化の違いがある。イギリス軍は戦争の性質を「程度問題」と考え、戦争における「勝利」を「長期的」に考えて「五一％」でよしとするが、アメリカ軍は戦争を「勝利か敗北か」の二分法で考えがちで、しかも勝利は「一〇〇％」でなければならないと考える傾向が強いという。アメリカ軍の「殲滅戦型思考」を象徴する考え方である（Nagl, *Learning to Eat Soup with a Knife*）。

このような「殲滅戦型思考」を、アメリカは払拭することができなかった。湾岸戦争における「エアランド・バトル」の教科書的実践と一見「完璧な」勝利は、イラク戦争における「ラムズフェルド・ドクトリン」を生み出した。大統領から「決定力、軽快さ、機動性」を高めるよう指示されたラムズフェルド国防長官は、軍事技術革新の成果を最大限に活用した「軍変革」をめざした。

イラク戦争初期の「侵攻作戦」段階における「衝撃と畏怖」戦略は、小規模兵力による機動性と決定的な破壊力を持つ最新精密兵器を駆使して素早い侵攻を企図していたものであり、その限りでは「成功」を収めた。

しかしながら、このような戦略文化は、その後のイラク国内での反乱や内戦状態への対処にはきわめて不向きであった。「エアランド・バトル」ドクトリンはむしろ、アメリカ軍のハイテク兵器と火力の圧倒的優勢を活用できないようなＣＯＩＮ作戦の実施を困難にした。アメリカの戦略文化は非正規戦であるＣＯＩＮ作戦や、純粋な軍事作戦の範疇を超える「国家建設」作戦における脆弱性につながっていた。

イラク戦争では、戦闘終了後の国家建設任務への関与やＣＯＩＮ作戦の実施が視野の外に置かれた。「フェーズ４」すなわち安定化作戦の段階は、まったく考慮されていなかった。「フセイン政権打倒」という政治目的を軍事的手段によって実現しようとする戦争目的自体に、当初から難があった。「イラクの民主化」という究極の政治目的を達成するための大戦略が欠落していた。そもそもラムズフェルドは、「国家建設」は軍の任務ではないとし、そうした任務を軍が遂行すべきではないと考えていた。開戦から約三週間で戦闘作戦は終了したが、アメリカのイラク戦略の真価が問われたのはその後の展開であった。ラムズフェルドは、最後まで自身の判断ミスを認めようとしなかった。

軍事リーダーシップの蹉跌《さてつ》――「将軍たちの沈黙」

イラク戦争後の占領統治は混迷を極め、次第に反乱分子の活動も活発化し、アメリカ軍側の人的損耗は徐々に増大していった。ラムズフェルドは、頑なにイラク国内での「反乱」や「内戦状態」を否認し、有効な対策を打てずにいた。

政治リーダーの情況判断の誤りと、アメリカ軍部隊の「殲滅戦志向」は、反乱分子を掃討しようと武力を行使すればするほど、副次的被害として一般市民の犠牲者が増えることとなり、その結果、民心離反につながり、反乱分子を利することになるという、悪循環の連鎖を招いた。

「アメリカ人兵士は誰彼かまわず発砲し、殺してしまう」という先入観は、「ファルージャの悲劇」や「ハディィサ村虐殺事件」などを通じてますます拡散していった。占領軍としてのアメリカ軍に対するイラク市民の反感は、イラク人捕虜をアメリカ軍兵士が虐待している生々しい写真が世界中のメディアに配信されたアブグレイブ事件を契機に、さらに増幅された。

とはいえ、イラク各地の最前線で何が起きているのかを直視せず、「消耗戦」のパラダイムのままで作戦行動を続け、戦略的判断を誤った責任は、政治リーダーだけではなく、当時の軍トップリーダーたちにもあった。「ベトナム戦争時のアメリカ軍リーダーと同じ過ちを、将軍たちはイラクでも繰り返した」（Yingling, "A Failure in Generalship"）

政治リーダーがめざす政治目的達成と軍事的手段との間に齟齬《そご》があると思われたときでさえ、将軍たちは「沈黙」を守り、率直な意見の具申をしなかった。勝利を獲得するために不適切な軍事戦略しか用いることができなかった将軍たちの責任を問う声は、アメリカ軍内外に広がっていった。イラク作戦の泥沼化を解決できない無能な将官たちへの信頼を失った若い将校たちは、大量に軍を去り始めた。ウエストポイント陸軍士官学校の卒業生のうち、五年間の必任義務を終えた軍人の退役率は、二〇〇三年に一八％だったが、二〇〇六年には四四％と過去最高を記録した（Kaplan, "Challenging the Generals"）。

ジャーナリストのトーマス・リックスによれば、実戦指揮において無能な将官は、第二次世界大戦のときのように情け容赦なく更迭されるべきだった。イラク侵攻作戦時に中央軍司令官だったトミー・フランクス大将は「戦略というものを理解していなかった」（Ricks, *Fiasco*）。フランクス大将は、一般大学の修士号を獲得し陸軍戦略大学などでも学んだ経歴を持っているが、もっぱら「戦術面」にしか注意を向けず、戦略に関する無理解のゆえに、「戦局眼」を持たなかった。フランクス大将は「消耗戦」パラダイムから脱却することができなかった。

二〇〇三年イラク駐留多国籍軍司令官となったリカルド・サンチェス陸軍中将は、当時の将軍のうち最も若く、ベトナム戦争後に少尉に任官し、湾岸戦争での従軍歴はあるものの、反乱分子を相手にした作戦経験がなかった。ＣＯＩＮ作戦に関する教育もほとんど受けておらず、フランクス以上にＣＯＩＮ作戦に対する理解力を持たなかった（Bacevich, *America's War*）。

中央軍司令官を務めたアビザイド大将や、サンチェス中将の後任としてイラク駐留多国籍軍司令官を務め二〇〇七年二月に陸軍参謀総長に就任したケーシー大将も、キーン大将の目から見れば、イラクでの戦略転換の必要性をまったく認めようとしなかった。

当事者であった将軍たち自身も責任を痛感している。たとえば、二〇一三年に陸軍中将で退官したダニエル・ボルガーによれば、アメリカ軍の兵力はそもそも「短期決戦の通常戦」に向けて装備を整え、錬成してきたにもかかわらず、二度も「長期にわたる泥沼の対反乱戦」というアメリカ軍兵力に適していない戦争に引きずり込まれてしまったが、ボルガー自身を含む将軍たちは戦争の現実を直視せず、戦略的な誤りを正すことができず、戦略と作戦術の両面で貧弱なリーダーシップしか発揮できなかった（Bolger, *Why We Lost*）。

キーン大将は、「陸軍に奉職して三七年になるが、反乱に対処するためのドクトリンもなければ、教育・訓練もないまま、イラクの戦場に部隊を送ってしまった。われわれはベトナム戦争後、負けた戦争にまつわる非正規戦や反乱に関するものすべてを忘れ去ろうとしてきたが、それはよくないことだった」と回想している。

ミドル・アップ・ダウン・リーダーシップ——「戦略の逆転」

「凡庸な」将軍たちは戦場の現実をありのままに認識できず、戦局の打開に向けて有効な手を打てなかった。治安状況が次第に悪化し、初期の戦術的勝利の機運は失われ、「第二のベトナム化」が色濃くなった。その一方で、一部のミドル・リーダーたちは、戦略の転換に向けた努力を続けていた。前線部隊では、情況を好転させようとする革新的な試みがなされた。

二〇〇五年二月以降、タル・アファルでは、マクマスター大佐指揮下の連隊がＣＯＩＮ作戦の実践を試みて成功を収めた。ＣＯＩＮ作戦成功の鍵は民心掌握にあることを明確に認識し、「襲撃志向は誤り」と考えるマクマスターは、郊外の大規模な基地を捨て、市内に小規模な活動拠点を多数設置し、アメリカ軍兵士と住民を共存させ、町内の有力者や部族の長老たちの「信頼」を得ることに成功した。地域住民との良好な人間関係を築いた結果、反乱分子の活動に関する正確な情報が入手できるようになり、治安状況の改善にもつながった。

こうした個々の前線部隊における戦場への適応の努力が、一部の地域で実を結ぶようになっていった。「戦略の逆転」への兆しが最前線の現場から見えてきた。ラムズフェルド長官が「反乱」という言葉を使うことを拒否していたときにも、マクマスターは中央軍司令官に対して、武装勢力の活動を「反乱」と認め、「ＣＯＩＮ作戦」を戦略として採用すべきだと説いていた。

一方、ペトレイアス将軍は、二〇〇五年一〇月に二度目のイラク派遣から帰国後、陸軍諸兵科連合センター司令官に就任してCOINドクトリンの改訂を主導した。彼は、キーン大将とともに、イラク戦争における戦略転換の中心的な役割を担った。ミドルレベルの軍事リーダーたちの革新的な実践を評価し、組織全体の革新へと導いたのがペトレイアスであった。

さらに、ペトレイアスをバックアップしたのが、退役していたキーン大将である。ブッシュ政権では、冷静かつ客観的な現実分析による政策決定が十全になされず、政治的な「イデオロギー」に依拠した政策決定をしがちであった。その政策決定の誤りを正そうとしたのが、政権内の「集団思考」の枠組みの外にいたキーンである。彼の「現実」を見る目、「真実」を見極める判断力が、戦略の転換を促した。

ピーター・ペース統合参謀本部議長は、キーンの助言を聞き入れ、戦略の転換を検討させるため「大佐会議」を招集した。統合参謀本部内に四軍のトップリーダーと、マクマスターら大佐クラスの若手軍人がテロとの戦いに勝利する戦略について忌憚のない議論をする「場」が設けられ、最終的には「増派戦略への転換」につながった。

やがて複数の退役将官がラムズフェルド国防長官の更迭を主張し、イラクの民間人死者数が増加する一方で、アメリカ世論のブッシュ政権支持率も落ち込むと、ブッシュ大統領も戦略の転換を考えざるを得なくなった。二〇〇六年一一月の中間選挙で共和党が大敗した際に、ブッシュは新しい戦略と新しい国防長官、それに新しい現地指揮官を選任することを決心し、イラク戦略の「逆転」に賭けることにしたのである。

「増派」は「成功」だったのか？

では、増派は「成功」したといえるのだろうか。

まず、増派戦略は単に兵力を増強しただけではなく、軍事作戦の任務を「治安の回復」に定め、新たなCOINドクトリンにもとづいて「民心掌握」を「重心」とした軍事戦略に転換し、それまでの「訓練・撤退戦略」からの転換により、「治安の回復」という任務目的を達成した。また、最終的にはイラク治安部隊の錬成により、アメリカ軍がイラクから撤退する道筋をつけた。その意味では「成功」といえるであろう。

しかしながら、「イラクを民主化する」という政治目的達成としては、到底「成功」とはいえまい。二〇一一年末のアメリカ軍撤退後のイラクの政情不安の継続と、シリアやイラクなどにおける「イスラム国（ＩＳＩＬ）」の台頭を見れば、おのずと明らかであろう。

「増派戦略」への転換により、イラク各地の部族長らは非公的治安機関としての「覚醒評議会」を結成し、アメリカ軍と協力しながら、治安維持任務に従事するようになった。この動きを、治安状況の改善に資するものとして肯定的に評価することが可能である半面、逆説的に、本来中央政府によって一元的に管理されるべき警察や軍隊といった国家の治安機関が公的統制を受けることなく、拡散してしまうという弊害も生んだ。覚醒評議会のメンバーのなかには、アルカイダと関係があったり、犯罪やテロに関与している例があるなど、様々な問題も生じていた（山尾大「イラク覚醒評議会と国家形成」）。

「増派戦略への転換」は、少なくとも一時的には「成功」した。しかしながら、はたしてイラク戦争を「勝利」に導いたのだろうか。バラク・オバマ政権下の二〇一一年末にイラクからアメリカ軍が撤退した後には、新たな武装勢力としての「イスラム国」が勢力を拡大し、イラクだけでなくシリアにも支配地域を拡大することになった。「イスラム国」の武装勢力が生まれたのは、ほかならぬファルージャである。

二〇〇四年の二回のファルージャ侵攻作戦、さらに、二〇〇七年から〇八年にかけての掃討作戦も失敗し、結果的にファルージャは「イスラム国」の活動拠点となった。「イスラム国」は、低学歴で貧困にあえぐ若者を引きつけて勢力を拡大していった。「増派戦略への転換」の「成功」は、次なる「失敗」へのプロローグにすぎなかった。

その後、ようやく「イスラム国」の勢いは下火になった。しかし、「テロとの戦い」の終わりのないシナリオは、いまだに続いている。

▼参考文献
石津朋之、道下徳成、立川京一、塚本勝也編著『エア・パワー――その理論と実践』芙蓉書房出版、二〇〇五年
河津幸英『図説 イラク戦争とアメリカ占領軍』アリアドネ企画、二〇〇五年
――『湾岸戦争大戦車戦（上下）』イカロス出版、二〇一一年
菊地茂雄「『アドバイザー』としての軍人」『防衛研究所紀要』第一二巻二・三合併号、二〇一〇年、六五－八一頁

福田毅「米国流の戦争方法と対反乱（ＣＯＩＮ）作戦——イラク戦争後の米陸軍ドクトリンをめぐる論争とその背景」『レファレンス』二〇〇九年一一月、七六－一〇一頁
山尾大「イラク覚醒評議会と国家形成」『アフリカ・中東における紛争と国家形成』調査報告書、佐藤章編、アジア経済研究所、二〇一〇年、一九－四七頁
陸戦学会『湾岸戦争』九段社、一九九九年
ビング・ウェスト（竹熊誠訳）『ファルージャ 栄光なき死闘』早川書房、二〇〇六年
ボブ・ウッドワード（石山鈴子、染田屋茂訳）『司令官たち——湾岸戦争突入にいたる〝決断〟のプロセス』文藝春秋、一九九一年
——（伏見威蕃訳）『ブッシュの戦争』日本経済新聞出版社、二〇〇三年
——（伏見威蕃訳）『攻撃計画——ブッシュのイラク戦争』日本経済新聞出版社、二〇〇四年
ジョン・ルイス・ギャディス（赤木完爾訳）『アメリカ外交の大戦略——先制・単独行動・覇権』慶応義塾大学出版会、二〇〇六年
トム・クランシー、フレッド・フランクスJr（白幡憲之訳）『熱砂の進軍（上下）』原書房、一九九九年
ロバート・ゲーツ（井口耕二、熊谷玲美、寺町朋子訳）『イラク・アフガン戦争の真実——ゲーツ元国防長官回顧録』朝日新聞出版、二〇一五年
バートン・ゲルマン（加藤祐子訳）『策謀家 チェイニー——副大統領が創った「ブッシュのアメリカ」』朝日選書、二〇一〇年
アンドリュー・コバーン（加地永都子監訳）『ラムズフェルド——イラク戦争の国防長官』緑風出版、二〇〇八年
ロン・サスキンド（武井楊一訳）『忠誠の代償——ホワイトハウスの嘘と裏切り』日本経済新聞出版社、二〇〇四年

P・W・シンガー（小林由香利訳）『ロボット兵士の戦争』NHK出版、二〇一〇年
F・N・シューベルト、T・L・クラウス（滝川義人訳）『湾岸戦争 砂漠の嵐作戦』東洋書林、一九九八年
ジェレミー・スケイヒル（益岡賢、塩山花子訳）『ブラックウォーター 世界最強の傭兵企業』作品社、二〇一四年
コリン・パウエル&ジョゼフ・E・パーシコ（鈴木主税訳）『マイ・アメリカン・ジャーニー――コリン・パウエル自伝』角川文庫、二〇〇一年
ジョージ・パッカー（豊田英子訳）『イラク戦争のアメリカ』みすず書房、二〇〇八年
リチャード・P・ハリオン（服部省吾訳）『現代の航空戦 湾岸戦争』東洋書林、二〇〇〇年
ジョージ・W・ブッシュ（伏見威蕃訳）『決断のとき（上下）』日本経済新聞出版社、二〇一一年
T・マーク・マッカーリー中佐&ケヴィン・マウラー（深澤誉子訳）『ハンター・キラー――アメリカ空軍・遠隔操縦航空機パイロットの証言』角川書店、二〇一五年
コンドリーザ・ライス（福井昌子、波多野理彩子、宮崎真紀、三谷武司訳）『ライス回顧録――ホワイトハウス 激動の2920日』集英社、二〇一三年
ドナルド・ラムズフェルド（江口泰子、月沢李歌子、島田楓子訳）『真珠湾からバグダッドへ――ラムズフェルド回想録』幻冬舎、二〇一二年
エドワード・ルトワック（武田康裕、塚本勝也訳）『エドワード・ルトワックの戦略論――戦争と平和の論理』毎日新聞出版社、二〇一四年
J・C・ワイリー（奥山真司訳）『戦略論の原点――軍事戦略入門』芙蓉書房出版、二〇〇七年
Alderson, Alexander. "US Coin Doctrine and Practice: An Ally's Perspective," *Parameters*, Winter 2007-2008, pp.33-45.

Atkinson, Rick. *Crusade: The Untold Story of the Persian Gulf War*, Houghton Mifflin Company, 1993.

Bacevich, Andrew. *The New American Militarism: How Americans are seduced by war*, Oxford University Press, 2013.

——, *Breach of Trust: How Americans failed their soldiers and their country*, Picador, 2014.

——, *America's War: For the Greater Middle East*, Random House, 2016.

Bolger, Daniel. *Why We Lost: A General's Account of the Iraq and Afghanistan Wars*, Mariner Books, 2014.

Clancy, Tom. *Armored Cav: A Guided Tour of an Armored Cavalry Regiment*, Berkeley Books, 1994.

Cordesman, A. and Wagner, A., *The Lesson of Modern War*, Westview Press, 1996.

Feaver, Peter. "The Right to be Right: Civil-Military Relations and the Iraq Surge Decision," *International Security*, Vol.35, No.4, 2011, pp.87-125.

Galula, David. *Counterinsurgency Warfare: Theory and Practice*, Praeger, 2006.

Gordon, Michael and Trainor Bernard, COBRA Ⅱ: The Inside Story of the Invasion and Occupation of Iraq, Vintage Books, 2007.

——, *The Endgame: The Inside Story of the Struggle for Iraq, from George W. Bush to Barack Obama*, Vintage Books, 2013.

Herspring, Dale. *Civil-Military Relations and Shared Responsibility: A Four-Nation Study*, Johns Hopkins University Press, 2013.

Kagan, Frederick. *Choosing Victory: A Plan for Success in Iraq*, American Enterprise Institute, 2006.

Kaplan, Fred. "Challenging the Generals: America's junior officers are fighting the war on the ground in Iraq, and the experience is making a number of them lose faith in their superiors," *New York Times Magazine*, August 26, 2007, pp.34-39.

——, *The Insurgents: David Petraeus and the Plot to Change the American Way of War,* Simon and Schuster Paperbacks, 2013.

Keany, T.A. and Cohen, E.A., *Revolution in Warfare? Air Power in the Persian Gulf,* Naval Institute Press, 1995.

Mansoor, Peter. *The Surge: My Journey with Gen. David Petraeus and the Remaking of the Iraq War,* Yale University Press, 2013.

Nagl, John. *Learning to Eat Soup with a Knife*, University of Chicago Press, 2002.

Ricks, Thomas. *Fiasco: The American Military Adventure in Iraq*, Penguin Books, 2007.

——, *The Gamble: General Petraeus and the untold story of the American surge in Iraq,* Penguin Books, 2009.

——, *The Generals: American Military Command from World War II to Today*, Penguin Books, 2012.

——, “General Failure,” *The Atlantic*, November, 2012, November.
< https://www.theatlantic.com/magazine/archive/2012/11/general-failure/309148/>

Scales, Robert. *Certain Victory*, Brassey’s, 1997.

Schwarzkopf, H. Norman. *It Doesn’t Take A Hero*, Bantam Books, 1992.
（H・シュワーツコフ『シュワーツコフ回想録——少年時代・ヴェトナム最前線・湾岸戦争』沼澤洽治訳、新潮社、一九九四年）

West, Bing. *The Strongest Tribe: War, politics, and the endgame in Iraq*, Random House, 2009.

——, *No True Glory: A frontline account of the Battle for Fallujah*, Bantam Books, 2006.

West, B. and Smith, R., *The March Up: Taking Baghdad with the United States Marines,* Bantam Books, 2003.

Wright, Donald, et al., *On Point II, Transition to the New Campaign: The United States Army in*

Operation Iraqi Freedom, May 2003-January 2005, Militarybookshop.Co.UK, 2010.
Yingling, Paul. "A Failure in Generalship," *Armed Forces Journal*, May 1, 2007, pp.17-23.

The 9/11 Commission Report: Final Report of the National Commission on Terrorist Attacks upon the United States, 2004. <https://9-11commission.gov/ report/911Report.pdf>

The US Army Field Manual No. 3-24, Marine Corps Warfighting Publication No.3-33.5, *Counterinsurgency Field Manual*, University of Chicago Press, 2007.
The US Army Field Manual No. 3-24.2, *Tactics in Counterinsurgency,* April 2009.
The US Army Field Manual No. 100-5, *Operations,* May 1986.
The U.S. DoD, *Conduct of the Persian Gulf War*, 1992.
The U.S. Government Printing Office, *S.Hrg. 110-757: Iraq After the Surge*, 2008.

終章
知略に向かって

本書では四つの事例を取りあげた。第二次世界大戦における独ソ戦（一九四一～四五年）、バトル・オブ・ブリテンと大西洋の戦い（一九四〇～四三年）、第一次インドシナ戦争とベトナム戦争（一九四六～七五年）、イラク戦争と対反乱作戦（一九九一～二〇〇八年）である。われわれは、戦略現象を「二項動態」的に把握したうえで、情況と文脈に応じて具体的戦略を実践していくことを「知略」と定義した。

四つの事例において、時代背景や戦争の形態、社会・文化、地政学的情況や、具体的な戦略・戦術は大きく異なる。本章では、それらの違いを超えて見えてくる勝者の知略の本質を追究する。

1「消耗戦」と「機動戦」

動的な相互補完関係

軍事戦略は、伝統的に「消耗戦」と「機動戦」の二種類の対比で論じられてきた。

消耗戦（attrition warfare）とは、軍事力を最大限に生かし、敵を物理的な壊滅状態に追い込む戦法である。長期間をかけてつくられる分析的計画、質量とも圧倒的に優勢な兵員・武器・装備、それらを計画通りに準備し実動させる兵站が必要であり、その方法論は客観的数値や根拠をもとに理詰めの解を探るサイエンスを彷彿とさせる。

一方、機動戦（maneuver warfare）とは、意思決定と兵力の移動・集中のプロセスを迅速に行うことで、敵よりも物理的・心理的優位に立ち、戦いの主導権を握る戦法である。敵が予測しないような行動で敵の最も脆弱な点を突き、敵の混乱に乗じて勝利する戦法である。

これを成功させるためには、不確実性と混乱に満ちた戦場での優れた戦況観察と情勢判断、素早い意思決定と行動が必要であり、そういった能力は往々にしてアートの要素、つまり人間の経験や勘、直感といった能力に由来する。

消耗戦と機動戦、この二つは対義的な概念として比較されるが（表1参照）、現実の戦争では、二つが連続することが多く、動的に相互補完の関係になる。つまり、現実の戦争において両者は連続して起きるのである。戦闘においても、局面に応じて入れ替わる。むしろ、この二つの戦法を時と場合によって使い分け、戦略的に総合することができれば、最も効果的に、しかも短期間で勝利することができるのである。

情況によって消耗戦と機動戦を自在に使い分けた事例を見ていこう。

機動的持久戦に敗れたドイツ

独ソ戦は、ドイツの機動戦で始まった。一九四一年六月二二日の「バルバロッサ作戦」である。兵站が弱く、ソ連のようにシベリアや中央アジアという「大後方」を持たないために、短期決戦をめざすドイツ軍に採用されたのが、機先を制する電撃戦だった。

一〇月にドイツ軍はモスクワまで六〇キロに迫った。その進撃が止まったのは、秋雨や初雪

表1　消耗戦と機動戦の比較

	消耗戦	機動戦
焦　点	戦闘：戦場での戦力、戦力比と消耗比、量	敵の結束力：精神、道徳、身体面での安定性、質
強調点	軍事能力、計画：優位性と物量で圧倒して勝つ	信頼、イノベーション、スピード：戦況の観察・情勢判断・意思決定・行動ループの速さで混乱させて勝つ
組　織	階層的：全体的、中央集権的、競争的、指示的、標準化	ネットワーク的：分権的、自律分散的、協働的、適応的、独自的
目　標	敵の戦力と戦闘遂行力の破壊	敵の「勝てない」という認識の創出
事　例	ナポレオン、グラント、Dデイ、ベトナム戦争のアメリカ軍	ハンニバル、電撃戦、毛沢東の遊撃戦、ベトナム戦争の北ベトナム軍、解放戦線
要　件	大量の火力、技術、工業力、中央制御	信頼、プロフェッショナリズム、自律分散リーダーシップ
リスク	不均衡の脅威、副次的障害、長期化、膠着、死傷者の増加	個人の率先力・モラルの高さ・正確な情況判断・創造的な対応に依存、組織への浸透の難しさ
方法論	ジョミニの戦争論、サイエンス的、定量的、線形的	クラウゼヴィッツの戦争論、アート的、定性的、非線形的

（出所）Hammond, G.T., *The Mind of War* Table6 にもとづいて作成

による道路の泥濘化が一因ではあったが、例年より早い冬将軍や悪路に苦しめられたのはソ連軍も同じであった。それよりも、伸びきった後方連絡線のために、ドイツ軍の兵站が不足したことが、機動戦失敗の主因だった。

反対に、ソ連にはシベリアや中央アジアという「大後方」があって、数百万のモスクワ市民も動員できるのが有利な点だった。ソ連軍は、大後方から鉄道網を活用し、モスクワに向けて兵員と軍需物資を送り続けた。さらに、ソ連側に幸いしたのは、ドイツ空軍が、モスクワへ向かう活発な輸送を視認していたのに、攻撃しなかったことだ。ドイツ軍首脳部は、ソ連にはすでに予備兵力はないと信じ切っていた。

戦争が進むにつれ独ソ両軍に差が広がったのが、戦車の量産体制であった。スターリンは国民への演説で、ソ連の敗因は戦車と航空機の不足にあるとし、現代の戦争は航空支援を受けた歩兵と戦車なくして戦えないと説いて、戦車増産に向けて国民に発破をかけた。さらにスターリンは、チャーチルやローズヴェルトへ武器援助嘆願の親書を送り続けるとともに、ドイツ軍戦車と比較して機械構造が単純で生産コストが低い自国の戦車を量産して戦車保有量の差を拡大させ、反転攻勢の準備を加速させていった。

補給戦は、党官僚として穀物徴発や計画経済を策定し、国民と国家経済を強制的に動員することに長けたスターリンが最も得意とする「戦場」であった。この時点で、ドイツ軍の機動戦はソ連軍の社会主義的資源動員の消耗戦に敗れていたといえる。

ソ連軍は当初、ドイツ軍の電撃戦に対抗できなかった。そこでソ連軍は、各地で消耗戦に持ち込んで時間を稼ぎ、その間ひたすら予備兵力を蓄えた。土壇場になって、予備兵力を投入して機動戦を挑み、前線に一気に突破口を開いた。それは、大敗走の渦中でソ連軍が必死で編み出した新たな戦い方だった。結局のところ、ソ連軍に勝利を呼び込んだのは、戦争の推移に合わせ、消耗戦と機動戦を柔軟に使い分けたことだった。一方、スターリングラードまでのドイツ軍は、電撃戦よりほかに戦う術《すべ》を知らなかったのである。

イギリスのバトル・オブ・ブリテンの戦略目的は、戦略的持久にあった。チャーチルの政戦略の目的は、自国の存続を図るために民主主義の大義と、対ナチ抗戦の不屈の意志と能力を示すことによって、アメリカの全面的支援ないし参戦を勝ち取ることであった。そのためには、敵の上陸作戦が困難になる時期まで、ドイツの攻撃を乗り切ることが至上命題であった。結果として、イギリスは本土航空戦を持久消耗戦に持ち込み、からくも勝利を収めた。

同時にこの戦いは、バトル・オブ・ブリテンにおけるイギリス戦闘機の機動力に象徴されるように、敵の誘いに乗ることなく戦力を節約・温存し、イギリス本土へ引きつけた敵は容赦なく叩き潰すという戦い方だった。イギリス本土航空戦は、守りと攻めが融通無碍に織りなされた、機動的な持久消耗戦だった。

第二次世界大戦において最も長い戦いとなった大西洋の戦いにおいても、イギリス軍主体の連合軍とドイツ軍との間で、技術開発や戦法の革新により機動戦が繰り返された。このような機動戦に決着をつけたのは、ドイツ海軍潜水艦隊司令官カール・デーニッツが指摘したように消耗戦であった。ドイツ側の戦略目標は、連合国の新造輸送船の投入を上回る撃沈率の必達であった。

大西洋の戦いが本質的に消耗戦であることを洞察していたチャーチルは、水上艦艇によるUボートの早期発見を重視し、アメリカから提供された長距離爆撃機によるドイツ本国への戦略爆撃を優先した。戦略爆撃によってドイツの生産能力を破壊すれば、間接的にUボートの建造の減少にもつながると判断したからであった。

このような消耗戦において、実はUボートとの戦いの目標はどれだけ敵潜水艦を撃沈するかではなく、戦略資源を積んだ輸送船を沈められずに目的地に届けることとなった。こうした「守り」の戦いでは、Uボートの攻撃を抑止して、反撃し、撃退するための攻撃能力が必要不可欠である。イギリスは対潜水艦戦において、「守り」と「攻め」を巧みに展開した。かくして、イギリスは大西洋の戦いで試行錯誤を重ねつつ、戦略的な消耗戦のただなかで機動戦を戦い、最終的な勝利を収めたのである。

第二次世界大戦の勝敗の行方を決定づけた地上戦であるノルマンディ上陸作戦も、機動戦と消耗戦という両方の性格を持っていた。そこでは、ドワイト・アイゼンハワー将軍に戦略・人事・資源配分を一元化しつつも、通常の指揮統制に加え、前線の指揮官たちが「いま・ここ」の戦況に応じて、自律分散的に知力・判断力、および行動力を発揮したことが大きな鍵を握ったのである。

消耗戦を追求したアメリカの死角

第一次インドシナ戦争のフランス軍も、ベトナム戦争のアメリカ軍も、戦略的には消耗戦を戦った。対するホー・チ・ミンは、毛沢東の政治と軍事を含めた遊撃戦略をベースに、第一に防衛戦、次にゲリラ戦による戦力の均衡、最後に正規軍による総反抗という、「正」「反」「合」三段階の弁証法的戦略を柔軟に展開した。第一次インドシナ戦争における北ベトナム軍は、このような筋書きに沿って、最後は、ディエンビエンフーにおいて消耗戦を勝ち抜いた。

アメリカ軍は、ベトナム戦争では消耗戦を戦い、戦場で一度も敗れたことはなかったが、戦争指導者はベトナム人民の民族独立戦争の本質を見誤って、解放戦線の戦術的破壊工作に対抗できなかった。アメリカ軍は、圧倒的な物量と火力での消耗戦のみを追求し、非正規戦(COIN作戦)の理論を発展させることもなかった。分析的な消耗戦略にもとづいて行動したアメリカは、ホー・チ・ミンとボー・グエン・ザップの民族独立の大義のもと、いかなるコストも度外視した持久戦の前に、自国民の戦意喪失という戦略的な後退を余儀なくされ、北ベトナムは歴史的にも例を見ない逆転の勝利を獲得した。

湾岸戦争でアメリカは、戦略レベルでは圧倒的な戦力と速度で敵を殲滅する大規模電撃戦を戦ったが、その後のイラク戦争では、戦略的勝利を得るための最後の詰めが甘かった。早過ぎた停戦により、その後の二〇年以上にわたる、アメリカとイラクとの「低強度紛争」の連鎖の始まりとなった。

湾岸戦争で華々しく展開された「エアランド・バトル」のように、敵の殲滅を戦略目標とする消耗作戦レベルの勝利が、逆説的に非正規戦であるCOIN作戦や国家建設作戦の綻びにつながっていた。

二〇〇三年三月のイラク戦争における地上戦「衝撃と畏怖」作戦は、湾岸戦争より小規模だが、機動性と決定的な破壊力を持つ最新精密兵器を駆使して素早く進行し、事実上二一日間でバグダッドを陥落させた。アメリカ軍の機動的な消耗戦はこの時点では大きな成功を収めたが、試練はそれからだった。

イラク戦後の占領統治は、混迷をきわめた。反乱分子の活動が活発化し、アメリカ軍側の人的損耗は徐々に増大していった。ラムズフェルド国防長官は、頑なにイラク国内での「反乱」や「内戦状態」を否認し、有効な対策を打てずにいた。それどころか政治レベルの情況判断の誤りと、戦略レベルの消耗戦における「殲滅戦志向」により、反乱分子を掃討しようと武力行使をすればするほど、反乱分子を利する結果になるという悪循環を加速させていった。

こうしたなか、二〇〇五年、第一線でマクマスター大佐の連隊がCOIN作戦の実践に成功したことから、やっと革新が生まれてきた。しかし、戦略レベルの見直しが「将軍たちの反乱」で実現したのは、二〇〇六年末の「増派（サージ）戦略への転換」からであった。

以上の例に見られるように、消耗戦と機動戦の両者を、具体的な戦略にそれぞれの割合を調節しながら反映させていくことが勝利の鍵を握る。時空間のコンテクスト（情況・文脈）のただなかで、両者の「ちょうど（just right）」のバランスを判断して実践し続けることが、戦いの雌雄を決するのだ。

2 機動戦の戦略論

消耗戦と機動戦は必ずしも対立するものではなく、むしろ現実の戦争では、動的な相補関係にあることが明らかになった。本書で取り上げた四つの事例でも、消耗戦と機動戦の動的な相互補完性を洞察して戦った側が勝利した点で共通している。以下、こうした相互補完性を意識しながら、特に機動戦に着目して、戦略論のエッセンスをレビューしてみたい。

孫子の兵法と毛沢東の「遊撃戦」

機動戦に関しては、中国には二五〇〇年も前に書かれ、いまも読み継がれている戦略論の古典『孫子』がある。孫子の戦略論には、中国の伝統的な「陰陽論」の影響が見られる。その一つが「奇・正」という考え方である。

孫子によれば、「すべて戦争というものは、正法をもちいて敵を受けとめ、奇法でうち勝つものである」。中国の戦略思想研究の第一人者デレク・ユアンによれば、「奇・正」は一つのまとまった概念であり、孫子の「兵は詭道なり」という言葉は、「計略と欺瞞こそが中国の戦略の伝統の中心にあり、機動戦の本質は、『奇法』であり、『詭道』なのである」(ユアン『真説孫子』)。

また、孫子は老子と相互に影響しあっており、老子の「水のメタファー」が中国の戦略論の特徴である「情況・帰結アプローチ」につながっている。すなわち、水は地形や器に合わせて形を変えつつ、高いところから低いところへ流れる（あらかじめ決められた計画に合わせるのではなく、戦況や敵情に応じながら、敵の強いところより弱いところへ攻勢力が向かう）。そのように柔軟な水でも、ときには「はげしい流れとなって、石をも浮かべて押し流す」（状況を変える）力を持っている。

すなわち、一方では情況に従い、他方では我に有利な情況をつくり出す。つまり、望ましい帰結は勝利に決まっているので、それに向かって情況に合わせつつ、優位な情況をつくりながら戦う。これが戦略の要諦だ、というのである。

これは、西洋の戦略論の強みである分析的な因果推論にもとづく「手段・目的アプローチ」が、予測し難く不確実で因果推論が難しい複雑な戦場では必ずしも有効ではない、という弱みを補完する考え方である。

この中国の戦略論の伝統を中国革命の実戦に生かしたのが、毛沢東である。若き毛沢東は、中国の歴史や文化、哲学、特に伝統的な戦略論を熟知し、マルクスやレーニンの弁証法に学びながら、中国革命を軍事的にも政治的にも指導した実践的な知識人であり、『実践論』や『矛盾論』などの優れた著作を書いた思想家であった。

彼は、二項対立を白と黒のようにはっきりと二極化させて一方の項の消滅も辞さないマルクス・レーニン主義の弁証法とは異なり、二項の間を灰色のグラデーションのような度合いの異なる連続体と見て、そのなかで役に立つものは残して活用すべきだと論じた。

たとえば、階級闘争の敵である地主階級は富農、中農、小農と豊かさの度合いの違いで分類されるが、中農や小農のなかにも話し合って中国革命運動に賛同・支援してくれる人たちがいれば、彼らを味方にした。「捕虜を虐待しない」とする軍規のもと、紅軍の使命に共感する者は、友軍として参加させた。このような矛盾の「相互転換」は、西洋の弁証法ではありえない。

さらに軍事的な実践でも、毛沢東は戦略的ゲリラ戦ともいうべき「遊撃戦」の概念を生み出し、資源の質・量ともに圧倒的に格差があるにもかかわらず、蔣介石の指揮する強力な国民党政府軍に勝利した。ゲリラ戦の本質は、決して負けないが、決して勝てないという矛盾にある。正規戦とゲリラ戦の二項対立、「正」と「反」を止揚する「戦略的に組織化されたゲリラ戦」が毛沢東の弁証法における「合」であった。

現代における戦略研究の泰斗コリン・グレイは、強者対弱者の戦い、つまり非対称戦争のとらえ方に関して避けなければならない間違いが二つあると述べ、警鐘を鳴らした（グレイ『現代の戦略』）。

一つは、「非対称戦争」を「本物の戦争」と混同視することである。混同する軍隊は、非対称戦争を深刻に考えることは意味がないとし、軍本来の主要任務である「戦争に備える」ことから逸脱することにもなり、結果として敗北を招き入れてしまうことになりかねない。二つ目は、小規模戦争やその他の野蛮な形の暴力を、正規戦に取って代わるような「未来の戦争」ととらえてしまうことである。

こうした「非対称戦争」のとらえ方についての答えは、グレイによればゲリラ戦について毛沢東が著した古典的名著で現代の非対称戦争のバイブルでもある『遊撃戦論』にある。この著作は、非正規戦と正規戦、非正規戦部隊と正規戦部隊との相互補完的な性質を明確にとらえ、テクノロジーや政治的な文脈が変化しても、その有用性を変わらずに持ち続けている、とグレイは述べている。

毛沢東は、国民党軍とのゲリラ戦（機動戦）を各地で戦いながら、同時に地域の人民を政治教育や経済政策、福祉的な社会政策などで味方にした地域では、彼らを総動員して消耗戦を戦ったのである。それは機動戦と消耗戦の総合であった。

リデルハートの「間接戦略」とボイドの「OODAループ」

西洋に中国の戦略思考を紹介したのは、バジル・リデルハートである。リデルハートは、「戦争は、コインのように二面性を持つ。二面性の問題に取り組むためには、よく計算された折衷案が必要である」と言い、さらに、一見逆説的であるが「真の集中は分散の産物である」とも言っている。

リデルハートは戦略について、「情況・帰結アプローチ」と「手段・目的アプローチ」を区別した。「情況・帰結アプローチ」の真の目的は、戦闘を求めるというより、有利な戦略的情況を求めることにあり、敵の「攪乱（dislocation）」が戦略の目的である。

この「攪乱」は、従来の西洋の戦略のように「主戦」を通じて敵軍を因果律的に破壊する「手段・目的アプローチ」ではない。「攪乱」と「戦果拡張」は、結果的に「戦わずして勝つ」間接的アプローチである。リデルハートは、国家目標を、物理的行使を伴わない政治や経済的戦略だけで達成できるという、「詭道戦」の可能性に気づいたのである。

リデルハート以前の西洋の戦略論は、「軍事中心的」であり、政治戦略の概念が欠如していた。リデルハートは、孫子の言う「戦わずして敵兵を屈服させる」ことこそ最高に優れた兵法であるとし、戦闘を行わずに服従させ、都市を攻撃せずに攻略するという「戦略の非軍事化」の道を切り開いた。

リデルハートより、さらに深く、中国戦略の本質を理解し発展させたのが、アメリカ空軍大佐ジョン・ボイドである。ボイドは戦いの「望ましい帰結」として、①「戦わずして屈服させること」、②「長期戦を避けること」を提示した。

ボイドが現代戦の新たな戦い方として見出したのが、新「総力戦」である。それは、使用可能なネットワーク（政治・経済・社会・軍事）すべてを使い、敵の政治意思決定者の戦意をそぐことである。そのためにボイドは、同時多発的な脅しと多重レベルでの攻撃を強調した。これこそ、孫子が二五〇〇年前に提案したものだった。

ボイドによれば、西洋の戦略理論は基本的に「戦争の理論」で、「戦略の理論」ではなかった。それまでの西洋の戦略思想家たちは、戦略がどのように実践されてきたかの「戦略のアート」については思慮が希薄で、「行動の戦略理論」が欠如していたのだ。

図1　OODAループ

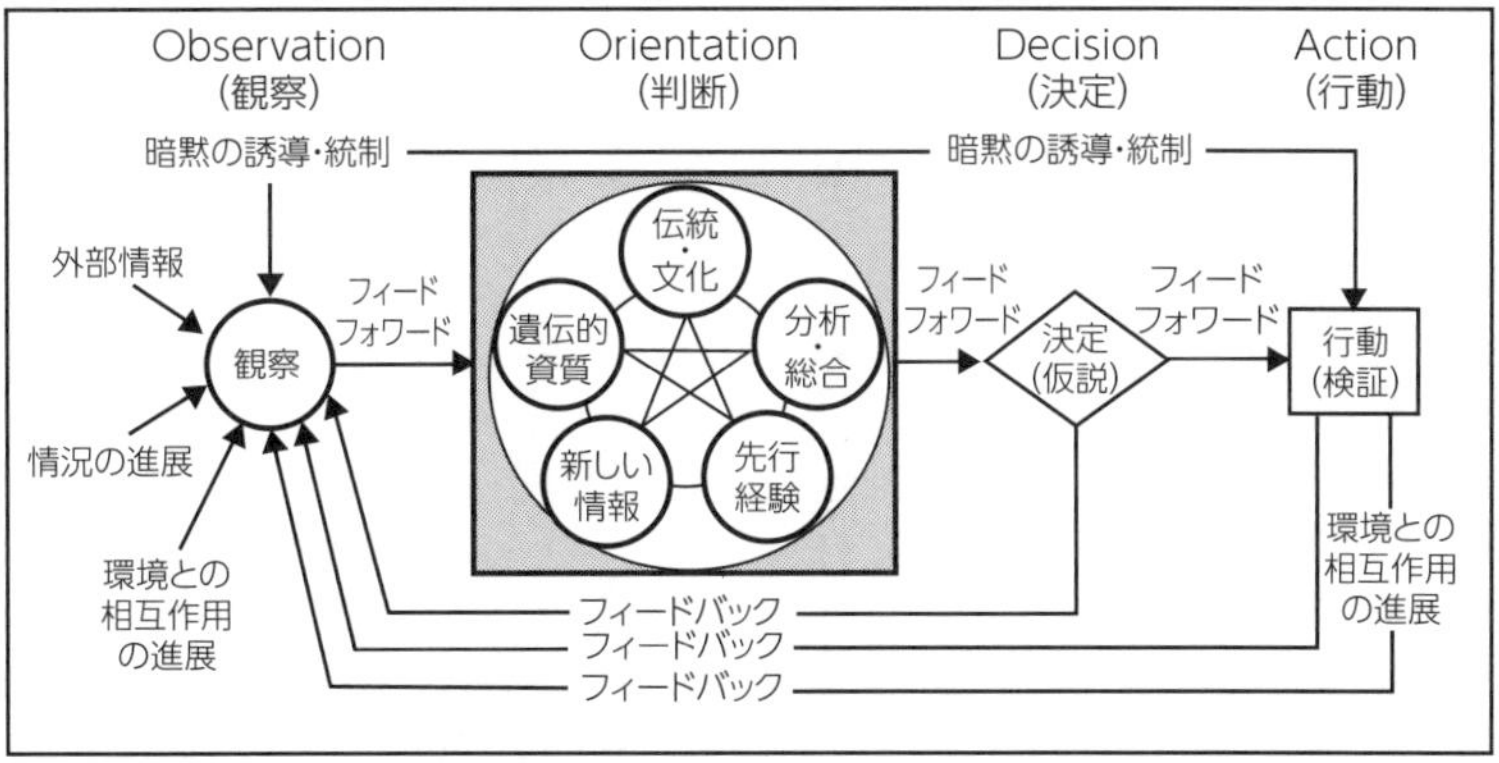

（出所）Hammond, G.T., *The Mind of War.* にもとづく

ボイドは、OODA（ウーダ）ループを示し、戦略的「思考方法」を明らかにした。OODAループの重要性は、これまでの戦略思想にダイナミックな認知モデルを提供したことにある。

F－86セイバージェットのパイロットとして朝鮮戦争に参加したボイドは、性能の優れたソ連のミグ－15に対してF－86が圧倒的な撃墜率を示した原因は運動性能の良さにあるとし、これをエネルギー運動（Energy Maneuverability）理論に要約し、OODAループ・モデルに展開した。

図1のように、OODAループの基本的段階は、観察（Observation）、判断（Orientation）、決定（Decision）、行動（Action）の四つの意思決定プロセスで構成されている。

最初の段階である観察（Observation）では、五感を駆使して情況の展開を見る。自己の視点のみならず、自分自身の外に出て全体図を直観する。

第二の段階である判断（Orientation）では、新しい情報と自分の資質・経験や伝統を分析・総合して、情勢を判断する。このとき、自己の置かれた世界を見るだけではなく、どのように世界を「観る」ことができるかの能力が問われる。

パイロット出身のボイドは、情況が刻々と変化する戦況において、敵よりいかに素早く情勢を判断するかが勝敗を決するとして、この段階を「Big O」と呼び、最も重視している。戦況を瞬時に把握した後は、具体的対応を決定（Decision）し、行動（Action）するのである。そして、行動がもたらす情況の進展を観察し、新たなOODAループが始まる。

複雑で混沌とした戦場においては、このOODAループを素早く回す俊敏性が自軍に情報と行動の多様性を生み出す。俊敏性と多様性によって、先手を取り、敵が我に適応せざるを得ないような情況を創り出し、戦いの主導権を握ることが可能になるのである。

フリードマンの「物語り戦略」――プロットとスクリプト

最近の戦略論で興味深いのは、ロンドン大学キングス・カレッジの国際政治学者ローレンス・フリードマンが著した七〇〇頁を超える大作 *Strategy: A History*（邦訳『戦略の世界史（上下）』）である。聖書や古代ギリシャの神話、孫子、マキャベリなどの古典に始まり、クラウゼヴィッツやリデルハートなどの軍事戦略、マルクスやウェーバーなどの政治・経済戦略、さらには企業の競争戦略まで幅広く戦略論を論評している。

フリードマンは、これらの横断的な展望にもとづいて、「戦略とは、矛盾を解消するパワー創造のアートである」と喝破し、それには、オープンエンドの物語り（ナラティブ）の方法論が最も有効であるとした。

なぜ、物語りの方法論が有効なのか。これを理解するために、個人の意思決定に関する研究の進展を簡単にたどっておこう。そもそも、これまでの経済学の理論で仮定される「合理的人間」は一つの目的達成のために最も効率のいい合理的な方法を遂行していく人間像である。しかし現実世界では、人間は感情的で、ときには矛盾する目標を同時に追求する生き物だ。人間の「限定合理性」を前提にしたハーバート・サイモンが示した研究から発展した行動経済学では、心理学の概念を導入して、現実的な人間行動を明らかにする実証研究が行われている。

そうしたなかで、個人の意思決定過程には二種類の思考システムが相互作用すると考えられるようになってきた。「システム1的思考（直感的、無意識的、感情的でボトムアップ的だが、素早く結論が出る思考回路）」と、「システム2的思考（恣意的かつ意識的、分析的、論理的でトップダウンだが、結論が出るまで時間のかかる思考回路）」が相互作用することで意思が決定されていくことが、ダニエル・カーネマンによって提唱された。

直感的な「システム1的思考」は「システム2的思考」に先立ち、その結論は良い・悪いという直観や感情として表出する。この「システム1的思考」は素早く結論を出す一方で、これまで蓄えてある個人の知識や偏見、経験の影響を強く受けており、間違いも少なくない。そこで、「システム1的思考」から出てくる結論は、「システム2的思考」によって検証される。

以上の考え方にもとづけば、戦略とは以下のように定義できる。

戦略には一方で、直感的思考に含まれている偏見などを論理的思考でもって排除しながら、可能な限り論理的・分析的思考で合理的に情況を認識し、変化の動向を見極めながら、行動プランを立てて実行していく面がある。他方で、実際には戦争あるいは戦闘の勝敗の行方や市場・技術の競争情況の変化は予測しがたいものであり、その都度、混沌のただなかで、ことの本質を直観し、物語りに表出化しながら実行していく面もある。

これらは、前者をサイエンス、後者をアートと呼んでもよいだろう。戦略において、どちらを重点的に使うかは情況しだいであり、そのバランスはダイナミックに変わる。その意味で、戦略とは情況を制御するための手段ではなく、たえず変化する情況に対応、対処していく行為の連鎖なのである。

フリードマンはそのような性質を持つ「戦略」を、同じ人物が登場しながらも、一連のエピソードを通じて、プロット（筋）を展開していくソープオペラ（アメリカの石鹼会社がスポンサーになった主婦層向けの昼の連続メロドラマ）にたとえるのがふさわしい、と指摘する。

ソープオペラでは、そもそもドラマがどのように進行し、どのように終わるかが確定していない。つまり、ソープオペラのプロットには、変化を許容する高い自由度がある。同様に、戦略のプロットも高い自由度を許容する必要があることから、戦略の多くは次の段階へと展開していくが、それは最終目的ではない。

また、フリードマンは、プロットに関連させて認知科学の「スクリプト（台本）」という概念を紹介している。スクリプトはある情況において、一連の行動パターンとして何をすべきかを示唆する。たとえば、レストランで食事するときは、席に案内され、メニューを見て、食べ物を注文し、ワインを試飲して決めるなどの一連の行為がスクリプトになっており、無意識の行動規範として人々に共有されている。

いくら変化が激しくて予測が難しいとはいっても、戦史や経営史が示す過去の戦略における行動パターンがヒントになることも少なくない。その意味で、スクリプトという概念は、プロットの実践的な形成・実行の一助になり、戦略の身体知化を助けるのである。

3　知略モデル

二項動態

機動戦に関わる戦略論のレビューを踏まえたうえで、われわれの知略（Wise Strategy）モデルについて説明したい。

「知略」とは、「知的機動力」で賢く戦う哲学であり、過去―現在―未来の時間軸で、共通善（common good）のために「何を保守し何を変革するか」の動的バランスをとりつつ、つねに組織的な本質直観を共創しながら行動し続ける戦い方を指す。知的機動力とは、共通善に向かって実践知を俊敏かつダイナミックに創造、共有、練磨する能力である。

軍事組織研究では、適応（adaptation）と革新（innovation）を峻別する。適応と革新を分けるのは、有事に軍事組織が両者を同時に行うことが困難だからである。よって、平時に未来の戦闘を想像し、実現するための新たな概念を創造して、それらの実行可能性を演習で評価し、人事を刷新し、実戦に適応することのできた軍事組織が勝利する。成功した革新は、上級指導者が率直に過去と向き合い、未来の戦争についての知的研究を支援する真剣さの度合いに負っている。

また、これまで見てきたとおり、現実の戦略・作戦・戦術においては、「消耗戦」と「機動戦」が混在することがつねであり、二つは相互補完の関係にある。戦闘の局面によっては、量的に相手を凌駕する消耗戦の要素を強めて相手と対峙しつつ、情況に応じて予備軍で質的に相手の虚を衝く機動戦が行われるのである。

軍事組織は、適応と革新、変化と安定、アナログとデジタルなど、様々な対立項や矛盾に対峙する。知略は、矛盾解消の弁証法でもある。流動する関係性のなかから生み出される矛盾を二者択一によって解決するのではなく、どちらも真理だが、どちらも半面の真理でしかないと認め、「中庸」を採る。

「中庸」とは、矛盾する両極の中間ではない。完全な調和はないと知りつつ、情況に応じて、より良い均衡に向かって矛盾を高次のレベルに止揚することを意味する。

相反しながらも相互補完的な性質を持つ二つの要素は、両極の一方のみがつねに正しいのではなく、どちらも一面的には正しいのであり、両者を相互作用させながら、情況と文脈に応じて両者の重点配分を変えつつ、ダイナミックに実践し、有効であることを実証してこそ真理である、という考え方にもとづいている。

つまり、両者の関係は、「あれかこれか（either/or）」の二項対立（dichotomy）ではなく、両者の利点を生かす「あれもこれも（both/and）」の考え方にもとづく「二項動態（dynamic duality）」としてとらえるのである。

一見すると対立している二つの両極は、実は一つのものの相互補完的な二つの面（デュアリティ：duality）である。それらの間には、両極の特性の度合いがグラデーションのように異なる幅のある中間帯があって、両極はそこでダイナミックに相互作用している。

闘争によって対立している（ように見える）両極を互いに滅ぼそうとする「死の弁証法」ではなく、両極のよい面を生かしながら総合して、より高い次元をめざす「生の弁証法」なのである。

SECIプロセス

軍事戦略は、究極には知力の勝負である。知力とは、知識創造プロセスを究極の情況においても組織的かつ持続的に実現できる能力である。組織的知識創造は、「観察」からスタートするOODAループとは異なり、たえず変化し続ける現実を、感性を駆使して「共感」することから始まる。体感・体験した現実を、「アブダクション（仮説生成）」を通じて概念化し、その概念を「演繹《えんえき》」的に分析して総合し、試行錯誤しながら「帰納」的な実践につなげていくプロセスである。

これは異なった知の作法をすべて総合しながら新たな集合知を生み出していく本質直観の無

限のプロセスであり、個人、集団、組織内でとどまることはなく、地域や社会のコミュニティーも巻き込み、国家レベルの大きな知のエコシステムへと発展していくモデルである。

この組織的知識創造プロセスは、四つのモードのスパイラルアップで表現できる。それは各々の頭文字をとってSECI（セキ）モデルと呼ばれている（図2）。ボイドのOODAループが基本的には個人レベルの適応モデルであるのに対して、SECIモデルは、個人・集団・組織の間の暗黙知と形式知の相互作用・相互変換を示す組織的知識創造モデルである。

SECIプロセスをモードごとに説明しよう。まず、知識創造は直接経験を共有し暗黙知を生成することから始まる（共同化＝Socialization）。ここでは、現場での相互主観形成を通じて育まれる「共感」が鍵となる。

共感は、フッサール現象学に源泉を持つ考え方であり、現実の情況や場に棲み込んで、直接経験を通じて世界を知覚することによって可能となる。一切の先入観なしに純粋に事象に近づき、他者や環境との相互作用を通じて「主客未分」の状態となるのである。

主観と客観が分けられない情況では、自己と他者、自分と環境といった区分は無意味となり、「われわれの主観」とも呼ぶべき共通感覚（現象学の「相互主観性」）ができあがる。

次に、相互主観にもとづいて暗黙知を言語化し、概念を創ることを通じて形式知への変換が行われる（表出化＝Externalization）。ここでの鍵は、「対話」である。一時流行したブレーンストーミングではなく、弁証法的な議論、本質を追究する問いにもとづく徹底的な知的コンバット、メタファー（隠喩）やアナロジー（類比）などのレトリック（修辞）を用いた思考実験的

図2　SECIモデル

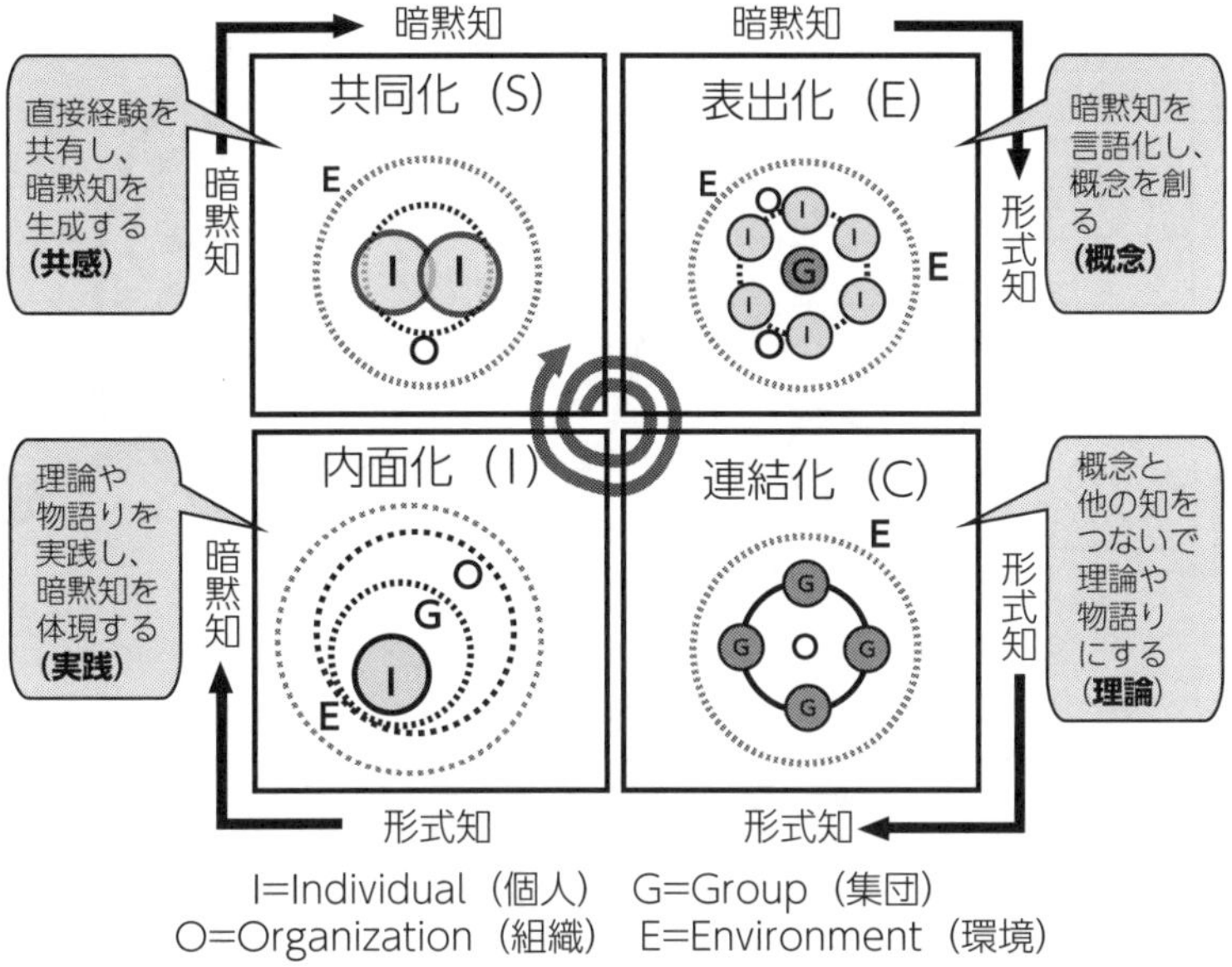

な対話によって主観と客観を総合していくプロセスである。共同化において直観した本質を、自らの信念をぶつけ合いながら仮説化・結晶化していく。

さらに、仮説や概念を他の知とつなぎ合わせて物語り化・理論モデル化する（連結化＝Combination）プロセスへ進む。概念を現実の世界で操作できるように、関連概念を整合的に組み合わせ、編集し、体系化するのである。情報技術なども活用し、見えない情報の意味を解釈し、総合する。

SECIプロセスの最後のモードは、理論や物語りの実践である（内面化＝Internalization）。実践において試行錯誤を繰り返し、実験やシミ

図3　SECIスパイラルを加速させるフロネシス

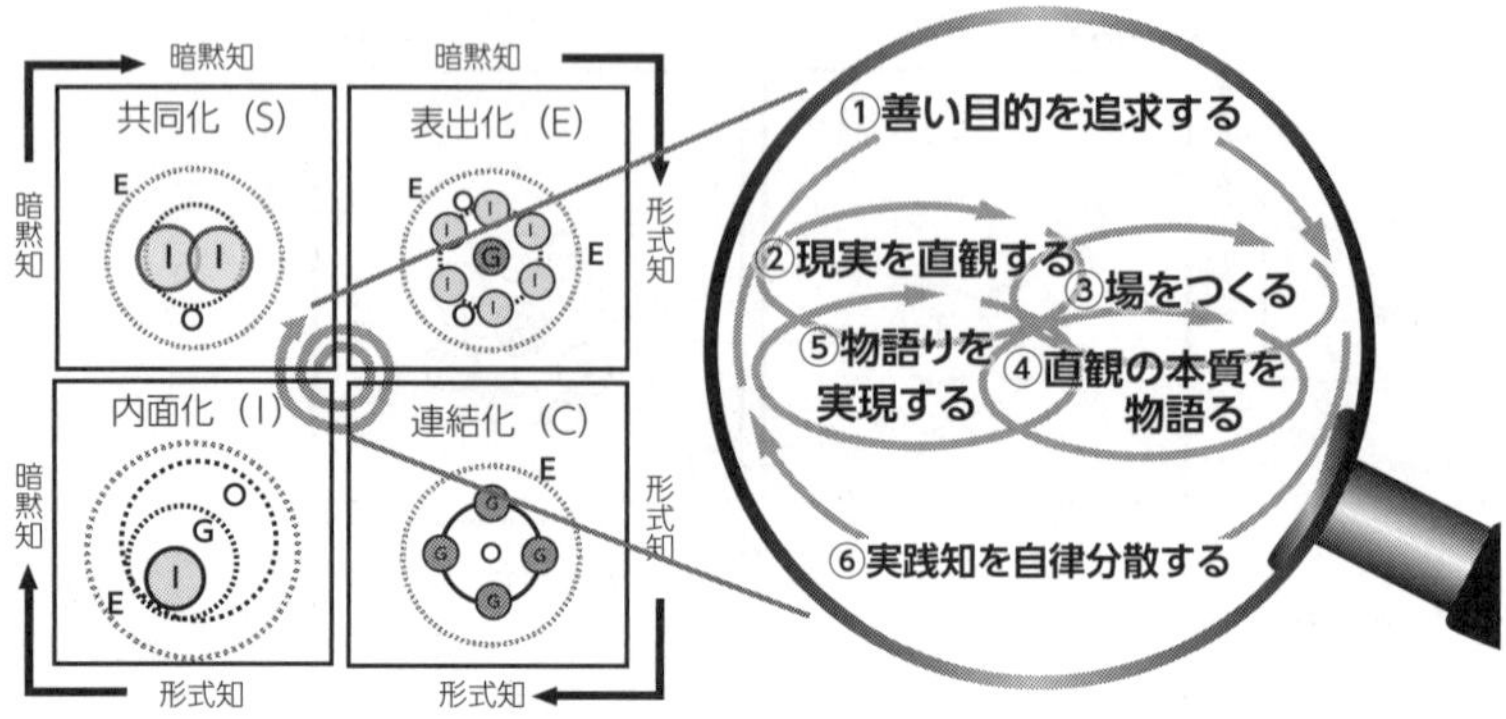

ュレーションにより分析やフィードバックを行い、当事者それぞれが先の図や物語りを身体化・内面化していく。

知略では、SECIプロセスのスパイラルアップを通じて、危機的状況で直面した矛盾の克服が二項動態的に行われていく。この暗黙知と形式知の相互変換プロセスを加速させるのが実践知である。暗黙知と形式知、それと実践知の関係は、図3のように示される。フロネシスがSECIモデルを回転させ加速させるのである。

フロネシス（賢慮）——知略戦を適時適切に統合する実践知リーダーシップ

グレイは、『戦略の未来』で「思慮分別すなわち賢慮（prudence）」の重要性について論じている。彼は、「国政術（statecraft）」のなかで、なぜ「賢慮」が最高度の価値を持っているのだろうかと問いかけ、次のように述べている。

「賢慮」とは、政策によって生じる可能性への特別な用心を意味し、意思決定者たちが従う原則でなければならない。ところが、政策形成はサイエンスではなくアートであり、しかも知的に全能でない人間によって決定・実行される。さらに、その結果はあらかじめ見えないことが多いため、愚かな政策行為となるおそれがある、と。

グレイによれば、そもそも未来は予見できない。政治と政策はともに変化のただなかでの活動であり、戦略史には数多くの致命的な間違いが記録されている。結論としてグレイは、国政術と戦略が「賢慮」という原則によって支配もしくは少なくとも制約されるべきだ、としている。

アリストテレスは『ニコマコス倫理学』において、知識をエピステーメ（episteme）、テクネ（techne）、フロネシス（phronesis）の三つに分類した。エピステーメは、科学的な客観的知識である。この知識は分析的合理性を基礎として、普遍的な一般性を志向し、時間・空間によって左右されない、文脈に依存しない形式知である。テクネは、実用的知識やノウハウなどのアート／クラフト（技能）である。意識的な目的によって決まる手段的合理性を基礎としているので、文脈に依存する実践的な暗黙知である。

フロネシスは、賢慮（prudence）、実践的知恵（practical wisdom）、実践的理性（practical reason）などと訳されているが、この概念は普遍的な理性と文脈依存的な行為の両方を含んでいる。普遍的な価値合理性にもとづきながら、個々の文脈に応じていかに行為するかを判断する道徳を含む倫理的な実践知である。これは、つねに変化する文脈に応じて、暗黙知と形式知のバランスをとりながら両者をダイナミックに総合する知恵でもある。フロネシスはコンテクストを創り出すこと、すなわち意味づけや価値づけを組織化することに関わっているのである(Flyvbjerg, *Making Social Science Matter*)。

政治家、軍人、経営者としてのリーダーたちに関する調査研究から、われわれは実践知リーダー(フロニモス：フロネシスを持っている人)たちに共通する以下の六つの能力を見出した。

第一は、善い目的を創る能力である。共通善という価値判断基準にもとづき、共通善に照らして正当な目的を創る能力であり、過去から現在(いま・ここ)に至る時間軸に沿って、さらには未来をも構想しようとする「歴史的構想力」を含む。

第二は、ありのままの現実を直観する能力である。個別具体の微細な経験を総合する「部分—全体」の相互作用から現実を瞬時にとらえ、「いま・ここ」で進行している文脈に入り込み、五感を駆使しながら生きた現実の本質を直観する能力である。

第三は、場をタイムリーに創る能力である。他者と文脈を共有し、共感を醸成していく能力であり、特定の時空間と人間の関係性を共有する「場」をタイムリーに創る能力である。

第四は、直観した本質を物語り化する能力である。メタファーなどのレトリックを使いこなして物語りを創る能力であり、「いま・ここ」での体験を当事者たちと共有しながらどう生きるべきかを問い、相互作用を通じて未来を創造する物語りを紡ぎ出す力である。

第五は、物語りを実現する政治力である。弁証法的議論から感情に訴える演説まであらゆる手段を巧みに使って政治的対立を止揚し、物語りを実現するプラグマティックな政治力であり、実現するまで執拗にやり抜く力である。

第六は、実践知を組織化する能力である。徒弟制度のように場と体験を共有して組織のメンバーに実践知を伝承したり、文脈に応じた適材適所の人材配置や人材抜擢、組織変革、資源配分、技術革新などを通じて、個人の実践知を効率的に組織知として総合する能力である。

魅力ある善い目的がなければ、多くの人を巻き込むことができない。生き生きとした現実を正確に把握できなければ、事象の本質を直観できない。場を創る能力がなければ、衆知を創発できない。うまく物語る能力がなければ人を説得できない。政治力なくしては優れた構想も画《が》餅《べい》に帰してしまう。実践知を組織に広められなければ、組織・環境一心体の集合知を構築できない。だからこそ、これら六つの能力が必要不可欠なのだ。

これら六つの能力を保有する実践知リーダーとして、スターリン、チャーチル（バトル・オブ・ブリテン）、ホー・チ・ミン（第一次インドシナ戦争）の主要な認知・行動パターンを表2にまとめた。

実践知リーダーシップの六要素は相互作用の関係にあり、文脈に応じて多様なパターンを展開する。フリードマンが述べたように、戦略とは、現在を起点として、目前の矛盾を克服しながら未来に進む挑戦を絶え間なく続ける連続ドラマなのである。

人間の全人的知力が問われる戦時において、実践知リーダーは、現在の矛盾を確実に克服する小さなステップを踏み、ステップごとに目的—手段を再評価する。そうすることで、現在の矛盾のなかに未来が組み込まれていく。これは単純な因果関係ではなく、そのときどきの文脈でせり出してくる出来事をダイナミックに紡ぐパターン認識である。

実践知のリーダーは、時間・場所・人などによって構成される情況の「いま・ここの関係性」から特定の文脈を創り、より良い未来への方向と方法を見出して判断し、選択し、実践に移すのである。

ホー・チ・ミン
●「民族の解放と独立」という明確な目標を持ち、ベトナム人民を導いた ●マルクス・レーニン主義一辺倒の共産主義ではなく、できるだけ幅広い勢力の結集を追求するためベトナムの歴史的風土に適した民族主義に重点を置いた
●日本敗戦時に、ベトナムの現状を植民地・半封建体制、産業未発達、と直視し、発達した資本主義国家の革命とは違うベトナムの民族主義、民主主義を伴う社会主義への道筋を直観した
●つねに普段着で人々の間に溶け込み、民衆や兵士や少数民族と良い関係を築いた
●侵略に立ち向かった歴史や愛国者の活躍を語り、民族の解放と独立、自由を約束した ●「勝利の確信あるときのみ攻撃する」という基本原則で、ゲリラ戦から正規戦までの戦況に応じた戦い方を示した
●1946年フランスとの妥協に反発する民衆の怒りを鎮め、人々に団結と祖国の独立を改めて思い起こさせた ●強い意志でベトナムの土地改革を進め、大衆特に農民の徴兵に結びつけ、民族統一戦線を強固にした
●ホー・チ・ミン思想を、パンフレットなどを通じて組織のなかに伝搬し、後継者を育成し、組織を強化していった ●行動をともにすることによって後継者を指導者として成長させた ●分かりやすいメッセージが農民、労働者、兵士、役人に伝わって一人ひとりの思いとなり、抵抗運動へと発展していった

表2　3人の実践知リーダーシップ

	スターリン	チャーチル
①共通善	●ソ連の象徴モスクワを離れず所在を明らかにし、それを国民にラジオで告げ戦意を高揚させた ●大祖国戦争とし戦争のヒロイズムを発揮させ、国民の愛国心を刺激した	●キリスト教文明と自由主義の守護者であると自己認識し、ナチスの本質を見抜いた ●早くからナチスの脅威と台頭を予言した ●ヒトラーとの和平を探るチェンバレンやハリファックスの宥和政策に立ちはだかった
②現実直観	●ドイツ軍の補給地と前線の間の防衛が弱点と分析した ●冬季にドイツ軍が疲弊し後方連絡線が伸びきると看破 ●装甲部隊と兵站こそ、この戦争の鍵を握ると分析した ●どちらが多く戦車を生産できるかが勝敗を決すると判断し、アメリカに対して戦車と、戦車をつくるのに必要な鉄の供与を依頼した	●頻繁に現場に足を運び、現場指揮官と対話し、実際に何が起こっているかの本質をつかもうとした ●過去の歴史の出来事が反復されて現在に現れるパターンを見抜くパターン認識の能力で未来のシナリオを描いた ●パターン認識能力と未来予見力を外交や政治のみならずテクノロジーの領域でも発揮した
③場づくり	●ジューコフ世代の軍人を抜擢し意見に、耳を傾け信賞必罰で対応した ●武器援助要請のため、英米の指導者に手紙を送り続けた	●同盟国のトップとの直接対話の場をつくった。とくにローズヴェルトとは緊密な関係を維持し続けた ●産官軍の機能横断的チームをつくり、たえず大局と小局の双方を見据えて即断即決した ●破壊された焼け跡に自ら立ち、堂々と振る舞って、民衆を激励した
④物語り化	●ロシア革命記念祝賀会を地中深くにある地下鉄駅で開き、ラジオを通じて全国に祖国防衛を訴えた。翌日には軍事パレードを閲兵し、自身とソ連の健在ぶりを内外にアピールした	●演説原稿はすべて自分でつくり、レトリックによって国民を鼓舞し、直面する現実を明確に説明した ●本土防空戦をバトル・オブ・ブリテンと命名し、この戦いの歴史的意味を国民に周知させた
⑤物語り実現	●工場の疎開、軍需物資の増産、鉄道運営の立て直しを図り、モスクワを死守するため可能な限り兵力を集め、首都防衛戦をジューコフに委ねた ●怯える兵士や市民を内なる敵として容赦なく罰した ●党官僚として物資徴発や強制動員に長け、補給戦という最も得意とする「戦場」で武器と将兵の補充、輸送を推進した	●国防相を兼任し、最重要課題に最大の影響力と権力を発揮できる体制を構築した ●三軍の首脳とパートナーシップを形成し、密接にコミュニケーションをとりながら、戦争を指導した ●バトル・オブ・ブリテンでは、全面的にダウディングを信頼し、彼の戦闘指導を支持した
⑥実践知組織化	●独ソ戦が始まる前、軍部は党に隷従させられていたが、戦時中は有能な将軍を抜擢して地位と名誉を回復させ、活力を引き出そうとした ●全面的ではないが、作戦の立案は参謀本部に委ね、自身は督戦と兵站に集中して、作戦をバックアップした	●ダウディング大将を戦闘機軍団司令官に、ビーヴァーブルック卿を航空機生産相に、労働党のアーネスト・ベビンを労働相に任命するなど異色の人材を適材適所に抜擢、配置した

図4　知略モデル

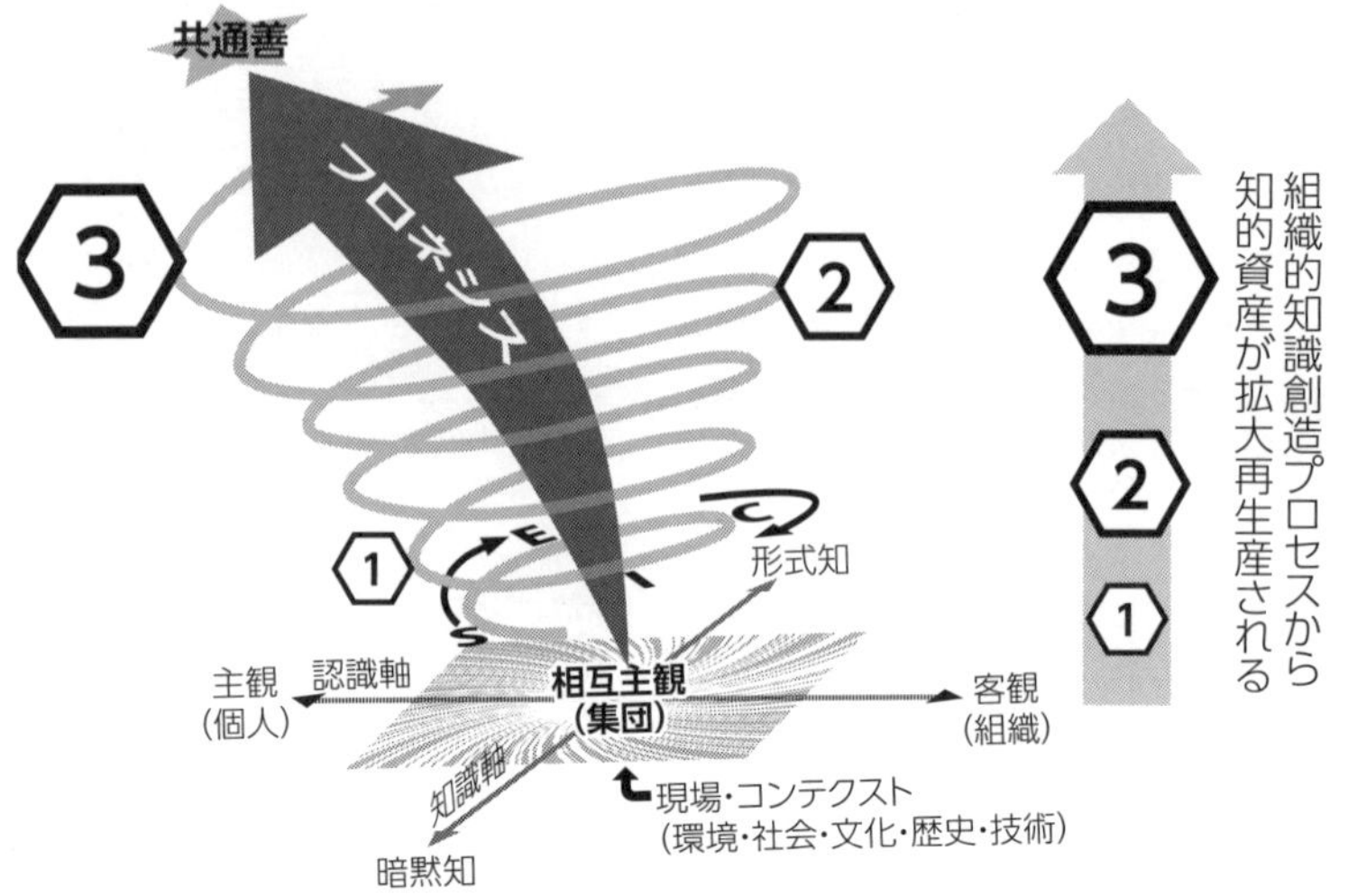

以上を踏まえて、知略のモデルを図4に示した。

個人・集団・組織の認識軸と、暗黙知・形式知のスペクトラムを示す知識軸が、コンテクスト（環境・社会・文化・歴史・技術）と一体化して知識創造が行われる。そして、そうした組織の知識創造はつねに共通善の達成をめざしている。

組織的知識創造プロセスから生みだされるプロダクトとしての知識は、組織に蓄積される知的資産の一部となり、組織の価値創出に貢献する。一般的に知的資産には、特許やライセンス、データベース、文書、ルーティン、スキル、社会関係資本（愛、信頼、安心感）、ブランド、デザイン、組織構造や文化などが含まれる。知略において最も重要な知的資産は、ルーティンとしての型や文化であろう。知略における型とは、情況の文脈を読み、総合し、判断し、行為につなげるために、個人や組織がもっている思考・行動様式であり、創造性と効率性をダイナミックにバランスさせる「クリエイティブ・ルーティン」である。

暗黙知と形式知の相互変換プロセスを加速させるフロネシス、すなわち実践知とは、実践と客観的知識を総合する賢人の知恵であり美徳である。敵の殲滅という単純な目的だけではなく、多くの人が共感できる善い目的を掲げ、個々の文脈や関係性のただなかで、最適かつ最善の決断を下すことができる能力でもある。二項動態のメカニズムを組織的に発動させ、文脈に応じた「中庸」を採り、実践することである。

「賢く戦う（Fighting Smart）」とは、知略の組織的実践なのである。

4　知略の四つの要件

知略という哲学が組織において機能するためには、以下の四つの要件が不可欠である。

①　共通善――何のために戦うか

人は何のために戦うのか。何のためになら命をかけて戦えるのか。その信念が明確であればあるほど、その思いが強ければ強いほど、国民は戦いに最もよく適応し、その軍隊は勝つ組織へと前進する。その根本にあるのが、人々が戦いに挑む際に不可欠な「共通する目的意識」である。この目的は、国民や国家の枠組みを超えたコミュニティーにより多くの善をもたらすものほど、人々の共感を呼び、人を動かす原動力になる。この「共通善」の目標を持ち共有することは、国家と軍の生命線となる。

戦う思いへの共感の強さが最終的な勝利に結びついたのが、戦略的ゲリラ戦という機動戦を戦ったホー・チ・ミンの率いるベトナム軍だった。ベトナム民族独立、民族自決の強い思いを持ったベトナム軍に対して、アメリカ軍は最後までベトナムで戦う大義名分を確立できなかった。

テト攻勢では、アメリカ国民は、衛星中継で送られた生々しいリアルな戦闘場面にテレビを通じて初めて触れた。南北戦争以降、国内における戦争を経験していない一般のアメリカ国民にとって、テレビ中継によって家庭に持ち込まれた戦争の実態はあまりに苛酷であった。戦争の厳しさとアメリカ軍兵士の苦痛は、アメリカ国内の反戦的感情を大いに刺激し、ベトナム戦争に対する抗議運動が急速に高まることになった。アメリカは、国民の戦意喪失という戦略的後退を余儀なくされたのである。国土を守る軍隊と外征軍の違いはあるにしても、ベトナムとアメリカの戦争に対する思いの差は歴然としていた。

「自由と独立ほど尊いものはない」とホー・チ・ミンは、ベトナム人民に呼びかけた。民族の解放と独立という歴史的構想力にもとづいた明確な目的を持って、ホー・チ・ミンはベトナム人民を指導した。

「わが国の人々は、貴重な伝統を築いた熱烈な愛国心を育成している。これまで、国家が侵略に直面したときはいつでも、この精神は巨大な波となって湧きあがり、すべての危険や困難を克服し、すべての反逆者と侵略者を沈めることができた。私たちは、チュン姉妹、チャンフンダオ、レロイ、クアンチュンなどによって書かれた輝かしい歴史のページを誇りにすることができる。彼らは、英雄的な国家の象徴であり、私たちは彼らの偉大な功績や業績を心のなかに留めておかねばならない」(Giap, ed., *Ho Chi Minh Thought And The Revolutionary Path of Vietnam*)

ホー・チ・ミンと同じく、戦いの大義を国民に明確に示したのが、チャーチルであった。一九四〇年のイギリスでは、少なからぬ数の政治家がナチス・ドイツに対して宥和政策に傾いていた。ヒトラーの提案が、「大陸は支配下に収めるが、イギリスの独立は保証する。ただし、共産主義は潰してほしい」というものであり、イギリスにとってもまったく受け入れ不可能ではなかったからである。

第一次大戦で戦争に倦《う》んだ市民を前に、チャーチルの前任の首相チェンバレンも外相のハリファックスも、一貫してナチス・ドイツに対する宥和政策を支持した。ハリファックスは、徹底抗戦よりはヒトラーの和平条件を探る仲介をムッソリーニに依頼するよう主張したほどであった。これに対し、「われわれは、文明と自由を守らなければならない」と唱え、ヒトラーに対抗して立ちはだかったのがチャーチルであった。

当時のヨーロッパが忘れかけていた「道義の権威」「価値への献身」「行動への信奉」を、チャーチルが喚起することができたのは、彼の戦略目的に明確な道徳観が埋め込まれていたからである。チャーチルには、自分たちがキリスト教文明と自由の守護者であるという認識と、人類が長い歴史のなかで築き上げてきた民主主義という共通善を守るという強い意志があった。ナチス・ドイツがヨーロッパを席巻し、対峙するのは実質的にイギリス一国のみという国家的危機のただなかで首相の座に就いたチャーチルは、就任三日後の一九四〇年五月一三日、下院での最初の演説でこう語り、国民を鼓舞した。

「私は血と労役と涙と汗（blood, toil, tear, and sweat）のほかに提供するものは、何ももち合わせません。われわれの政策はなにか、と諸君は問うでしょう。それに対して私はこう答える——われわれのあらん限りの力と、神がわれわれにあたえるあらん限りの力とをふるって、海と陸と空で戦うこと、暗い、嘆かわしい人類の犯罪の記録における、比類のない恐るべき圧制に対して、戦うことであります。これがわれわれの政策であります。われわれの目的は何か、と諸君は問うでしょう。その答えは、勝利の一語につきます——いかなる犠牲を払っても勝つこと、あらゆる恐怖にもかかわらず勝つこと、また、いかに長い、困難な道のりであっても、勝つことであります」（チャーチル『第二次世界大戦2』）

独ソ戦では、独ソ両軍における共通善としての「何のために戦うか」の違いが明暗を分けた。ソ連軍は「祖国防衛」のために戦い、ドイツ軍は「人種戦争」を戦った。こうした両軍の勝敗を分けたものの一つが、モスクワ市民の「国を守る」思いだった。

「バルバロッサ作戦」に一時は混乱したスターリンであったが、市民にモスクワ死守を宣言し、祖国防衛を訴えて市民の士気を高揚させ、塹壕掘りなどに動員した。ソ連軍は性別や民族を問わない多様性に支えられていた。多民族国家のソ連では、ほぼすべての民族が動員され、祖国防衛のために共闘した。

一方、ドイツ軍は「人種戦争」という世界観のもと、軍の主力は「純血なるアーリア人種」だとしたため、戦闘が激化するにつれ戦力は減るばかりであった。また、「人種戦争」であるがゆえに、ドイツ軍は占領地でスラブ系住民に圧政をしき、反感を買った。食料を現地調達したことも反感を強めた。そのため多くの住民が故郷を離れて離散し、ときにはパルチザンとなってドイツ軍の補給線を襲った。さらに、ドイツ軍は捕まえた多数の捕虜を活用せず、収容所内でほとんど餓死させた。ドイツが捕虜を占領地の労働力として使うようになるのは、一九四一年末からだった。

イラクの占領政策は、アメリカの伝統的な消耗戦がイラク住民の「共感」を得られず、混迷を深めた。イラク侵攻以降、連日行われていた掃討作戦では、夜間の強制家宅捜索、大量勾留、財産没収、容赦のない市街地での武力攻撃により無数の市民に多くの被害をもたらし、対米感情は悪化の一途をたどった。

また、反乱分子の殲滅をめざす戦いは、市民の住居やインフラを破壊し、生活基盤を奪ったため、さらに住民の反米感情を悪化させた。ＣＯＩＮ作戦として作戦が見直されるまで、アメリカ軍はイラク住民の「心」を軽視し、「共感」や「信頼」を得ることができなかった。

戦争における信念や思い、価値観やコミットメントは人々の生きざまに根ざしている。知略においては、戦いのただなかで、個人、集団、組織、国家や国民の「生き方」を問うことになる。国家が「生きる」とは、国民の共感を呼び起こす国や国家間の関係性において善き生を志向し続け、共通善を追求することにほかならない。

②共感（相互主観性）

戦況が峻別できたり、国民感情を感じ取ったり、敵の腹のなかが分かったりといったことが可能なのは、人に「共感」という能力が備わっているからにほかならない。現象学者フッサールは、「感覚の本質は共感にある」と論じている。つまり、「共感」を深く理解し、実践することは、本質直観の土台となり、味方との連携・連合をつくりやすくする。つまり、一見戦争とは相いれない概念に思われる「共感」は、実は知略の要なのだ。

知略を実行するために必須の「共感」とは、相互主観性（intersubjectivity）と呼ばれる現象である。相互主観性とは、「主観と主観の間」をさす現象学の用語である。人と人との間に相互主観性が形成されるとは、各々の主観がそれぞれの独自性を維持したまま、共同で築き上げる「われわれの主観」が構築されることを意味する。

この相互主観性は、「出会い（encounter）」に始まる。出会いの相手は、人間、自然、精神であったりする。物事や人間に対するひた向きで崇高なる態度、自己中心性から解放された、自分と相手が一つになって生じる無心・無我の態度である（ブーバー『我と汝・対話』）。

ロバート・マクナマラがアメリカの栄光と影について赤裸々に語ったドキュメンタリー映画が、二〇〇三年アカデミー賞長編ドキュメンタリー賞を受賞した。この映画にもとづいた研究書によれば、キューバ危機とベトナム戦争を経験したマクナマラの最大の教訓は、「汝の敵に共感せよ（Empathize your enemy）」（Blight and Lang, *The Fog of War*）であった。

マクナマラは、ベトナム戦争半ばで国防長官を辞任してから約三〇年経って、あのベトナム戦争の本質が民族戦争であったということを理解できた。民族戦争では、敵の肌感覚を持ち、彼らの目を通して見、彼らの意思決定の背後にある思いを理解することなしには勝つことができなかったことに、ようやく気がついたというわけである。

キューバ・ミサイル危機のときは、最終的にケネディ政権はソビエト側の視点に立ち、核戦争の危機を乗り切った。しかし、ベトナム戦争では、アメリカは定量可能な軍事能力に圧倒的な優位性があるのだから、敵対者を理解する必要はないとした。アメリカは、ベトナム戦争を冷戦の一部分と見なし、一つの内戦だとは見なかった。この傲慢さ（arrogance）こそが、共感の最大の障害だったとマクナマラは反省する。

共感（empathy）は、相手を対象化する「同感（sympathy）」や「同意（agreement）」とは異なる。他者になりきって現実を理解し、他者の語りが無礼や脅迫であったとしても理解する能力である。共感は、他者との差異を解消し、平和と安全の脅威を排除する前提として、敵対者の思考様式（mind-set）の深い理解につなげようとする好奇心なのである。

ホー・チ・ミンは、ベトナム人民に向き合い相手の共感を得て、「ホーおじさん」と呼ばれ、次々と相互主観の輪を広げていった。ホー・チ・ミンに接する人々は、その人間性に共鳴し、次々と協力者に変わっていった。彼の言葉や物語りに共感したベトナム人民は、民族独立へ奮い立ち、何が何でも手を携えてやり抜こうと団結していった。

抵抗戦争の間、ホー・チ・ミンは多くの前線部隊を訪れ、若い兵士には、自分の子どものように接して彼らを励ました。また、遠く離れた前線部隊の幹部には手紙を送り勇気づけた。北ベトナムの山岳地帯に籠もりベトミン軍の力をひたすら蓄えている間も、地元の少数民族を訪れ家族のように接し、共感・共鳴・共振し、人民と強い関係を築いていった。

チャーチルもまた、共感を醸成する老練な手腕を持っていた。それは、他者と文脈を共有し、共感を醸成していく場づくりの手腕でもある。チャーチルは他の同盟国のトップとの直接対話の場を頻繁につくった。アメリカ大統領ローズヴェルト、ソビエト連邦の最高指導者スターリン、パリ陥落後のロンドンで亡命政府の自由フランスを樹立したド・ゴール、第二次世界大戦中のヨーロッパ戦線の連合軍最高司令官アイゼンハワーなどと会合を持ち、直接対話した。こうした対面交渉による場づくりは、チャーチルの真骨頂であった。

とりわけローズヴェルトとは、非常に緊密に連絡をとった。二人の間で交わされた往復書簡は二〇〇〇通に及んだ。一九四一年から四五年の間に、チャーチルとローズヴェルトは、およそ一一三日間をともに過ごしたとされる。

また、チャーチルは、リーダーとしてスタッフとの共感の醸成にも努めた。産官軍の分野横断的な（cross-functional）チームをつくり、たえず大局と小局の双方を見据えて即断即決していった。具体的には、ロンドンがドイツから攻撃を受けた場合に備え、チャーチルは大蔵省庁舎に内閣戦時執務室（War Cabinet Room）を設置し活用した。

軍隊では、第二次世界大戦後、「レッドチーム（red team）」という仕組みを活用した。それは、図上演習や実動訓練で敵になりきって味方の弱点・改善点を明確にする役割を担うチームの呼び名で、伝統的に「赤軍」と呼ばれていたソ連軍と冷戦で敵対していたアメリカ軍がこの名称を使ったことに由来する。

こうした仕組みは、異論を認めない固い思考と強い文化を持つ組織に対して、特に有効である。チャーチルがつくった分野横断的チームや国内の反対勢力をも取り込んだ挙国一致内閣は、レッドチームを内包していた。連日連夜、チャーチルは内閣戦時執務室で情報を共有しながら異論を戦わして、勝つための戦略や作戦に合意した後は、一致団結して実行していった。

さらにチャーチルは、国民との間に共感を醸成する努力を惜しまなかった。「見える首相（visible Prime Minister）」として、国民から見られることに努力して時間を割いた。一九四〇年九月にドイツ軍によるロンドン空襲が始まってからも、チャーチルは破壊された焼け跡に自ら立ち、葉巻を口にくわえ、得意のVサインを悠然と掲げた。獅子のごとき堂々たる振る舞いによって、民衆を激励したのである。

国民はその親しみやすい人間らしさから、祖父に対するような懐かしさを覚えたという。また、最悪の事態においても、絶妙なタイミングで文脈に合ったユーモアを披露し、人々の気持ちを和らげるセンスも持ち合わせていた。こうした共感を醸成する能力によって、多くの人々の心のなかに「このリーダーとともに戦おう」という思いが喚起されていったのである。

独ソ戦におけるヒトラーとスターリンは、どちらも独裁者であり、他者と向き合い「共感」

を得るリーダーシップ・スタイルではない。しかし、一九四二年半ばから二人の違いが表れるようになった。

スターリングラードと北カフカースにおける挫折は、国防軍の将軍たちへのヒトラーの不信感を募らせた。一九四二年一〇月以降、ヒトラーの長広舌を拝聴する「テーブルトーク」の会食にも、将軍たちは招待されなくなった。ヒトラーは、ドイツ参謀本部を「ただ一つ潰し損ねた秘密結社」と呼び、九月二四日にはハルダー参謀総長を解任した。

対照的にスターリンは、度重なる軍事的失敗の末に、戦争のプロの軍人たちの意見に耳を傾けるようになっていた。それは、度重なる失敗の末に、ようやく学んだものであった。同時に、官僚制を熟知したスターリンは、すべての重要な決定を決裁し、専門家による完全で明確な報告を要求したため、部下は、これ以上ないというほど綿密な書類を提出した。

「スターリンは、われわれのような専門家の意見を率直に聞く耳を持っていた」とジューコフ元帥は回想している。戦争がよいほうに進展するにつれて、相互補完の関係性が構築されていった。ジューコフに限らず、大戦中にスターリンは、その能力を認めた将軍には、失敗しても何度もチャンスを与えている。

③ 本質直観

二項動態の両極をダイナミックに相互作用させ、バランスを取るには、「いま・ここ」での「本質直観」の質が鍵となる。軍事戦略論の古典である『戦争論』の著者クラウゼヴィッツは、ヨーロッパを席捲していたフランス皇帝ナポレオンの戦略の本質を、一瞬で戦局の本質を見抜く力だと論じた（第6章「戦争の天才」）。彼は、「coup d'oeil（クー・ドゥイユ）」という文字通り「一瞥」を意味するフランス語がナポレオン戦略の本質であり、それは「長い試みと熟考の末にのみ得ることのできるような瞬時に真実を見抜く直観」だと述べた。

この「戦局眼」とも訳される能力は、現場での直接体験から得られた経験知や戦史の学習から得られた知識にもとづいて開花し、最終的な判断に至る。そのプロセスは直観的であり、コンテクストに応じて、無意識的に起こる。

戦局眼は、意識的・論理的・分析的な思考によって発揮されるというよりも、感覚や経験をもとに無意識的に蓄積されている暗黙知なのである。したがって、クー・ドゥイユによって見える戦局というのは、いちいち戦場で意識的に認識できるものすべてを論理的に分析した結果出てくるのではなく、その場で感じる直感がもととなって、戦局の本質を直観することで、いわば「見えてくる」のである。

知略において、現実や戦局の本質を直観することとは、正確・迅速で効果的な判断につながる。

精神病理学者の木村敏によれば、現実にはリアリティ（reality）とアクチュアリティ（actuality）の二つの意味がある。現場に行って客体を傍観者的に対象化し観察する現実がリアリティであり、一方で五感を駆使しながらその場の文脈に入り込み、全人的にコミットした主客未分の境地で感じ取る現実がアクチュアリティである（木村敏『からだ・こころ・生命』）。

スターリングラードの戦いで、猛将チュイコフは現場に入り込み、全人的に戦いにコミットして前線の部隊を指揮した。スターリングラード方面軍の幹部は、戦闘が激化すると、街の中心部からボルガ河の対岸に移動したが、チュイコフは市内のママイの丘に司令部を置き、前線での指揮を続けた。彼はママイの丘が陥落しても対岸に移らず、船着き場を死守し、兵士たちを過酷な前線に叩き出したが、自らも最前線で砲火に身をさらし、兵士たちと生死をともにして兵士の信頼を得た。

チュイコフは戦場に立ち、五感を駆使して戦場の文脈に入り、現場指揮をしたのである。チャーチルは対ドイツ戦の最中、頻繁に現場を訪れ、戦争における「いま・ここ」の「生きた現実」であるアクチュアリティーのなかに身を置いて、現場の軍司令官と直接対話し、細部のなかの本質を直観的につかもうとした。同時に目の前の現実を対象化し、リアリティーをつかむ冷静な観察も欠かさなかった。

ヒトラーはチャーチルとは対照的だった。一九三九年にポーランド侵攻を開始してから敗戦までの六年間の戦争中に、ヒトラーが前線に出向き戦況を直視したのはポーランド侵攻のみだったといわれている。戦後、ハインツ・グデーリアン将軍は当時を回想して、「……我が警戒部隊が満足な防寒被服も身につけず、栄養不良のみすぼらしい姿で苦戦しているのに反し、羨ましいほどの防寒装備を持ち、栄養たっぷりなシベリア師団兵士の奮闘ぶりを実際にこの目で見た者でなければ、これから先この広大な地域でどのように重大な出来事があるのか推測することなどは、とてもできるものではない」（グデーリアン『電撃戦』）という言葉を残している。

ベトナム戦争では、戦局の本質は伝わらなかった。ジョンソン大統領から遠ざけられていた統合参謀本部は、非公式の別ルートを使ってジョンソンに進言しようとしたが、大統領は「マクナマラ・チャンネルを通して」報告するよう言明した。マクナマラ国防長官から要請される重要な戦況指標は、ベトナム人の死体数や捕虜数、鹵獲兵器や破壊トンネル数などであり、敵の士気への打撃などの質的側面は無視された。

マクナマラに報告された成果は、つねに誇張され、低く見積もっても三〇％は水増しされていた。またアメリカ軍の各部隊の指揮官が個人的名誉のために、過大な戦果を報告することもしばしば見られた。マクナマラの信頼するワシントンのコンピュータは、このように信頼性の低い数字を根拠に、北ベトナム軍と解放戦線の残存兵力を綿密に計算していた。

その結果、アメリカ国内では北ベトナム軍の主力部隊はほぼ全滅し、解放戦線組織は崩壊したと見なされるようになった。こうしてサイゴンのアメリカ軍スポークスマンは、テト攻勢の直前、一九六七年末に「戦争は勝ったも同然」と発表した。

イラク戦争では、アメリカ大統領やラムズフェルド国防長官、彼らの補佐者には正しい現状認識が欠如し、イラクの戦局の本質をつかめていなかった。混迷を極めた二〇〇三年イラク戦後の占領統治において、ラムズフェルド国防長官は、頑なにイラク国内での「反乱」や「内戦状態」を否認し、有効な対策を打たなかった。

ヒトラーが率いたドイツ、ベトナム戦争やイラク戦争時におけるアメリカは、アクチュアリティーもリアリティーも獲得できず、知略が機能しなかった。アクチュアリティーも持ちえなければ、時空間のコンテクスト（文脈・背景）のただなかで本質を直観することはできない。そしてその直観がなければ、両極の相互作用を通じて「ちょうど（just right）」のバランスを判断し、ダイナミックに実践し続ける戦い方、すなわち知略を機能させることはできなかったのである。

④ 自律分散系――実践知の組織化

戦略を実行するためには、現場の知識や判断が欠かせない。戦場から離れ、前線の「いま・ここ」を知らない司令部からトップダウン方式で下される指令は、実際の戦場の情況に合致せず、適時適切性に欠けることが多い。特に過酷な戦闘においては、戦場の現実を肌身で知っている兵員の迅速かつ自律的な判断が、勝敗や生死を分けることになる。

多様な組み合わせや関係性を情況に応じてつくりながら有効な知略を実行する組織においては、ミドルが連結点となって、ミドル・アップ・ダウンとしてトップとボトムの間を行き来し、相互作用しながら（図5参照）、戦争の大局観や戦場の戦況判断などの知識を創造・共有し、全体組織の戦闘能力を増幅させていく。

作戦レベルで見ていくと、消耗戦を戦ったとされるソ連軍でさえ、独ソ戦の分水嶺となったスターリングラード攻防戦において、最前線で機動的な直接戦闘を展開してドイツ軍と戦った。これは、スターリンのトップダウンの命令ではなく、現場を知りつくした叩き上げのチュイコフ中将が総司令官として率いた戦いだった。

図5　ミドル・アップ・ダウン

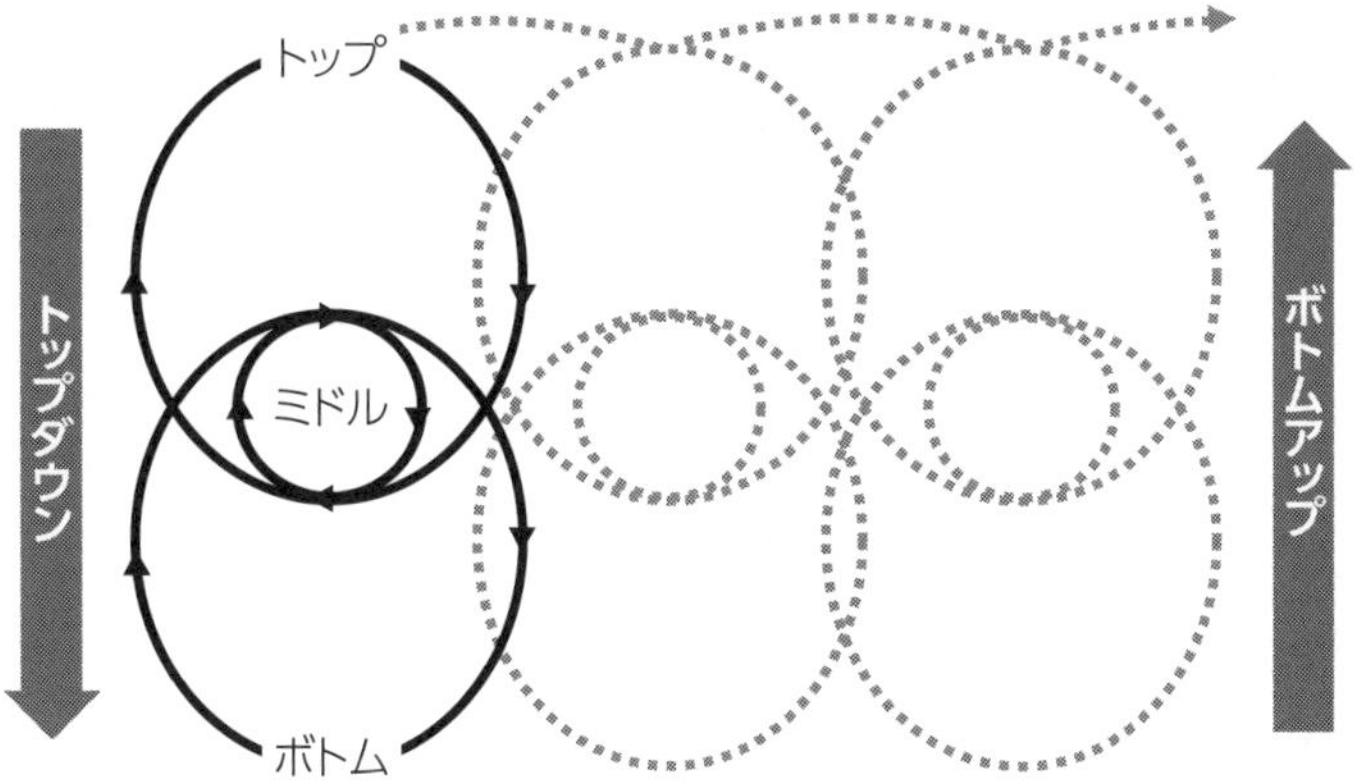

ヒトラーは、一九四二年八月末までにスターリングラード占領を命じ、ドイツ軍は七月にスターリングラード攻撃を開始した。街は、ドイツ軍の砲爆撃で徹底的に破壊され無力化された。

ヒトラーが占領にこだわったので、ドイツ軍はスターリングラードの包囲網を完成させたが、ボルガ河を背に背水の陣を布いたソ連軍は、ここで驚異的な粘りを見せた。ドイツ軍が破壊した瓦礫の山をバリケードにし、彼らの戦車を地雷で止め、装甲の薄い戦車の上部を狙って建物の上階や屋上から対戦車砲・対戦車銃で攻撃した。ドイツ兵が戦車から這い出すと、物陰に潜んでいたソ連軍兵士との白兵戦が展開された。

チュイコフは、かろうじて河岸を守るだけになっていったが、これは囮《おとり》であった。ドイツ軍をスターリングラードに釘づけにして、逆包囲する「天王星作戦」が密かに準備された。

敵の包囲殲滅をねらった戦略は成功し、ドイツ軍二九個師団を含む三〇万人が閉じ込められた。ソ連軍は、すかさず連動する陽動作戦「火星作戦」「土星作戦」を発動し、包囲網の輪も縮める「リング作戦」を展開、ついに一九四三年二月、包囲されたドイツ軍は降伏した。

ソ連軍は当時、「戦略」と「戦術」を結ぶ中間概念として、「作戦（operation）」という概念を世界で初めて明確に言語化した（田村尚也『用兵思想史入門』）。この時期、ソ連軍はドイツ軍を相手に「戦術次元における個々の戦闘や作戦の成果を戦略次元での目標達成につなげていく」という「作戦術」の概念にもとづいて「相互に関連づけられた複数の作戦からなる戦役（キャンペーン）」を複数計画し実行していき、「戦略次元」でドイツ軍から主導権を奪取していった。「戦略」と「戦術」の中間の作戦レベルを指揮したミドルの活躍が、ソ連軍を勝利へ導いていった。

第二次世界大戦におけるイギリスでは、ヒュー・ダウディング中将がレーダーの開発を促進し、レーダーを基盤とする早期警戒網と邀撃戦闘機の地上管制を連繫させた防空システムの構築に注力した。ダウディングは戦闘機軍団司令官として防空システムを一元的指揮のもとに統合運用し、バトル・オブ・ブリテンを勝利に導いた。

バトル・オブ・ブリテンの戦略目的はドイツ軍に上陸企図を断念させることであり、敵戦力を殲滅することではなかった。それゆえダウディングは、敵の上陸企図を断念させるために、いかなる犠牲を払っても制空権を維持し続けた。

それは、つねに戦略次元の目標を意識しながら一方で戦術レベルのシステム細部もおろそかにしない戦い方、まさしくミドル・アップ・ダウンの「作戦術」にほかならなかった。

ボー・グエン・ザップは、長年ホー・チ・ミンと行動をともにし、彼の教えを実践した。特にディエンビエンフーの戦いでは、ホー・チ・ミンの基本原則を理解し、適時に適切な戦闘指導を行い勝利に貢献した。

ホー・チ・ミンのもとで修練を積んだレ・ズアンは、ベトナム共産党の集団指導体制のもとで着実にリーダーシップを継承した。彼は、戦術的には失敗に終わったテト攻勢を、サイゴンのアメリカ大使館の一時的な占拠などを政治的に活用して、戦略的な成功に転換させ、ベトナム戦争を勝利に導き南北ベトナムの統一を果たした。

これは政治戦略と軍事戦略を緊密に連携させながら、ミドルがそれぞれの役割を果たして戦略目的を達成した事例である。

イラク戦争におけるマクマスター大佐指揮下の連隊の行動は、作戦レベルの連隊がCOIN作戦の実践を試みて成功を収め、その後の作戦の模範となった、アメリカ陸軍組織におけるミドル・アップ・ダウンの事例である。

トップダウンでは混迷を極め、先が見えなかったイラクの占領政策に対して、創造的な「間接アプローチ」を実践し、成功した。アメリカ陸軍のミドルレベルにあたるマクマスター連隊長が、アメリカ軍トップレベルへ新たなアプローチを提示した。

こうして、マクマスターの作戦成功は、ペトレイアス将軍の陸軍諸兵科連合センター司令部による教範改訂作業を進展させ、さらに一連の改訂活動がイラク戦略の転換につながるというダイナミック・スパイラルの原動力となった。

5 まとめ――物語りとしての知略

戦略の本質への答えは、「知略」である。これは、日々変化する情況のもとで組織員一人一人の実践知によって「いま・ここ」に相応しい行動を取らせる唯一の方法である。まとめとして、「物語り」としての知略について述べる。

直観によるアブダクションから出てきた戦略プランは、その仮説生成プロセスが無意識的・暗黙的であるがゆえに、いかにその結論に達したのかということがはっきりしていない。そのために、言葉をつなげて「なぜこの戦略が採用されたのか」や「なぜこの戦略が効果的なのか」をうまく説明するのが、作案者本人でも困難なことが多い。

しかし、戦略は組織のメンバーに理解されない限り、組織全体として実行することができず、作戦・戦術・兵站という体系的・具体的な形にするときに支障が出る。しかし、実はこの難解な「戦略」をうまく表現できる方法がある。それは物語りとして戦略を語ることである。

先述したとおり、オープンエンドの連続ドラマのように発展していく戦略は、物語ることによって、背景や文脈を含めて共有され、浸透する。物語りは「まだ具現化していないが、これから起きる」というコトについての構造であり、世界は事物（things）の総体ではなく、出来事（events）のネットワークとして認識される。出来事は、一定の時間・空間において生起し、時間的な広がりを持っている。

「物語り」は、一般的に使われる表記の「物語」とは異なるが、両方とも数学的な自然科学とは異なる叙述形式であるという点では同じである。複数の出来事を並べて記述した名詞としての「物語（ストーリー）」に対して、複数の出来事の間の因果関係を時間的順序に即して語る動詞の意味を含んでいるのが「物語り（ナラティブ）」である。

たとえば、「王様が死に、それから王妃が死んだ」はストーリーだが、「王様が死に、そして悲しみのあまり王妃が死んだ」と「なぜ」の筋（プロット）を持つのがナラティブである。つまり、物語りとは「2つ以上の出来事を結びつけて筋立てる行為」なのである（野家啓一『物語の哲学』）。

フリードマンが『戦略の世界史』のなかで演劇を例にとって、それぞれの劇の脚本のプロット（筋）に加えて、それを行動に自然に結びつける手段としてのスクリプト（台本）が戦略では重要である、と指摘したことは先に述べた。

スクリプトとは、物語りの主人公が、場面場面においておおむね脚本に従って行動するのと同じように、日常蓄積した経験やパターン認識にもとづいて、無意識のうちに頭と身体に刷り込まれている一連の行動や思考に関わる知識構造をさす。つまり、人間がある情況に対処するときに使う、過去の経験を蓄積した知識にもとづいて「こういう場合はこうする」という型通りの行動の範型なのである。

スクリプトというのは認知心理学の概念であるが、知識創造理論でいう半ば意識せずに共有されている行動習慣としての暗黙知に通底する。たとえば、レストランに入れば、どのような行動を順番にとればよいか、が経験から分かっている。これは簡単すぎる暗黙知の例だが、もっと複雑な戦争という行為連鎖のための戦略としての台本であるスクリプトは、なるべく多くの想定可能な情況に対応できるように十分に吟味を経て選び抜かれ、情況の差異や変化に柔軟に合わせて機動的に使えるように簡潔に書かれた指針である。

戦略におけるスクリプトの重要性は、日々のなかで新しい行動を考える手がかりになるということにある。戦略作成のプロセスにおいて、ダイナミックなアートの側面の重要性が高まっている今日、物事の起承転結を大きくマクロでとらえるプロットだけでは、その戦略を日々実行していくことができない。より実践的で現実的な行為を導出するためには、もっとミクロで日常的な個別具体の場面において「より善い」の意味や価値を提示することが必要になる。そうした具体的な情況において新たな行動を見つけ出す手がかりとなるのが、行動規範であるスクリプトである。

スクリプトは「生き方」の行動規範を与えるものとしてとらえることもできる。過去の経験の類似性や差異を関係づけてパターン認識し、クリエイティブ・ルーチン（型）を持続的に生み出していく。ある情況において、何をなすべきかを示す規範として、言語を通して表現された形式知は、それを実行して内面化されると、個人・組織・環境一心体の集合スクリプトになるのである。

そして、こうしたスクリプトを生み出すのには、戦場から離れ、前線の「いま・ここ」を知らないトップではなく、戦場の現実を肌身で知っているミドルの役割が大きい。彼らは、トップとボトムの間を行き来し、相互作用しながら、スクリプトという形で戦争に関する知識を創造・共有し、全体組織の能力を上げていく。

スターリンにとって独ソ戦のプロットは、「祖国防衛」だった。ナポレオンを打ち破った「祖国戦争」になぞらえて、スターリンは、「偉大な」をつけて「大祖国戦争」と命名し、軍や国民を鼓舞し続けた。一九四一年一一月六日にラジオを通じて全国に演説し、国民に「同志諸君！　兄弟姉妹たちよ！　わが陸海軍の兵士たちよ！　わが友よ、私はあなた方に語りかけているのである！」と切り出した。独裁者が国民に対し、「わが友よ」と同じ苦しみを分かち合う仲間として訴えたのは、真に革命的であった（ナゴルスキ『モスクワ攻防戦』）。

この演説をきっかけに、モスクワ防衛のための塹壕掘りに動員された一般市民も、革命戦争時の知識を総動員し、「祖国防衛」に向かって「何をなすべきか」の実践に邁進した。これこそスクリプトである。すなわち、政府、軍隊、市民が一体となって消耗戦に持ち込んで時間を稼ぎ、その間、予備兵力を蓄え、最後に、その予備兵力を投入して機動戦を挑むという行動を呼びおこしたのである。それは、開戦以来の大敗走の渦中で、ソ連軍が必死で編み出したスクリプトだった。

対照的に、ヒトラーやドイツ軍幹部は、当初の電撃戦の成功を過信し、ソ連軍の実力や規模を過小評価し、従来の「勝利のセオリー」だった電撃戦に固執し続けた。それは、過去の成功体験への過剰適応でもあった。結局のところ、ソ連軍に勝利を呼び込んだのは、戦時における戦略の身体化であった。このスクリプトにもとづきソ連軍は、戦争の推移に合わせ、消耗戦と機動戦を柔軟に使い分けたのである。

ベトナムにおいては、作戦の全権を委任されたボー・グエン・ザップがディエンビエンフーに出発する直前、ホー・チ・ミンから「勝利のために攻撃する、勝利の確信あるときのみ攻撃する」という作戦の行動原則を示された。ザップはこの行動原則をディエンビエンフーの戦いにおけるスクリプトの指針とした。この行動指針にもとづいて、作戦全体のプロットを攻撃直前に「迅速的攻撃」から「漸進的攻撃」に、さらには「総攻撃」に転換することができ、最終的な勝利に結びつけたのである。

軍事戦略のプロットとスクリプトの相互作用は、ザップが範とした毛沢東の遊撃戦略に最も顕在化されている。毛の遊撃戦略においては、「敵進我退（進めば退き）敵駐我攪（駐まれば乱し）敵疲我打（疲れたら打ち）敵退我追（退けば進む）」の一六字憲法がプロットであり、中国労農赤軍の行動規範として定めた「三大規律（一切の行動は指揮に従う、大衆のものは針一本・糸一本取らない、一切の捕獲品は公のものである）」「八項注意（言葉づかいは穏やかに、売り買いは公正に、借りたものは返すなど）」がスクリプトである。これらなくしては、民衆を鼓舞し、共感を呼び、総動員することが叶わず、遊撃戦の究極の勝利とする毛沢東戦略も成立しえなかっただろう。

イラク戦争のＣＯＩＮ作戦におけるスクリプトは、戦場で現場指揮官の指針のような言葉となった「民心掌握」「撃たない」「金銭は弾薬」であった。「戦略的伍長」という言葉があるように、ボトムでもミドルの役割を持った戦術レベルのリーダーが戦略的な重要性を持った意思決定を行うのがＣＯＩＮ作戦の現実であった。兵士一人ひとりが高い能力と適切な判断力を備え、それぞれの戦域の特性に応じて、指揮官の意図を考慮したうえで情況判断をし、スクリプトを行動指針・行動規範として、臨機応変にＣＯＩＮ作戦を実行することが下級指揮官に求められた。

戦略における物語りは、知略を筋立てるプロットと、実践を促す行動規範としてのスクリプトの双方で構成されている。情況に応じてプロットとスクリプトを相互作用させることを通じて、実践知を持続的に未来に向かって創造し続ける行為そのものが「物語り」としての知略なのである。

戦略とは、人間によって策定され、実践されるダイナミックな二項動態プロセスであるという前提のもと、われわれは知略という概念を打ち出した。それは、国家、軍隊が有する資源と環境を理論的フレームワークで合理的かつ静的に分析する演繹的な「グランドプラン」としての戦略へのアンチテーゼともいえる。

知略は、個別具体的な文脈に沿った実践である。だからこそ、知略を機能させるためには、時々刻々と変化する「いま・ここ」のただなかで「本質直観」することが重要である。普遍的な法則やセオリーに従って戦略が導かれるのではなく、個別具体的な問題に対処していくなかで現実を洞察し、本質を直観・実践することで戦略は創発する。さらに、知略は各々主観を有する人間によって組織的に立案・実行される。一人ひとり異なる主観をもつ構成員が、「共感」を通じて「われわれの主観」を共有することで、知略にコミットし実践が「自律分散」的に促進される。リーダーや構成員の思いや価値観を集約しながら、予測不可能な情況でも「共通善」の実現に向かって努力し続けることが、未来を創造する。

知略は、共通善という絶対価値を個別具体の情況のなかで追求するという実践であるが、ミクロレベルの実践がマクロ的に「善き実践」となるかを決定づけるのは、一人ひとりの実践知を組織化できるかにかかっている。組織的な賢慮は、共通善（普遍）と目の前で直面する現実（個別）を二項動態的に両立する「生き方」である。

科学的アプローチが慎重に避けてきた戦略の実践的・主観的・未来創造的側面こそが、戦略論の実効性を決定づけている。変化する現実で、組織内外の人々との相互作用を高次のレベルで止揚させながら、戦略を定め、文脈や情況に応じて実行するプロセスに、今こそ正面から向き合わなければならない。いかなる環境変化にも能動的に対応する国家、組織であるためには、リアルタイムで「物語り」を紡ぎ、実践するしぶとさが求められるだろう。

▼参考文献

木村敏『からだ・こころ・生命』講談社学術文庫、二〇一五年
田村尚也『用兵思想史入門』作品社、二〇一六年
戸部良一編『近代日本のリーダーシップ——岐路に立つ指導者達』千倉書房、二〇一四年

戸部良一、寺本義也、鎌田伸一、杉之尾孝生、村井友秀、野中郁次郎『失敗の本質――日本軍の組織論的研究』ダイヤモンド社、一九八四年、中公文庫、一九九一年
戸部良一、寺本義也、野中郁次郎編著『国家経営の本質――大転換期の知略とリーダーシップ』日本経済新聞出版社、二〇一四年
野家啓一『物語の哲学』岩波現代文庫、二〇〇五年
野中郁次郎、戸部良一、鎌田伸一、寺本義也、杉之尾宜生、村井友秀『戦略の本質――戦史に学ぶ逆転のリーダーシップ』日本経済新聞出版社、二〇〇五年
野中郁次郎、遠山亮子「フロネシスとしての戦略」『一橋ビジネスレビュー』二〇〇五年WIN
野中郁次郎、荻野進介『史上最大の決断――「ノルマンディー上陸作戦」を成功に導いた賢慮のリーダーシップ』ダイヤモンド社、二〇一四年
野中郁次郎『知的機動力の本質――アメリカ海兵隊の組織論的研究』中央公論新社、二〇一七年
野中郁次郎、山口一郎『直観の経営――「共感の哲学」で読み解く動態経営論』KADOKAWA、二〇一九年
古田元夫『ホー・チ・ミン――民族解放とドイモイ』岩波書店、一九九五年
やまだようこ編『人生を物語る――生成のライフストーリー』ミネルヴァ書房、二〇〇〇年
ティムール・ヴェルメシュ（森内薫訳）『帰ってきたヒトラー（上下）』河出文庫、二〇一六年
ジョン・ルイス・ギャディス（村井章子訳）『大戦略論』早川書房、二〇一八年
クラウゼヴィッツ（清水多吉訳）『戦争論（上下）』中公文庫、二〇〇一年
コリン・グレイ（奥山真司訳）『現代の戦略』中央公論新社、二〇一五年
――『戦略の未来』勁草書房、二〇一八年
アンドリュー・ナゴルスキ（津守滋監訳、津守京子訳）『モスクワ攻防戦――二〇世紀を決した史上最大

の戦闘』作品社、二〇一〇年

マルティン・ブーバー（植田重雄訳）『我と汝・対話』岩波文庫、一九七九年

ローレンス・フリードマン（貫井佳子訳）『戦略の世界史――戦争・政治・ビジネス（上下）』日本経済新聞出版社、二〇一八年

ヘイドン・ホワイト（岩崎稔監訳）『メタヒストリー――一九世紀ヨーロッパにおける歴史的想像力』作品社、二〇一七年

スタンリー・マクリスタル（吉川南他訳）『ＴＥＡＭ ＯＦ ＴＥＡＭＳ――複雑化する世界で戦うための新原則』日経ＢＰ、二〇一六年

デレク・ユアン（奥山真司訳）『真説孫子』中央公論新社、二〇一八年

Ｂ・Ｈ・リデルハート（市川良一訳）『リデルハート戦略論（上下）』原書房、二〇一〇年

Blight, J.G. and Janet M. Lang, *The Fog of War: Lessons from the Life of Robert S. McNamara*, Rowman & Littlefield Publishers, 2005.

Clegg, S.R. and M.P. Cunha, "Orgaizationl Dialectics" in Smith W.K.,*et al* (eds.), *The Oxford Handbook of Organizational Paradox*, Oxford University Press, 2017.

Flyvbjerg, B., *Making Social Sciences Matter*, Cambridge University Press, 2001.

Giap, V.N. (Chief Editor), *Ho Chi Minh Thought And The Revolutionary Path of Vietnam*, The Gioi Publishers, 2011.

Hammond, G.T., *The Mind of War: John Boyd and American Security*, Smithsonian Books, 2001.

Schank, R.C. and R.P. Abelson, *Scripts, Plans, Goals and Understanding: An Inquiry into Human Knowledge Structures*. Hillsdale: Lawrence Erlbaum associates, 1977.

おわりに

最後に、三〇年以上にわたるこれまでの研究を総括し、今後の研究の問題意識を展望してみたい。一九八四年に刊行した『失敗の本質』では、大東亜戦争の六つの作戦を取り上げ、日本軍という組織が抱えていた問題点を抽出した。

軍事作戦の成否は、比較的に評価しやすい。しかしながら、その意味づけや価値づけは、コンテクストに依存する。したがって、個別具体の作戦を比較しつつ、危機における決定的な判断基準について、より普遍的な教訓を引き出そうとした。そして、「過去の成功体験への過剰適応」という命題に結論として到達した。

この命題の中核概念は当初、「情報処理」にあった。たしかに、戦闘においては情報の伝達や共有など情報処理プロセスのスピードが作戦の成否を分けることが多い。組織は、情報処理によって環境に「適応する」ことができる。

しかしながら、情報は、組織が自らを革新しながら変化に対応していく原動力にはなりえない。創造性の源泉となるのは、人間が関係性のなかで主体的に意味づけ・価値づけをしながら行動する「知識」である。思い（暗黙知）を言葉（形式知）にし、言葉を実践（実践知）していくダイナミック・プロセスが、危機を打破する創造の世界の扉を開くのである。

こうした知識創造理論を発展させる過程でわれわれは、組織成員一人ひとりの潜在能力を解放し結集する組織的知識創造プロセスのリーダーシップとは何か、という問題意識を持つようになった。

戦争という究極の知力対決における戦略形成・実践の事例のなかにリーダーシップの本質を見出せるのではないかと考えたわれわれは、毛沢東やチャーチルなどのリーダーと戦争指導を分析・解釈し、二〇〇五年に『戦略の本質』を出版した。二〇一四年に刊行した『国家経営の本質』では、これまでの戦史および戦略を対象とした研究から、いわゆる国家経営のリーダーシップ研究へと飛躍を図った。それは、われわれの研究には国家論がないという批判に応えたものでもあった。

『戦略の本質』『国家経営の本質』における研究を通じて分かってきたのは、様々なケースに通底するリーダーシップの本質は、アリストテレスの言う「賢慮（フロネシス）」という実践知によって説明できるのではないか、ということであった。「知識」から、さらには「知恵」への転換である。

本書では、この「知恵」とはどんなものであるかを探ろうとした。換言すれば、知略とは何か、ということである。そこで明確になったことの一つは、戦略現象なるものが攻撃と防御、正攻法と奇襲、消耗戦と機動戦と一見、二項対立に特徴づけられているかのように見えながら、実は二項は動的に相互作用し相互に補完している、ということである。では、情況と文脈に応じ、「いま・ここ」で、この二項動態のどこを選び取るか。ここで必要なのが「本質直観」

である。クラウゼヴィッツの言う「クー・ドゥイユ」「戦局眼」はこれにほかならない。しかし、戦局の本質直観によってクー・ドゥイユとして出てきた戦略案は、その生成プロセスが無意識的・暗黙的であるがゆえに、どのように結論に達したのかという部分が漠然としている。このため、クラウゼヴィッツの言うクー・ドゥイユは、天才の閃きとされ、それが生み出される仕組みについては言及されておらず、さらに、個人のレベルでしか述べられていない。

本書では、知識創造理論にもとづいて、戦略が知略として創造されるプロセスについて述べるとともに、コレクティブなクー・ドゥイユ、つまり、組織としての「本質直観」による知識創造の重要性についても言及した。

こうした「本質直観」「クー・ドゥイユ」の土台となる「相互主観性」には、リーダーの「共感」する能力が重要である。本書では、ヒトラーと対照的に、度重なる失敗の末にようやく「共感」にもとづく「相互主観」を学んだスターリンの姿を紹介した。

リーダー(政治指導者、軍司令官あるいは企業経営者)が選び取ったものは、組織の成員に理解されなければならない。理解されなければ、組織として実践できない。組織成員に理解させるためには、理解してもらうためには、選び取ったものを物語らなければならない。そして、物語るためにはプロットとスクリプトが必須である。これが「知略」である。

問題は、現代日本で、このような知略が実践されているだろうか、ということである。現在の、政治の世界における内向きで不毛な議論、分析・計画・統制過多となっている企業の体質、マス・メディアに反映される大衆社会的情況を見るにつけ、大きな環境変化の流れのなかで二項動態の洞察を踏まえた建設的・創造的な戦略論議など、とても生まれてはこないように思わされてしまう。

『孫子』の伝統的戦略観を駆使する中国が「強国」として台頭し、超大国としての余裕と自信を失いつつあるかのように見えるアメリカとの間で熾烈な覇権争いを繰り広げている。ヨーロッパは不安定化し、中東情勢は依然として予測不可能である。こうした国際情勢に、はたして日本は国家レベルで対応できているだろうか。中国や周辺諸国の後塵を拝してはいないだろうか。国内も少子化が進み、「働き方改革」など本質論とは程遠い議論が目立つ。

いまほど「知略」をめぐらす指導者が必要なときはないといっても過言ではない。だが現在、わが国に、そうした指導者はいるだろうか。これから生まれてくるだろうか。

かつては日本にも、知略をめぐらし実践した指導者が活躍したときがあった。戦後日本に限ってみても、少なくとも二人の政治指導者を挙げることができる。その一人は吉田茂だ。

吉田は、安全保障を駆動する軍事と経済成長、さらに国家の自立と同盟国への依存を、二項動態的に把握した。吉田にとってのプロットは復興と独立であり、スクリプトは親米・軽武装・経済優先であったと理解できよう。これこそ、吉田が首相として国家を経営したときの、「いま・ここ」の知略だった。これを吉田は、「吉田学校」で育てた彼の後継者たちに物語り、身体知化できるよう伝承したのである。

しかし、吉田の戦略がいつまでも賢い戦略であり続けることはできない。国際環境が変わり、日本自身の国力が変化すれば、戦略は変わらざるを得ないからだ。にもかかわらず、ある時期から、それがいつまでも通用する形式的な「吉田ドクトリン」と見なされてしまった。いかにわれわれが「成功体験に過剰適応」してしまいがちであるかが分かる。

吉田以後、彼に匹敵する知略を実践したのは中曽根康弘だろう。中曽根も、安全保障に関わる軍事と経済成長、自立と依存を二項動態的にとらえた。ただし、国際環境も日本の国力も、吉田の時代とは違っていた。アメリカの力が相対的に低下し、日本が経済大国化した時代だったからである。吉田の「いま・ここ」と中曽根の「いま・ここ」は違っており、当然、中曽根の二項動態的把握も本質直観も、吉田のそれとは異なるものになった。

中曽根は、「平和と経済の国」から「政治と文化の国」への転換をプロットとした。アジアの安全保障が欧米のそれと不可分であり、日本は経済的には大国でありながら軍事的には非核中級国家であるというスクリプトをつくって、ダイナミックな国家戦略を知略として実践したのである。

現在は、中曽根が戦略を実践した一九八〇年代とは、国内外の環境がまったく異なる様相を呈している。「失われた二〇年」からは立ち直りつつあるものの、かつての自信と輝きは取り戻せてはいないように見える。二一世紀の日本はまだ逆転をなし遂げてはいない。

かつてエドワード・ギボンは、『ローマ帝国衰亡史』において、長期間の平和を「緩慢で密かな毒」と喝破した。いま、わが国にも、その毒がまわってしまっているのだろうか。しかし、わが国にも、吉田や中曽根のように優れた知略の指導者がいたことを想起すべきである。彼らのように戦略を二項動態的にとらえ、「いま・ここ」の本質直観にもとづいてプロットとスクリプトをつくり物語る実践知リーダーを、いかにして早急に育成するかということこそ喫緊の課題である。この課題解決に真剣に取り組んで成果を出すことが、日本の将来を決定するであろう。

『失敗の本質』から始まった長い旅を締めくくるにあたって、ご協力いただいた方々に感謝の言葉を述べたい。本書は、筆者四人と『失敗の本質』『戦略の本質』『国家経営の本質』の執筆者である杉之尾宜生氏との四年近くにわたる研究会の成果でもある。数多くの貴重な助言をいただいた杉之尾氏に厚く御礼を申し上げたい。また情報の整理、図表の作成で多彩な能力を発揮された三原光明氏、野中とベトナムの戦跡をともに歩き執筆のサポートもしてくださった川田英樹氏、繁雑な校正作業をお願いした川田弓子氏、大垣交右氏には大変お世話になった。最後になったが、休日も関係ない研究会におつきあいいただき、編集の労を執っていただいた日本経済新聞出版社編集部の堀口祐介氏に改めて深く感謝したい。

二〇一九年一〇月

執筆者を代表して　野中郁次郎

〈著者紹介〉

野中郁次郎（のなか・いくじろう、担当：第3章、終章）
一橋大学名誉教授
1935年生まれ。カリフォルニア大学（バークレイ）経営大学院卒業。Ph.D.
【主な著書】
『組織と市場』（日経・経済図書文化賞受賞、千倉書房、1974年）
『知識創造企業』（共著、東洋経済新報社、1996年）
『知的機動力の本質』（中央公論新社、2017年）
The Wise Company（coauthered, Oxford University Press, 2019）

戸部良一（とべ・りょういち、担当：序章、第2章）
防衛大学校名誉教授、国際日本文化研究センター名誉教授
1948年生まれ。京都大学大学院博士課程単位取得退学。博士（法学）。
【主な著書】
『ピース・フィーラー』（吉田茂賞、論創社、1991年）
『逆説の軍隊』（中央公論新社、1998年）
『自壊の病理』（アジア・太平洋賞特別賞、日本経済新聞出版社、2017年）

河野仁（かわの・ひとし、担当：第4章）
防衛大学校教授
1961年生まれ。大阪大学大学院人間科学研究科博士前期課程教育学専攻修了、米ノースウェスタン大学大学院博士課程社会学専攻修了（Ph.D.）。
【主な著書】
『〈玉砕〉の軍隊、〈生還〉の軍隊』（講談社、2001年）

麻田雅文（あさだ・まさふみ、担当：第1章）
岩手大学人文社会科学部准教授
1980年生まれ。学習院大学文学部史学科卒業、北海道大学大学院文学研究科博士課程単位取得後退学。博士（学術）。
【主な著書】
『中東鉄道経営史』（名古屋大学出版会、2012年）
『シベリア出兵』（中公新書、2016年）
『日露近代史』（講談社現代新書、2018年）

知略の本質

2019年11月1日　1版1刷

著　者　野中郁次郎・戸部良一・河野仁・
　　　　麻田雅文

発行者　金子 豊
発行所　日本経済新聞出版社
　　　　https://www.nikkeibook.com/
東京都千代田区大手町 1-3-7　〒100-8066
電　話（03）3270-0251（代）

印刷・製本　中央精版印刷
ISBN978-4-532-17676-1